高等学校"十三五" 规划教材

大学物理学
下册

母继荣　主　编

丁艳丽　王运滨　副主编

化学工业出版社

·北京·

本书在编写时参照了教育部高等学校物理基础课程教学指导委员会编制的《理工科大学物理课程教学基本要求》(2010年版)。在内容选取上采用压缩经典、简化近代、突出重点的原则，涵盖了教学基本要求中的核心内容。在编写风格上遵循了理论与实践结合、教学与创新结合、注重学习方法的引导和培养原则，以适应当代社会环境对人才的需求。本书包括电磁学、光学、量子物理和大学物理演示实验等内容。

本书可作为高等院校理工科非物理专业大学物理课程教学用书。

图书在版编目(CIP)数据

大学物理学．下册/母继荣主编．—北京：化学工业出版社，2015.12（2021.2重印）
高等学校“十三五”规划教材
ISBN 978-7-122-25563-1

Ⅰ.①大… Ⅱ.①母… Ⅲ.①物理学-高等学校-教材 Ⅳ.①O4

中国版本图书馆CIP数据核字（2015）第259473号

责任编辑：唐旭华 郝英华　　装帧设计：刘丽华
责任校对：吴 静

出版发行：化学工业出版社（北京市东城区青年湖南街13号 邮政编码100011）
印　　刷：北京市振南印刷有限责任公司
装　　订：北京国马印刷厂
787mm×1092mm 1/16 印张13½ 字数344千字 2021年2月北京第1版第5次印刷

购书咨询：010-64518888　　售后服务：010-64518899
网　　址：http://www.cip.com.cn
凡购买本书，如有缺损质量问题，本社销售中心负责调换。

定　价：29.00元

FOREWORD 前言

物理学是一门研究物质基本结构及其运动规律的基础科学，而大学物理是高等院校理工科各专业学生重要的通识性必修基础课程。当前，随着科学技术的发展，学科交叉越来越普遍并发展迅速，由此也诞生了许多新学科。物理学知识与化学、生物学、环境科学及材料科学等学科相结合，可以使相应学科的研究向更深层次发展。因此，可以毫不夸张地说，物理学的理论、规律等是学好其他自然科学和工程技术的基础，理工科学生掌握物理学知识的薄厚甚至能够影响其日后对工作的适应能力乃至发展的后劲。大学物理学教育在大学生素质教育、创新教育中有着其他学科无可替代的作用。

本书是根据教育部高等学校物理基础课程教学指导委员会编制的《理工科大学物理课程教学基本要求》(2010年版）编写而成的，以培养应用型人才为主导方向，在保证大学物理基本要求的前提下，本着压缩经典、简化近代、突出重点的原则，涵盖了教学基本要求中的核心内容和部分扩展内容。另外，本书编写贯彻了21世纪教育发展的理念、贯彻了教学与实际相结合的指导思想、强化了创新与素质训练的指导思想，将大学物理演示实验内容引入教学并引进教材，以利于学生直观、形象地理解物理学基本概念和规律，并力求做到教师用之好教、学生用之好学。本套教材适合大学物理课程教学时数在80～110学时的高校使用。

本书编者全部为长期从事大学物理教学的一线教师，具有丰富的专业知识和教学经验，对大学物理课程在高等教育教学中的角色和作用要求把握准确。本书由母继荣主编，丁艳丽、王运滨任副主编，参加本书编写的还有杨坤、王春晖、郭晓娇、江铁臣、邵婷丽、祁烁、卢海云。本书的编写和出版得益于沈阳化工大学各级领导的支持，得益于广大同仁的大力支持，在此一并表示衷心的感谢！

由于编者水平有限，书中难免存在错误及疏漏之处，敬请读者批评指正。

编者

2015年8月

CONTENTS 目录

第一章 静电场

电是自然界的存在物，是一种自然现象，是自然界的一种能量。自18世纪人类对电的发现和认识已有200多年的历史，时至今日，随着社会的发展，电已基本触及社会的各个角落，与人们的工作和生活几乎密不可分，想象一下，如果让电在世界范围内消失几秒，世界将会如何混乱？本章将以静止电荷所产生的物理现象——静电场为主线，对有关静电场的基本概念、基本理论和基本规律进行系统讲述，使读者能够通过本章的学习对静电场理论有所认识和掌握。

第一节 电荷 库仑定律

一、 电荷 电荷的基本性质

1. 电荷

1747年，富兰克林根据实验研究结果，提出了电荷的概念，并指出有正、负两种电荷。1897年英国物理学家汤姆孙通过对阴极射线的研究，提出了电子的概念。1911年，英国物理学家卢瑟福通过α粒子散射实验，提出了原子核的概念，指出它集中了原子的绝大部分质量并且带有正电荷。然而，物质的基本元素体都是电中性的，物体之所以带电，是因为得到或失去了电子，最典型的例子就是摩擦生电。

2. 电荷的基本性质

理论及实验研究发现电荷具有如下几个基本性质。

(1) **电荷的种类**。电荷有两种，即**正电荷**和**负电荷**，同种电荷相斥，异种电荷相吸。带电体所带电荷的多少叫电量，常用Q或q表示。在国际单位制中，电量的单位是库仑，符号为C。正电荷电量取正值，负电荷电量取负值。一个带电体所带的（净）电量为其所带正负电量的代数和。

(2) **电荷的量子性**。实验表明，质子和电子是正负电荷的基本单元，以$+e$和$-e$表示其电量，经测定$e=1.602\times10^{-19}$C，称为**基本电荷**。根据带电体的带电机理，可以推断，任何宏观带电体的电荷，只能是基本电荷e的整数倍（即$Q=N\cdot e$），电荷量的增减也只能是e的整数倍（即$\Delta Q=\Delta N\cdot e$），因此精细地说，电荷是**量子化**的。近代物理从理论上预言质子和中子等是由若干种夸克或反夸克组成，夸克或反夸克的电量为$\pm e/3$或$\pm 2e/3$。弗里德罗等人证实夸克存在的研究工作荣获了1990年的诺贝尔物理学奖，然而至今在实验室中尚未发现单独存在的夸克，不过发现与否都不影响电荷的量子性，只不过基本电荷值有了新结论，但电荷仍然是量子化的。

实际情况中，所涉及的带电体的电荷常常是基本电荷的许多倍，电荷量子性所导致的微观起伏量 e 相对于宏观电量 Q 完全可以忽略，因此宏观上常常粗略地认为电荷是连续分布在带电体上的、电荷的变化也是连续的。

(3) **电荷的守恒性**。1747 年，富兰克林首先提出了电荷守恒定律："在一孤立系统内发生的任何过程中总电荷数不变"。实验证明，对于一个系统，如果没有净电荷出入其边界，则该系统内正、负电荷量的代数和将保持不变，这就是**电荷守恒定律**。例如，熟知的静电感应现象和摩擦起电现象中，电荷是守恒的；核的放射性衰变中，电荷是守恒的；宏观物体的带电、电中和以及物体内的电流现象等，系统电荷也是守恒的。

(4) **电荷的相对论不变性**。实验证明，一个电荷的电量与其运动状态无关，也就是说，在不同的参考系中观察同一个电荷，虽然给出的运动状态不同，但给出的电荷的电量却是相同的。所有惯性系对同一带电粒子的电量给出相同的结果，电荷的这一性质称为**电荷的相对论不变性**。

二、 库仑定律

1. 点电荷

点电荷是一种理想模型。在研究的问题中，如果带电体的形状、大小以及电荷分布可以忽略不计，那么就可以将其视为一个带电的几何点，称为**点电荷**。实际问题中带电体能否看作点电荷，不仅和带电体本身有关，还取决于问题的性质和精度要求。与质点、刚体等概念一样，是把复杂的实际问题转化或分解为基本问题时必不可少的手段。实际的带电体（包括质子、电子等）都有一定大小，都不是点电荷，只有当实际问题中的距离大到可认为电荷大小、形状不起什么作用时，才可把电荷看成点电荷。

2. 库仑定律

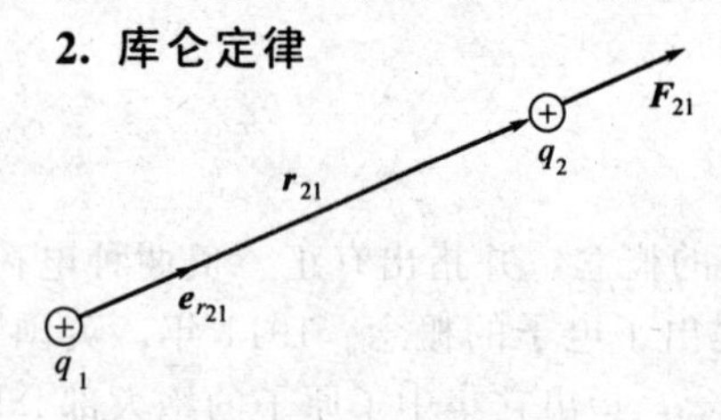

图 1-1 两个点电荷之间的作用力

如图 1-1 所示，1785 年法国工程师库仑通过实验总结出了两个点电荷之间相互作用力的规律：在真空中两个静止点电荷之间的相互作用力与它们电量的乘积成正比，与它们之间距离的平方成反比，作用力的方向沿它们的连线上，同种电荷相斥，异种电荷相吸，这就是**库仑定律**。库仑定律是电学史上的第一个定量规律，是电磁学和电磁场理论的基本定律之一。

在国际单位制中，其数学表达式为

$$\boldsymbol{F}_{21}=\frac{q_1 q_2}{4\pi\varepsilon_0 r_{21}^2}\boldsymbol{e}_{r_{21}} \tag{1.1}$$

式中，$\varepsilon_0=8.85\times10^{-12}\mathrm{C}^2/(\mathrm{N}\cdot\mathrm{m}^2)$，叫真空介电常量（或真空电容率）。在表示式中引入"4π"因子的作法，称为单位制的有理化。这样做的结果虽然使库仑定律的形式变得有些复杂，但却使后续经常用到的电磁学公式因不出现"4π"因子而变得简单。此做法的优越性，在今后的学习中会逐步体会到。

第二节 电场 电场强度 场强叠加原理

一、 电场

库仑定律只给出了两个点电荷之间的相互作用力，至于如何施力并没有直接解释。关于库仑力历史上有两种不同的观点：一种是“超距作用”论，牛顿曾用这种观点对万有引力作过解释；另一种是由法拉第在19世纪初提出的“场”论观点，此后的科学发展证明“场”的观点是正确的。场论观点认为，物质间的相互作用是靠某种中介物质来传递的，这种物质就是场，场是物质存在的一种特殊形态，任何带电体周围都存在着传递电相互作用的场，称为**电场**。相对于惯性系静止的电荷所产生的场称为**静电场**，在后续的磁学中我们会学到相对于惯性系运动的电荷除产生电场外还会产生磁场。正是这种电场和磁场对置于其中的电荷产生了电磁效应。

对于两个电荷间的相互作用，根据场论的观点可用框图表述，如图1-2所示。

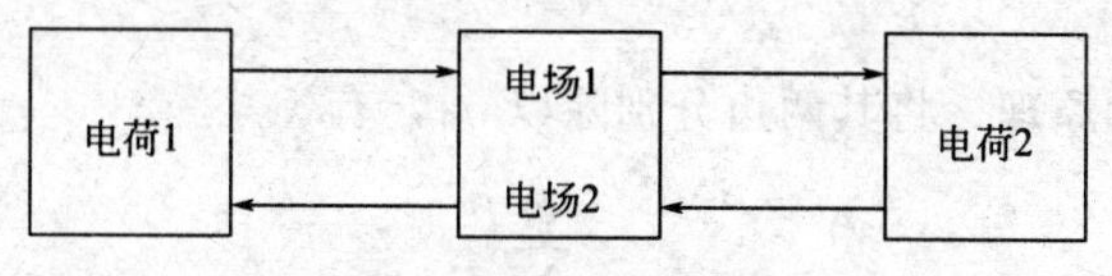

图1-2 电荷间的场效应

实验发现，电场具有如下基本性质。

(1) 电场对放入场中的电荷有力的作用，该力称为静电场力（简称电场力）。

(2) 电场力对运动电荷做功，表明电场具有能量。而且电场力做功与运动电荷的路径无关，只与运动电荷的始末位置有关，又说明静电场是保守力场。

(3) 变化的电场以光速在空间传播，表明电场具有动量。

(4) 电场具有叠加性。

电场的这些性质说明了电场的存在性、物质性以及与实物之间的差异性。

二、电场强度

1. 试探电荷

在考察电场性质时，需选用带电量充分小的点电荷试探电场对电荷的作用，这种电荷称为试探电荷（或称检验电荷）。

2. 电场强度

为了定量描述场源电荷 Q 所产生的静电场，将试探电荷 q_0 分别静止放置在电场中的不同位置，测量它在各点受到的电场力 $\boldsymbol{F}$。如图1-3所示，实验表明，对于电场中任一给定点，比值 $\frac{\boldsymbol{F}}{q_0}$ 是一个大小和方向都与试探电荷无关的物理矢量，它反映的是电场的固有属性，我们将其定义为**电场强度**，简称**场强**，用 $\boldsymbol{E}$ 表示，即

$$\boldsymbol{E}=\frac{\boldsymbol{F}}{q_0} \tag{1.2}$$

此式表明，电场中任意点的电场强度等于静止于该点的单位正电荷所受到的电场力。在国际单位制中，电场强度的单位是牛顿每库仑（N/C），随后的学习中会遇到电场强度还有一个单位是伏特每米（V/m），可以证明这两个单位是等价的。电场存在于带电体周围的整个空间，一般情况下各个点处的场强是不同的，场强是空间坐标的矢量函数 $\boldsymbol{E}(x,y,z)$。

将式（1.2）做一数学变换，等式两边同时乘以 q_0，得到表达式

$$\boldsymbol{F}=q_0\boldsymbol{E} \tag{1.3}$$

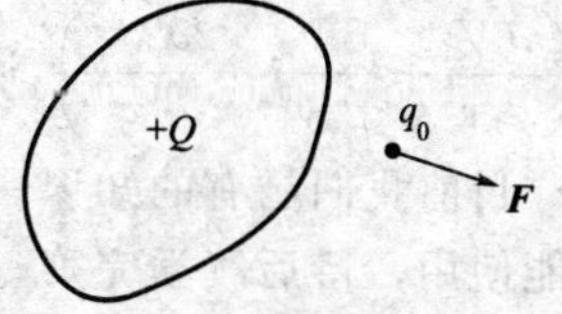

图1-3 电场强度

式（1.3）表明，若已知场强情况，则点电荷在电场中所

受到的电场力就等于点电荷自身的电量与点电荷所在位置处的场强的乘积。

三、 场强叠加原理

如果场源电荷是由 n 个点电荷 $q_1, q_2, \cdots, q_n$ 组成的系统，则称这个电荷系统为点电荷系。实验表明，电场力也满足力的叠加原理，所以在电场中放入试探电荷 q_0，q_0 所受到的总电场力 $\boldsymbol{F}$ 就等于各个点电荷单独对 q_0 所产生的电场力 $\boldsymbol{F}_1, \boldsymbol{F}_2, \cdots, \boldsymbol{F}_n$ 的矢量和。表达式为

$$\boldsymbol{F} = \sum_{i=1}^{n} \boldsymbol{F}_i \tag{1.4}$$

此即**电场力的叠加原理**，将其两边分别除以 q_0，有

$$\frac{\boldsymbol{F}}{q_0} = \frac{\sum_{i=1}^{n} \boldsymbol{F}_i}{q_0} \tag{1.5}$$

根据场强定义，得

$$\boldsymbol{E} = \sum_{i=1}^{n} \boldsymbol{E}_i \tag{1.6}$$

式（1.6）说明，点电荷系在某点产生的场强，等于每一个点电荷单独存在时，在该点产生的场强的矢量和，这就是**场强叠加原理**。它是静电场的基本性质之一。图 1-4 给出了由两个点电荷组成的点电荷系统的场强叠加原理示意图。

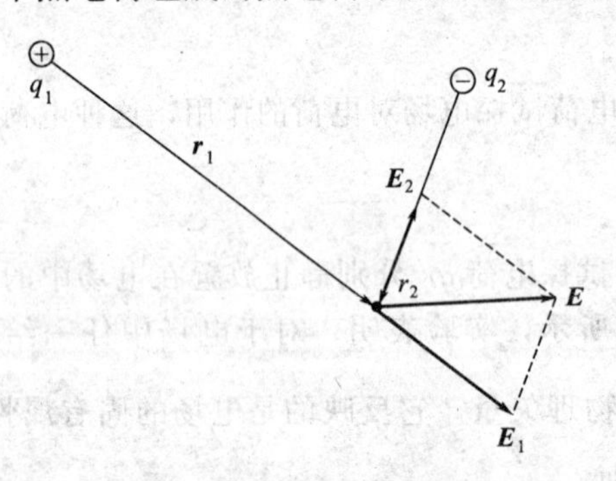

图 1-4 场强叠加原理

对于电荷连续分布的带电体，可将其视为由无数个点电荷元 $\mathrm{d}q$ 组成的点电荷系，这时式（1.6）中的求和需改为积分运算，即

$$\boldsymbol{E} = \int \mathrm{d}\boldsymbol{E} \tag{1.7}$$

四、场强的计算

关于场强的计算，概括来主要有四种不同的方法。

（1）**定义式法**：借助试探电荷 q_0，在已知 q_0 所受电场力的前提下，利用场强的定义式 $\boldsymbol{E} = \frac{\boldsymbol{F}}{q_0}$ 计算场强。

（2）**叠加法**：在已知微元电荷所产生的场强的前提下，利用场强叠加原理计算场强。

（3）**高斯定理法**：对于电荷具有高度对称分布形式的带电体，可以借助高斯定理求解场强。

（4）**电势梯度法**：在已知电势分布的前提下，利用场强与电势梯度的关系 $\boldsymbol{E} = -\left(\frac{\partial V}{\partial x}\boldsymbol{i} + \frac{\partial V}{\partial y}\boldsymbol{j} + \frac{\partial V}{\partial z}\boldsymbol{k}\right)$，通过微分运算计算场强。

目前我们已有的知识只能用前两种方法（定义式法和叠加法）计算场强，后两种方法还不能使用，待后续学完第三节和第五节后就可以用高斯定理法和电势梯度法计算场强。每种方法都有各自的特点，都有各自的优点和不足，读者可在使用过程中细细品味。

1. 定义式法求场强

【例 1-1】 求点电荷 q 所产生的电场。

【解】 如图 1-5 所示，在相对点电荷 q 的位矢为$\boldsymbol{r}$的 P 点处，放一试探电荷 q_0。根据库仑定律，q_0 受到的电场力为

$$\boldsymbol{F}=\frac{qq_0}{4\pi\varepsilon_0 r^2}\boldsymbol{e}_r$$

根据电场强度的定义式$\boldsymbol{E}=\dfrac{\boldsymbol{F}}{q_0}$，$P$ 点处的电场强度为

$$\boldsymbol{E}=\frac{q}{4\pi\varepsilon_0 r^2}\boldsymbol{e}_r \tag{1.8}$$

式（1.8）即为点电荷的场强公式，它给出了点电荷 q 在周围空间各点产生的场强描述：在与点电荷 q 距离为 r 点处的场强的大小为 $E=\dfrac{q}{4\pi\varepsilon_0 r^2}$；当 q 为正电荷时，该点处的场强方向沿径向向外；当 q 为负电荷时，该点处的场强方向沿径向向内；点电荷的电场以点电荷为中心呈球对称分布，如图 1-5 所示。

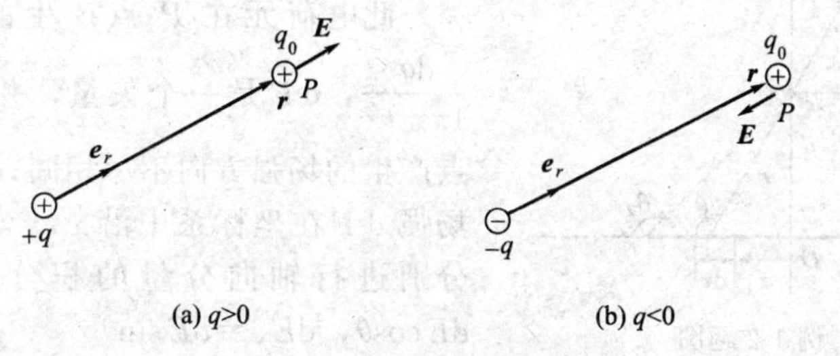

图 1-5 电荷的电场强度

2. 叠加法求场强

根据点电荷的场强公式以及场强的叠加原理，可以得到点电荷系的场强表示式

$$\boldsymbol{E}=\sum_{i=1}^{n}\frac{q_i}{4\pi\varepsilon_0 r_i{}^2}\boldsymbol{e}_{ri} \tag{1.9}$$

式中，r_i 为点电荷 q_i 到场点的距离；$\boldsymbol{e}_{ri}$ 是从点电荷 q_i 到场点的矢径方向的单位矢量。

如图 1-6 所示，如果场源是电荷连续分布的带电体，则式（1.9）中求和运算应改为积分运算，因而有

$$\boldsymbol{E}=\int \mathrm{d}\boldsymbol{E}=\int\frac{\mathrm{d}q}{4\pi\varepsilon_0 r^2}\boldsymbol{e}_r \tag{1.10}$$

式中，r 为从电荷元 $\mathrm{d}q$ 到场点的距离；$\boldsymbol{e}_r$ 为从电荷元 $\mathrm{d}q$ 到场点的矢径方向的单位矢量。

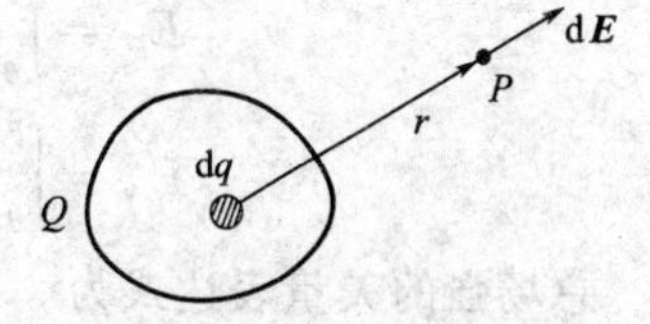

图 1-6 叠加法求场强

这种利用场强叠加原理计算场强的方法，称之为**叠加法求场强**。原则上讲，只要计算出式（1.10）这个积分，任意带电体所产生的场强问题都可以解决，但实际上在很多情况下，由于带电体的带电情况以及形状的复杂性使得这个积分很难计算出来，只有在少数情况下才能以积分求出具体结果。

另外需要说明的是，根据带电体的电荷分布情况不同，电荷元 $\mathrm{d}q$ 的表示式也有所不同。电荷分布一般有三种情况，当场源电荷呈线分布、面分布和体分布时，我们分别引入线密度 λ、面密度 σ 和体密度 ρ 这三个物理量来表征带电体的电荷分布情况，其定义如下

$$\begin{cases}\lambda=\lim\limits_{\Delta l\to 0}\dfrac{\Delta q}{\Delta l}=\dfrac{dq}{dl} \text{（线分布）}\\ \sigma=\lim\limits_{\Delta S\to 0}\dfrac{\Delta q}{\Delta S}=\dfrac{dq}{dS} \text{（面分布）}\\ \rho=\lim\limits_{\Delta V\to 0}\dfrac{\Delta q}{\Delta V}=\dfrac{dq}{dV} \text{（体分布）}\end{cases} \tag{1.11}$$

式（1.10）中的 dq 在这三种情况可以分别写成

$$dq=\begin{cases}\lambda dl & \text{（线分布）}\\ \sigma dS & \text{（面分布）}\\ \rho dV & \text{（体分布）}\end{cases} \tag{1.12}$$

下面通过几个典型例题，体会叠加法处理问题的思路。

【例 1-2】 真空中一均匀带电直线，长为 L，电量为 Q，设线外任一场点到直线的垂直距离为 d，P 点和直线两端点连线分别与直线之间呈夹角 θ_1 和 θ_2，求 P 点处的电场强度。

【解】 选取如图 1-7 所示坐标系，在坐标 x 处取长为 dx 的电荷元，其电量为

$$dq=\lambda dx，\lambda=\frac{Q}{L}$$

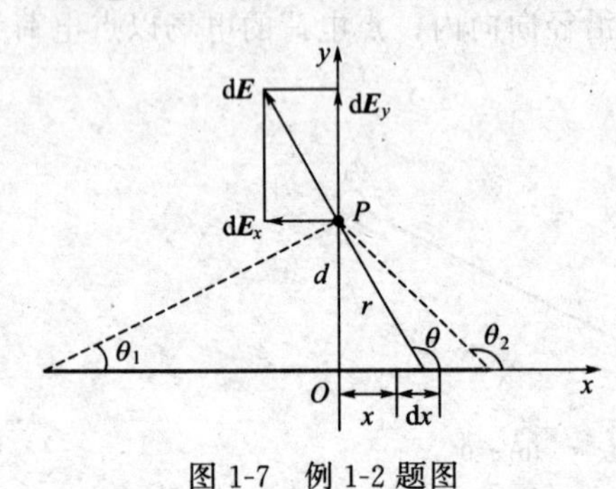

图 1-7 例 1-2 题图

此电荷元在 P 点产生的场强大小为 $dE=\dfrac{dq}{4\pi\varepsilon_0 r^2}$，$d\boldsymbol{E}$ 是一个矢量，并且每个电荷元在 P 点产生的场强方向不尽相同，所以需将 dq 产生的场强 $d\boldsymbol{E}$ 在坐标系中沿 x,y 轴进行轴向分解，并分别进行轴向分量的积分运算，得到 $dE_x=dE\cos\theta$，$dE_y=dE\sin\theta$

$$E_x=\int dE_x=\int dE\cos\theta=\int\frac{\lambda dx}{4\pi\varepsilon_0 r^2}\cos\theta$$

$$E_y=\int dE_y=\int dE\sin\theta=\int\frac{\lambda dx}{4\pi\varepsilon_0 r^2}\sin\theta$$

将 x,r 和 θ，利用三个变量之间的关系，统一到一个变量 θ 后再积分

$$r=\frac{d}{\sin\theta}，x=-d\cot\theta，dx=\frac{d}{\sin^2\theta}d\theta$$

代入上面两个积分中整理并确定积分上、下限，得到

$$E_x=\int_{\theta_1}^{\theta_2}\frac{\lambda}{4\pi\varepsilon_0 d}\cos\theta d\theta=\frac{\lambda}{4\pi\varepsilon_0 d}(\sin\theta_2-\sin\theta_1)$$

$$E_y=\int_{\theta_1}^{\theta_2}\frac{\lambda}{4\pi\varepsilon_0 d}\sin\theta d\theta=\frac{\lambda}{4\pi\varepsilon_0 d}(\cos\theta_1-\cos\theta_2)$$

总场强的矢量表达式为

$$E=\frac{\lambda}{4\pi\varepsilon_0 d}(\sin\theta_2-\sin\theta_1)\boldsymbol{i}+\frac{\lambda}{4\pi\varepsilon_0 d}(\cos\theta_1-\cos\theta_2)\boldsymbol{j}$$

对结果进行如下讨论。

(1) 当 $d\ll L$ 时，带电直线可视作无限长，取 $\theta_1=0$ 和 $\theta_2=\pi$ 代入得

$$\boldsymbol{E}=\frac{\lambda}{2\pi\varepsilon_0 d}\boldsymbol{j} \tag{1.13}$$

式（1.13）即为无限长均匀带电直线产生的场强公式。

(2) 当 $d\to 0$ 时，若 P 点落在带电直线上，此时结果发散无意义；若 P 点落在带电直线外，此时结果不确定，须按具体情况加以处理。

【例 1-3】半径为 R 的均匀带电细圆环，总带电量为 Q（$Q>0$），求圆环轴线上任一点 P 的场强。

【解】 把细圆环分割成许多微小的线元，如图 1-8 所示，任取一线元 dl，带电量为 dq，其在 P 点所产生场强为

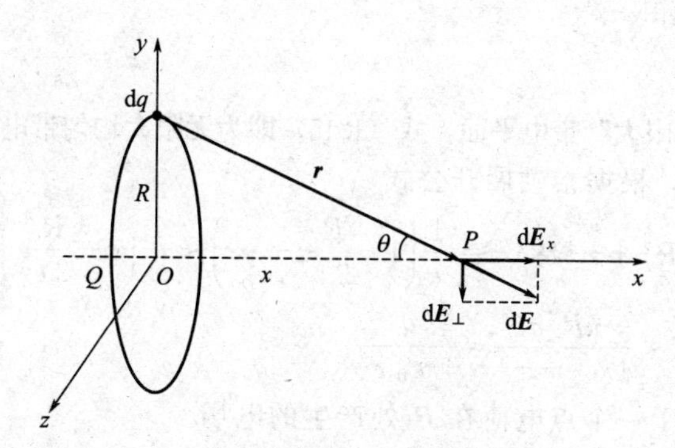

图 1-8 例 1-3 题图

$$d\boldsymbol{E}=\frac{dq}{4\pi\varepsilon_0 r^2}\boldsymbol{e}_r$$

由于圆环上每个电荷元在 P 点产生的场强 $d\boldsymbol{E}$ 方向不同，故需将 $d\boldsymbol{E}$ 在坐标系中沿 x 轴向及垂直于 x 轴的方向进行分解。由于圆环上电荷分布的对称性，致使所有 $d\boldsymbol{E}_\perp$ 分量的矢量和等于零，即 $\boldsymbol{E}_\perp=\int d\boldsymbol{E}_\perp=\boldsymbol{0}$。

因此 P 点场强沿 x 轴向，场强的大小为

$$E=E_x=\int dE_x=\int dE\cos\theta=\int\frac{dq}{4\pi\varepsilon_0 r^2}\cdot\frac{x}{r}$$

$$=\frac{x}{4\pi\varepsilon_0 r^3}\int_Q dq=\frac{Qx}{4\pi\varepsilon_0 r^3}=\frac{Qx}{4\pi\varepsilon_0(R^2+x^2)^{3/2}}$$

所以
$$\boldsymbol{E}=\frac{Qx}{4\pi\varepsilon_0(R^2+x^2)^{3/2}}\boldsymbol{i}\tag{1.14}$$

讨论：(1) 当 $x=0$ 时，$E=0$，由于场强的矢量性，圆环中心的场强为零；

(2) 而当 $x\gg R$ 时，场强的大小为

$$E\approx\frac{Q}{4\pi\varepsilon_0 x^2}\approx\frac{Q}{4\pi\varepsilon_0 r^2}$$

此时圆环相当于一个点电荷在 P 点产生场强，说明了物理模型的相对性。

【例 1-4】 均匀带电圆盘，半径为 R，电荷面密度为 σ。求轴线上任意一点 P 的电场强度的大小。

【解】 把带电圆盘看作是由许多同心带电圆环组成，如图 1-9 所示，在圆盘上任意处取一半径为 r，宽度为 dr 的细圆环，带电量为 $dq=\sigma ds=\sigma 2\pi r dr$，利用例题 1-3 结果，其在其轴线上距圆心 O 为 x 的 P 点所产生的电场强度的大小为

$$dE=\frac{x\,dq}{4\pi\varepsilon_0(x^2+r^2)^{3/2}}=\frac{x\sigma 2\pi r\,dr}{4\pi\varepsilon_0(x^2+r^2)^{3/2}}$$

所有圆环在 P 点产生的场强方向都相同，所以，整个圆盘在 P 点产生的总场强的大

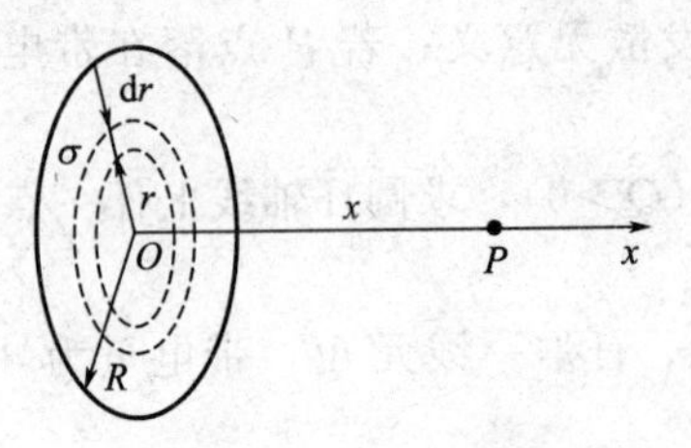

图 1-9 例 1-4 题图

小为

$$E=\int \mathrm{d}E=\int_0^R \frac{\sigma 2\pi r\,\mathrm{d}r\cdot x}{4\pi\varepsilon_0(x^2+r^2)^{3/2}}=\frac{\sigma}{2\varepsilon_0}\left(1-\frac{x}{\sqrt{R^2+x^2}}\right)$$

方向：$\boldsymbol{i}$ 方向。

讨论：(1) 当 $x \ll R$ 时，$\dfrac{x}{\sqrt{R^2+x^2}}\approx 0$，有

$$E=\frac{\sigma}{2\varepsilon_0} \tag{1.15}$$

此时圆盘相当于“无限大”带电平面，式 (1.15) 即为无限大均匀带电平面所产生的场强公式。

(2) 而当 $x \gg R$ 时，根据泰勒展开公式

$$(R^2+x^2)^{-1/2}=\frac{1}{x}\left(1-\frac{R^2}{2x^2}+\cdots\right)\approx\frac{1}{x}\left(1-\frac{R^2}{2x^2}\right)$$

有

$$E\approx\frac{\pi R^2\sigma}{4\pi\varepsilon_0-x^2}=\frac{q}{4\pi\varepsilon_0 x^2}$$

此时带电圆盘相当于一个点电荷在 P 处产生的电场。

第三节 静电场的高斯定理

一、电场线

为了形象地描绘电场强度在空间的分布，引入电场线图示法，如图 1-10 所示。**电场线**是人为规定的一些假想曲线。规定：曲线上任意点的切线方向表示该点的场强方向，曲线的疏密表示场强的大小，并定量地规定电场空间任意点处电场强度的大小等于该点处的电场线数密度，也就是该点附近垂直于电场方向的单位面积所通过的电场线条数，即

$$E=\frac{\mathrm{d}\Phi}{\mathrm{d}S_\perp} \tag{1.16}$$

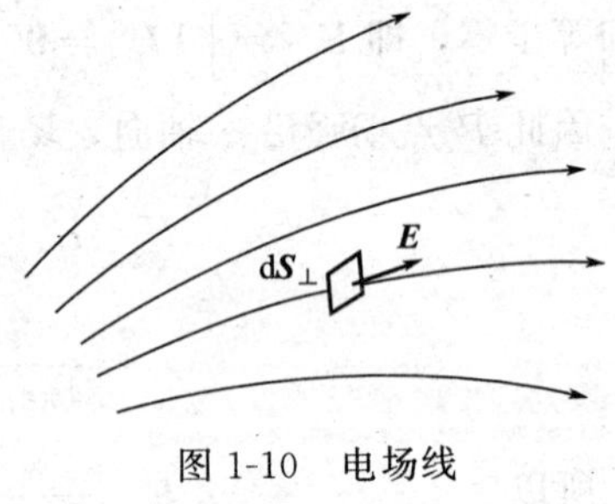

图 1-10 电场线

电场的特性及电场线的图示法决定了电场线具有如下的基本性质：

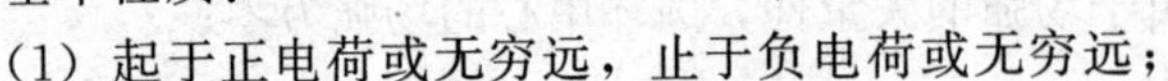

(1) 起于正电荷或无穷远，止于负电荷或无穷远；

(2) 在没有电荷的空间电场线是连续的，不会中断；

(3) 电场线的疏密反映了电场的强弱，电场强处电场线密集，电场弱处电场线稀疏；

(4) 电场线是非闭合曲线，任何两条电场线不会相交。

在图 1-11 中画出了几种不同电荷所产生电场的电场线。

二、电通量

任何一个矢量场都可以通过引入矢量通量的途径来研究场的性质，电场是矢量场，因此可以通过引入电通量的概念来研究电场。我们把通过一个面的电场线条数定义为该面的**电通量**，用符号 Φ 表示，通过面元的电通量用 $\mathrm{d}\Phi$ 表示。如图 1-12 所示，$\mathrm{d}\boldsymbol{S}$ 是电场中的一个面元，通过此面元的电场线条数就是这一面元的电通量，为求此面元的电通量，将此面元在垂直于场强方向做投影 $\mathrm{d}\boldsymbol{S}_\perp$，根据电场线的连续性推知，通过 $\mathrm{d}\boldsymbol{S}$ 面和 $\mathrm{d}\boldsymbol{S}_\perp$ 面的电场线条数是

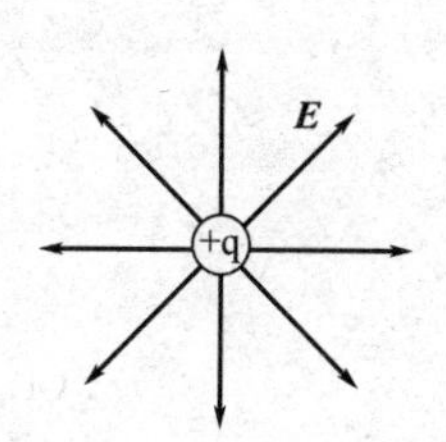

(a) 正电荷

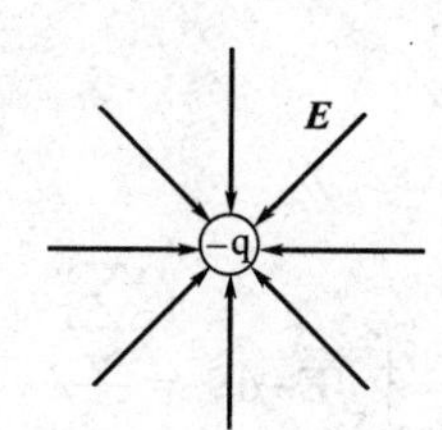

(b) 负电荷

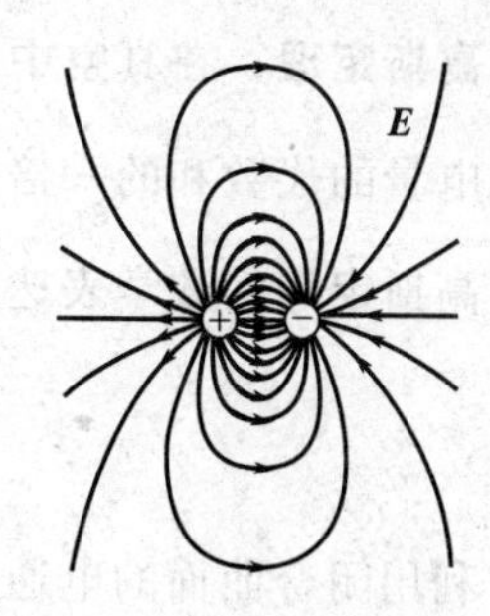

(c) 等量异号点电荷对

图 1-11 几种典型电荷的电场线

一样的，所以有

$$\mathrm{d}\Phi = E\,\mathrm{d}S_{\perp} = \boldsymbol{E}\,\mathrm{d}\boldsymbol{S}\cos\theta$$

为了表示面元的方位特征，我们引入面元矢量 $\mathrm{d}\boldsymbol{S}=\mathrm{d}S\,\boldsymbol{e}_{\mathrm{n}}$，其中$\boldsymbol{e}_{\mathrm{n}}$为面元的法向单位矢量。由图 1-12 可以看出，角 θ 也是面元处电场强度矢量$\boldsymbol{E}$与面元法向$\boldsymbol{e}_{\mathrm{n}}$之间的夹角，由标积的定义，可得

$$\mathrm{d}\Phi = \boldsymbol{E}\cdot\mathrm{d}\boldsymbol{S} \tag{1.17}$$

此即面元 $\mathrm{d}\boldsymbol{S}$ 的电通量计算公式。

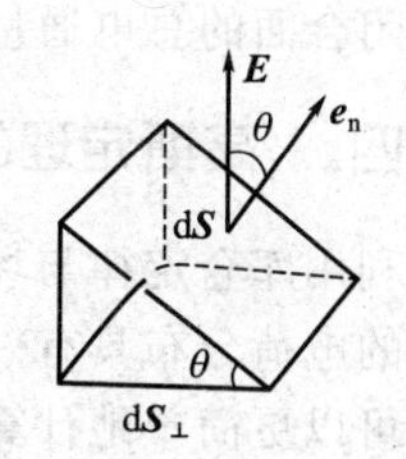

图 1-12 d$\boldsymbol{S}$ 的电通量

注意，由式（1.17）得出的电通量可正、可负。当 $0\leqslant\theta<\frac{\pi}{2}$ 时，$\mathrm{d}\Phi$ 为正；当$\frac{\pi}{2}<\theta\leqslant\pi$ 时，$\mathrm{d}\Phi$ 为负；当 $\theta=\frac{\pi}{2}$时，$\mathrm{d}\Phi$ 为零。

如何求出任意曲面 S 的电通量呢？我们可将曲面 S 分割成许多微小面元 $\mathrm{d}S$，如图 1-13 所示，先计算通过每一面元的电通量 $\mathrm{d}\Phi$，然后对曲面 S 上所有面元的电通量求和进行积分运算，就得到了整个曲面的电通量

$$\Phi = \int \mathrm{d}\Phi = \int_S \boldsymbol{E}\cdot\mathrm{d}\boldsymbol{S} \tag{1.18}$$

积分号下标 S 表示对整个曲面积分。

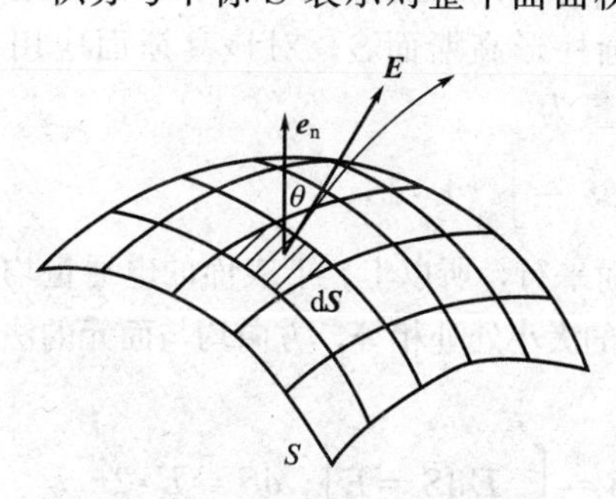

图 1-13 任意曲面的电通量

这里需要说明的是关于曲面正法向的选取

（1）对于非闭合曲面，面上各处法线的正向可以任意取在曲面的任一侧；

（2）对于闭合曲面，因其自然将整个空间划分为内、外两部分，所以通常规定“对于闭合曲面，各面元处的正法向为从内向外的方向”。因此当电场线从内向外穿出时电通量为正，当电场线由外向内穿入时电通量为负，而整个闭合曲面的电通量就是穿出与穿入闭合曲面电场线条数的代数和。闭合曲面 S 的电通量通常表示为

$$\Phi = \oint_S \mathrm{d}\Phi = \oint_S \boldsymbol{E}\cdot\mathrm{d}\boldsymbol{S} \tag{1.19}$$

三、 高斯定理

高斯是德国数学家和物理学家，在数学、理论物理和实验物理方面都作出了很多贡献，他推导出的高斯定理是电磁学的重要规律。

高斯定理：在真空中的静电场内，通过任意闭合曲面的电通量等于该闭合曲面所包围的电荷电量的代数和的$\frac{1}{\varepsilon_0}$倍。

高斯定理的数学表达式为

$$\Phi = \oint_S \boldsymbol{E} \cdot \mathrm{d}\boldsymbol{S} = \frac{\sum\limits_{S内} q_i}{\varepsilon_0} \tag{1.20}$$

利用闭合曲面的电通量概念根据电场线的性质和场强叠加原理可以证明高斯定理。

注意：(1) 高斯定理表达式中的场强$\boldsymbol{E}$是曲面上面元 d$\boldsymbol{S}$ 处的总场强，是由全部电荷(闭曲面内、外的一切电荷)共同产生的合场强；

(2) 闭合曲面的总电通量(净电通量)只取决于闭合面所包围的电荷量，闭合面外的电荷对闭合面的总电通量无贡献。

四、 高斯定理的应用

利用库仑定律与场强叠加原理，原则上可以计算任何带电体所产生的场强，但是如果带电体的电荷分布具有一定的高度对称性(如轴对称、球对称等)时，应用高斯定理比利用叠加法可以更简单地计算出场强。利用高斯定理计算场强一般按以下四步进行：

(1) 根据电荷分布的对称性分析出电场分布(大小和方向)的对称性；

(2) 根据电场的对称性，技巧性地选取合适的闭合积分曲面(也叫**高斯面**)，以便在计算 $\Phi = \oint\limits_S \boldsymbol{E} \cdot \mathrm{d}\boldsymbol{S}$ 的过程中$\boldsymbol{E}$能以一个未知标量的形式从积分号内提出来；

(3) 计算高斯面内电荷的电量 $\sum\limits_{S内} q_i$；

(4) 列高斯定理方程，并求解 $\boldsymbol{E}$ 的大小。下面通过几个例题加以体会。

【例 1-5】 求无限长均匀带电直线的电场分布。已知直线所带线电荷密度为λ ($\lambda>0$)。

【解】 带电直线的电场分布应具有轴对称性，也就是说，在以直线为轴的任一同轴圆柱面上各点场强大小相等，方向均沿径向垂直于圆柱面辐射向外。如图 1-14 所示，根据电场分布的对称性取以带电直线为轴、半径为 r、长为 l 的圆柱形高斯面 S，对该高斯面应用高斯定理，计算柱面处场强的大小。通过高斯面 S 的电通量为

$$\Phi = \oint_S \boldsymbol{E} \cdot \mathrm{d}\boldsymbol{S} = \int_{上} \boldsymbol{E} \cdot \mathrm{d}\boldsymbol{S} + \int_{下} \boldsymbol{E} \cdot \mathrm{d}\boldsymbol{S} + \int_{侧} \boldsymbol{E} \cdot \mathrm{d}\boldsymbol{S}$$

在 S 面的上、下表面上，任意一位置处的场强都与表面平行，所以上、下表面的电通量均为零。在侧面上，$\boldsymbol{E}$ 的大小处处相等，方向均与面元的法向相同，所以

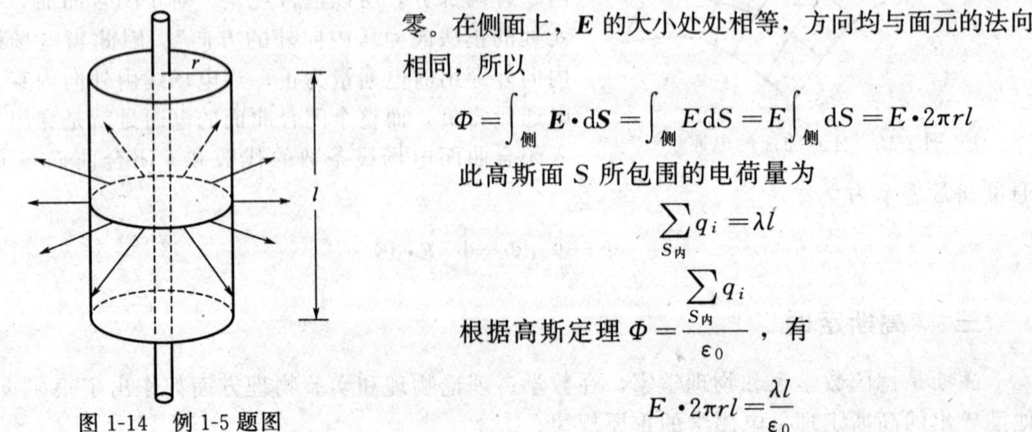

$$\Phi = \int_{侧} \boldsymbol{E} \cdot \mathrm{d}\boldsymbol{S} = \int_{侧} E \mathrm{d}S = E \int_{侧} \mathrm{d}S = E \cdot 2\pi r l$$

此高斯面 S 所包围的电荷量为

$$\sum_{S内} q_i = \lambda l$$

根据高斯定理 $\Phi = \frac{\sum\limits_{S内} q_i}{\varepsilon_0}$，有

$$E \cdot 2\pi r l = \frac{\lambda l}{\varepsilon_0}$$

图 1-14 例 1-5 题图

解得场强大小为

$$E=\frac{\lambda}{2\pi\varepsilon_0 r} \tag{1.21}$$

本题所得结果与本章例题 1-1 中所得结果完全相同，但解法简洁许多。可见，当条件允许时，利用高斯定理计算场强比用叠加法计算场强要简便得多。

【例 1-6】 求均匀带电球面的电场分布。已知球面半径为 R，所带总电量为 Q（设 $Q>0$）。

【解】 由于电荷分布具有球对称性，分析可知其电场分布也应该具有球对称性。也就是说，在空间与带电球面同球心的任何一个球面上各点处的场强大小相等，方向均沿径向垂直于球面辐射向外。如图 1-15（a）所示，根据电场分布的球对称性，可选择同心球面为高斯面，因此我们分别在带电球面的外部和内部空间各自做一个同心高斯球面 S 和 S'，半径分别为 r 和 r'。

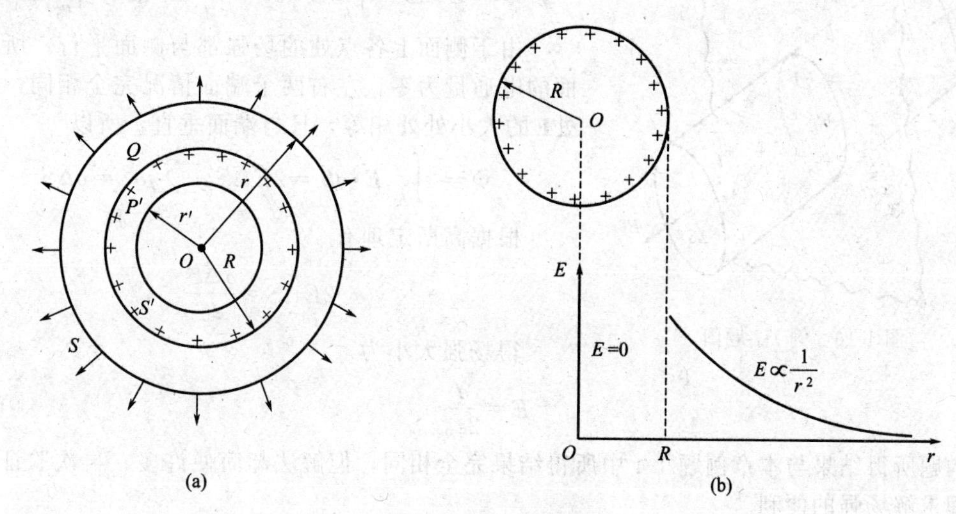

图 1-15　例 1-6 题图

在带电球面的外部空间，通过高斯面 S 的电通量为

$$\Phi=\oint_S \boldsymbol{E}\cdot \mathrm{d}\boldsymbol{S}=\oint_S E\,\mathrm{d}S=E\oint_S \mathrm{d}S=E\cdot 4\pi r^2$$

此球面包围的电荷为

$$\sum_{S内} q_i=Q$$

由高斯定律得

$$E\cdot 4\pi r^2=\frac{Q}{\varepsilon_0}$$

由此得出

$$E=\frac{Q}{4\pi\varepsilon_0 r^2}\quad (r>R) \tag{1.22}$$

上式结果说明，均匀带电球面在外部空间产生的场强分布如同球面上的电荷都集中在球心处形成一个点电荷在该区域产生的场强一样。

同理，借助高斯面 S'，对该面使用高斯定理有

$$\Phi=\oint_S \boldsymbol{E}\cdot \mathrm{d}\boldsymbol{S}=E\cdot 4\pi r^2=\frac{\sum\limits_{S内} q_i}{\varepsilon_0}=0 \tag{1.23}$$

所以有
$$E=0 \quad (r<R)$$

此结果表明，均匀带电球面内部空间无电场，场强处处为零。

根据上述结果，可画出均匀带电球面场强大小分布的 E-r 曲线如图 1-15（b）所示，从曲线可以看出，场强值在球面上是不连续的。

【例 1-7】 求无限大均匀带电平面的电场分布。已知带电平面上电荷面密度为 σ（$\sigma>0$）。

【解】 由于电荷均匀分布在一个无限大平面上，因而电场分布也应该以该带电平面为中心呈面对称性分布，也就是说在与带电平面两侧等距离远的所有点处场强大小相等，方向与平面垂直且指离平面。根据此对称性，如图 1-16 所示，可选择一个轴与带电平面垂直的圆筒式闭合柱面作为高斯面 S，并使该柱面在带电平面两侧对称分布。设柱面左、右两端面面积为 ΔS，端面与带电平面的距离为 l。

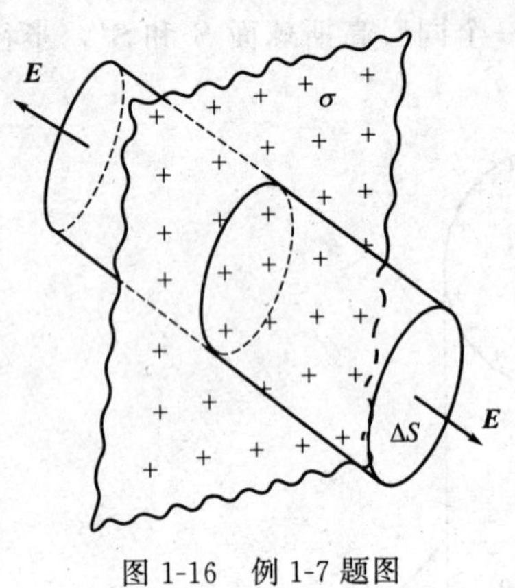

图 1-16 例 1-7 题图

闭合高斯柱面的电通量
$$\Phi=\oint_S \boldsymbol{E}\cdot d\boldsymbol{S}=\int_{左}\boldsymbol{E}\cdot d\boldsymbol{S}+\int_{右}\boldsymbol{E}\cdot d\boldsymbol{S}+\int_{侧}\boldsymbol{E}\cdot d\boldsymbol{S}$$

由于侧面上各点处的场强都与侧面平行，所以侧面的电通量为零，左右两个端面情况完全相同，端面处$\boldsymbol{E}$的大小处处相等，且与端面垂直，所以
$$\Phi=2\int_{左}\boldsymbol{E}\cdot d\boldsymbol{S}=2E\Delta S,\ \sum_{S内}q_i=\sigma\Delta S$$

根据高斯定理有
$$2E\Delta S=\frac{\sigma\Delta S}{\varepsilon_0}$$

得场强大小为
$$E=\frac{\sigma}{2\varepsilon_0} \tag{1.24}$$

本题所得结果与本章例题 1-4 中所得结果完全相同，但解法却简便许多，再次验证了高斯定理求解场强的便利。

第四节 静电场的环路定理 电势

一、 电场力的功 环路定理

电场对电荷有作用力，前面以电荷在电场中所受的电场力为切入点，探讨了描述静电场的物理量——电场强度$\boldsymbol{E}$。那么，当电荷在电场中移动时，电场力还要对电荷做功，下面从电场力做功的性质探讨静电场的保守性问题。

如图 1-17 所示，在点电荷 q 产生的电场中，将另一点电荷 q_0 沿任一路径 L 由 a 点移动到 b 点时，电场力对 q_0 做的功为
$$A_{ab}=\int_a^b dA=\int_a^b q_0\,\boldsymbol{E}\cdot d\boldsymbol{r}=q_0\int_a^b E\,|d\boldsymbol{r}|\cos\theta$$
$$=q_0\int_a^b E\,dr=q_0\int_a^b\frac{q\,dr}{4\pi\varepsilon_0 r^2}=\frac{q_0 q}{4\pi\varepsilon_0}\left(\frac{1}{r_a}-\frac{1}{r_b}\right) \tag{1.25}$$

式中，r_a 和 r_b 分别为 q_0 在起点 a 和终点 b 到场源电荷 q 的距离，式（1.25）结果说明，在静止点电荷 q 的电场中，电场力做功只与运动电荷的起点和终点的位置有关，而与移动的路径无关。

对于由许多静止点电荷 $q_1,q_2,\cdots,q_n$ 组成的点电荷系产生的电场中，若点电荷 q_0

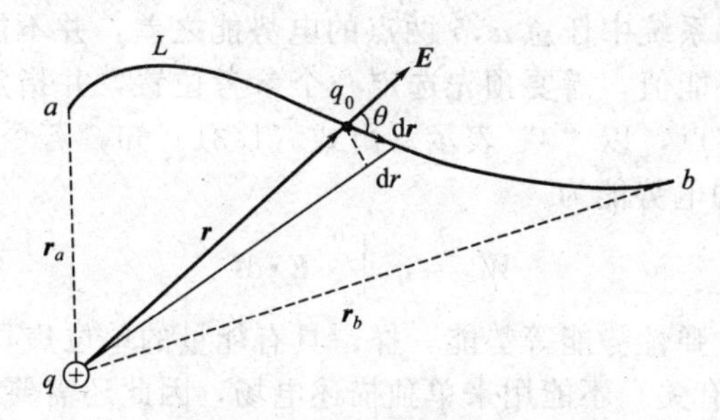

图 1-17 电场力做功

由 a 点沿任一路径 L 移动到 b 点，这时静电场力对 q_0 所做的功可由场强叠加原理得到

$$A_{ab}=\int_a^b q_0\,\boldsymbol{E}\cdot \mathrm{d}\boldsymbol{r}=\int_a^b q_0(\boldsymbol{E}_1+\boldsymbol{E}_2+\cdots+\boldsymbol{E}_n)\cdot \mathrm{d}\boldsymbol{r}$$

$$=q_0\int_a^b \boldsymbol{E}_1\cdot \mathrm{d}\boldsymbol{r}+q_0\int_a^b \boldsymbol{E}_2\cdot \mathrm{d}\boldsymbol{r}+\cdots+q_0\int_a^b \boldsymbol{E}_n\cdot \mathrm{d}\boldsymbol{r} \tag{1.26}$$

因为上述等式右侧每一项都是点电荷电场力做功情况，积分结果都与路径无关，只取决于被移动电荷 q_0 的始末位置，所以其总和也具有这一特点。

对于静止的连续带电体，可将其看作由无数电荷元的组成，因而它的电场可视为电荷系的电场，其电场力做功同样具有上述特点。

综上所述，可以得出结论：对任何静电场，电场力做功都只取决于被移动电荷的始末位置而与移动电荷的路径无关。说明静电场力是**保守力**，静电场具有保守性，是**保守场**。

静电场的保守性还可以表述成场强沿任意闭合路径的线积分形式。如图 1-18 所示，在闭合路径 L 上取任意两点 a 和 b，它们把 L 分成 L_1 和 L_2 两段，由于电场力做功与路径无关，所以有

$$A_{ab}=q_0\int_{\substack{a\\L_1}}^b \boldsymbol{E}\cdot \mathrm{d}\boldsymbol{r}=q_0\int_{\substack{a\\L_2}}^b \boldsymbol{E}\cdot \mathrm{d}\boldsymbol{r} \tag{1.27}$$

$$\int_{\substack{a\\L_1}}^b \boldsymbol{E}\cdot \mathrm{d}\boldsymbol{r}=\int_{\substack{a\\L_2}}^b \boldsymbol{E}\cdot \mathrm{d}\boldsymbol{r} \tag{1.28}$$

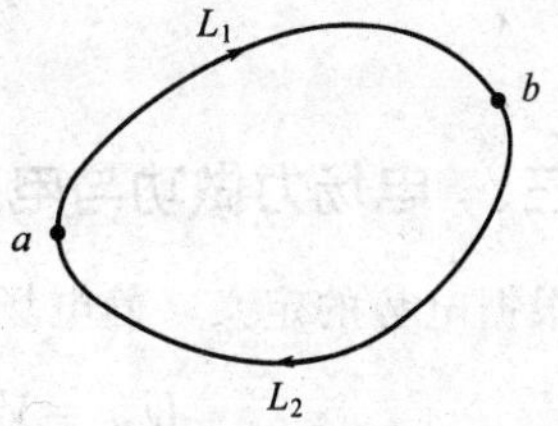

图 1-18 静电场的环路定理

式 (1.28) 表明场强线积分与路径无关。因此有

$$\int_L \boldsymbol{E}\cdot \mathrm{d}\boldsymbol{r}=\int_{\substack{a\\L_1}}^b \boldsymbol{E}\cdot \mathrm{d}\boldsymbol{r}+\int_{\substack{b\\L_2}}^a \boldsymbol{E}\cdot \mathrm{d}\boldsymbol{r}=\int_{\substack{a\\L_1}}^b \boldsymbol{E}\cdot \mathrm{d}\boldsymbol{r}-\int_{\substack{a\\L_2}}^b \boldsymbol{E}\cdot \mathrm{d}\boldsymbol{r}=0 \tag{1.29}$$

习惯上，在路径线积分中常常将 $\mathrm{d}\boldsymbol{r}$ 写为 $\mathrm{d}\boldsymbol{l}$ 形式，即

$$\oint_L \boldsymbol{E}\cdot \mathrm{d}\boldsymbol{l}=0 \tag{1.30}$$

此式表明，在静电场中，场强沿任意闭合路径的线积分等于零。此即静电场保守性的另一种说法，称作静电场的**环路定理**。

二、电势能 电势

静电场是保守力场，意味着对于点电荷 q_0 和电场$\boldsymbol{E}$组成的系统存在着一个由电场中各点的位置所决定的势能函数，此函数在 a 和 b 两点的数值之差等于点电荷 q_0 从 a 点移动到 b 点时静电场力所做的功 A_{ab}，这个势能函数称为**电势能**，以 W_a 和 W_b 分别表示 a，b 两点的电势能，则有

$$A_{ab}=q_0\int_a^b \boldsymbol{E}\cdot \mathrm{d}\boldsymbol{l}=W_a-W_b \tag{1.31}$$

式（1.31）只给出了系统中任意 a,b 两点的电势能之差，并不能确定任一点的电势能。为了给出场中各点的电势能值，需要预先选定一个参考位置，并指定该点电势能的值为零，这一参考位置叫电势能零点，以“0”表示。由式（1.31）知，若令 b 点为系统电势能的零点，则任意点 a 处系统的电势能为

$$W_a = q_0 \int_a^{"0"} \boldsymbol{E} \cdot \mathrm{d}\boldsymbol{l} \tag{1.32}$$

电势能和重力势能、弹性势能等势能一样，具有能量的单位焦耳（J）。

电势能与点电荷 q_0 有关，不能用来单独描述电场，因此还需要引入一个与点电荷 q_0 无关，只与电场有关并且能够描述电场功能特性的物理量，我们称之为**电势**（或称电位），用 V 表示，并定义电场中任意点 a 的电势为

$$V_a = \frac{W_a}{q_0} = \int_a^{"0"} \boldsymbol{E} \cdot \mathrm{d}\boldsymbol{l} \tag{1.33}$$

电势为标量，在国际单位制中，电势的单位名称是伏特，符号为 V，1V=1J/C。其物理意义为，将单位正电荷由 a 点沿任意路径移到电势零点时，电场力所做的功。

电势与电势能具有相同的零点。电场中任意点处的电势及电势能的大小无绝对意义，只与零势点的选定有关，电场中任意点的电势值就是该点与零势点的电势差值。通常零势点的选择视方便而定，在处理一个问题时只能选定一个零势点。通常有限大带电体的场，选择无限远处为零势点；无限大带电体的场，则需要选择有限远处的一个确定点为零势点。在实际问题中，地球是个稳定的大导体，也常常选取地球的电势为零电势。

当电荷分布在有限区域，电势零点选在无限远处时，式（1.33）可以写成

$$V_a = \int_a^{\infty} \boldsymbol{E} \cdot \mathrm{d}\boldsymbol{l} \tag{1.34}$$

三、电场力做功与电势差的关系

根据电势的定义，静电场中任意两点 a、b 间的**电势差**（或称**电压**）为

$$U_{ab} = V_a - V_b = \int_a^{"0"} \boldsymbol{E} \cdot \mathrm{d}\boldsymbol{l} - \int_b^{"0"} \boldsymbol{E} \cdot \mathrm{d}\boldsymbol{l} = \int_a^b \boldsymbol{E} \cdot \mathrm{d}\boldsymbol{l} \tag{1.35}$$

电势差与电势具有相同的单位伏特（V）。电势差 U_{ab} 的物理意义为，将单位正电荷由 a 点沿任意路径移到 b 点时，电场力所做的功。

在静电场中若已知电势分布，就可以利用电势差很方便地计算点电荷在电场中移动时电场力所做的功。由式（1.31）和式（1.35）联立可知，点电荷 q_0 从 a 点移到 b 点时电场力做功为

$$A_{ab} = q_0 \int_a^b \boldsymbol{E} \cdot \mathrm{d}\boldsymbol{l} = q_0 (V_a - V_b) \tag{1.36}$$

上式即为电场力对点电荷做功与电势差间的关系式。

四、电势的叠加原理

如果场源是由若干点电荷组成的点电荷系，根据场强叠加原理及由电势的定义式（1.33），可得电场中点 a 的总电势为

$$\begin{aligned} V_a &= \int_a^{"0"} \boldsymbol{E} \cdot \mathrm{d}\boldsymbol{l} = \int_a^{"0"} (\boldsymbol{E}_1 + \boldsymbol{E}_2 \cdots \boldsymbol{E}_n) \cdot \mathrm{d}\boldsymbol{l} \\ &= \int_a^{"0"} \boldsymbol{E}_1 \cdot \mathrm{d}\boldsymbol{l} + \int_a^{"0"} \boldsymbol{E}_2 \cdot \mathrm{d}\boldsymbol{l} + \cdots + \int_a^{"0"} \boldsymbol{E}_n \cdot \mathrm{d}\boldsymbol{l} \\ &= V_1 + V_2 + \cdots + V_n \end{aligned}$$

即

$$V = \sum_{i=1}^{n} V_i \tag{1.37}$$

如果场源是电荷连续分布的带电体，可将其视为由无数个点电荷元 dq 组成的点电荷系，根据式（1.37），点 a 的总电势就是这些点电荷元在该点产生的电势的代数和，此时需将求和运算改为积分运算，即

$$V=\int dV \tag{1.38}$$

式（1.37）和式（1.38）均为**电势叠加原理**的表达式，它们表示点电荷系所激发的电场中某点的电势等于各点电荷单独存在时在该点产生的电势的代数和。

五、电势的计算

电势的计算有两种不同的方法。

（1）**定义式法**：在已知电荷场强分布的前提下，利用电势的定义式 $V_a=\int_a^{"0"}\boldsymbol{E}\cdot d\boldsymbol{l}$ 计算电势。

（2）**叠加法**：在已知微元电荷的电势的前提下，利用电势叠加原理计算带电体系的电势。下面举例说明两种计算电势方法的应用。

1. 定义式法计算电势

【例 1-8】 求距离点电荷 q 为 r 的任一点 a 的电势。

【解】 取 $V_\infty=0$。点电荷的场强表达式为

$$\boldsymbol{E}=\frac{q}{4\pi\varepsilon_0 r^2}\boldsymbol{e}_r$$

根据电势的定义式及场强积分与路径无关的特点，可以选择一条易于计算的路径进行场强积分，我们选取$\boldsymbol{E}$线作为积分路径，即沿径向进行积分，有

$$V_a=\int_a^\infty \boldsymbol{E}\cdot d\boldsymbol{l}=\int_a^\infty E dr=\int_r^\infty \frac{q}{4\pi\varepsilon_0 r^2}dr$$

所以

$$V_a=\frac{q}{4\pi\varepsilon_0 r} \tag{1.39}$$

可见，点电荷电场中的电势随 r 的增加而减小。$q>0$ 时，电场中各点的电势为正值；$q<0$ 时，电场中各点的电势为负值。

【例 1-9】 求均匀带电球面的电势分布。球面半径为 R，总带电量为 Q。

【解】 取 $V_\infty=0$。均匀带电球面的场强表达式为

$$\begin{cases}\boldsymbol{E}=0 & (r<R)\\ \boldsymbol{E}=\dfrac{Q}{4\pi\varepsilon_0 r^2}\boldsymbol{e}_r & (r>R)\end{cases}$$

根据电势的定义式及场强的特点，选取径向为积分路径。

球面内任一点的电势为

$$V_a=\int_a^\infty \boldsymbol{E}\cdot d\boldsymbol{l}=\int_a^R \boldsymbol{E}\cdot d\boldsymbol{l}+\int_R^\infty \boldsymbol{E}\cdot d\boldsymbol{l}=\int_R^\infty E dr=\int_R^\infty \frac{Q}{4\pi\varepsilon_0 r^2}dr$$

$$V_a=\frac{Q}{4\pi\varepsilon_0 R}\quad (r\leqslant R) \tag{1.40}$$

上式结果说明均匀带电球面内各点电势相等，都等于球面上各点的电势。

球面外任一点的电势为

$$V_a=\int_a^\infty \boldsymbol{E}\cdot d\boldsymbol{l}=\int_r^\infty E dr=\int_r^\infty \frac{Q}{4\pi\varepsilon_0 r^2}dr$$

$$V_a=\frac{Q}{4\pi\varepsilon_0 r}\quad (r>R) \tag{1.41}$$

上式结果说明，均匀带电球面在外部空间产生的电势分布如同球面上的电荷都集中在球心处形成一个点电荷时在该区域产生的电势一样。均匀带电球面的电势随 r 变化的 V-r 曲线如图 1-19 所示。

将图 1-19 与图 1-15（b）比较可以看到，均匀带电球面所产生的静电场虽然电场强度值在球面处是不连续的，但电势在球面处却是连续的。

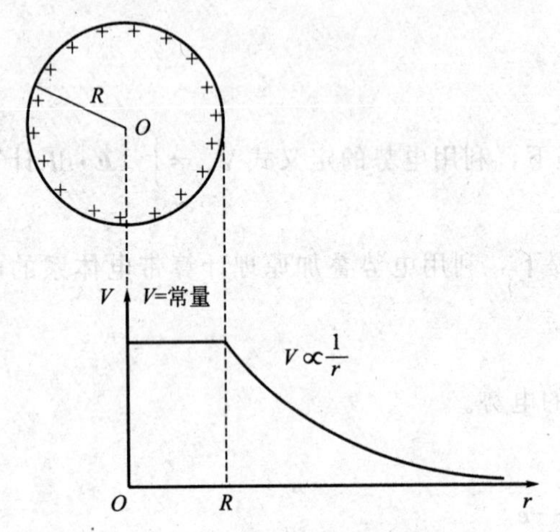

图 1-19 均匀带电球面的电势分布

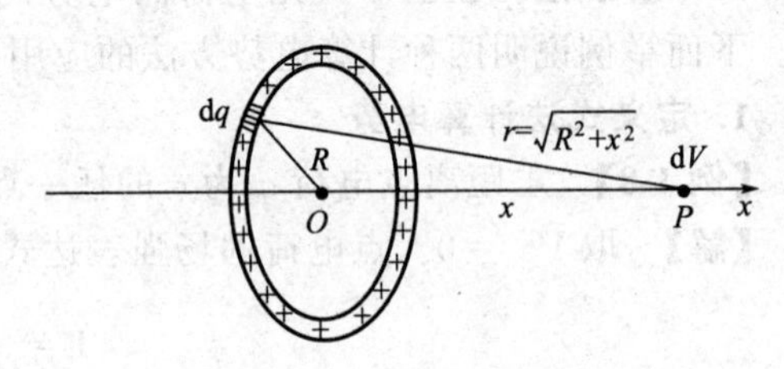

图 1-20 例 1-10 题图

2. 叠加法计算电势

【例 1-10】 求带电细圆环轴线上任一点 P 的电势。已知圆环半径为 R，所带总电量为 Q。

【解】 如图 1-20 中以 x 表示从环心 O 到场点 P 的距离，在圆环上任意位置处取长为 $\mathrm{d}l$ 的线元，其带电量为 $\mathrm{d}q$，在 P 点产生的电势为

$$\mathrm{d}V=\frac{\mathrm{d}q}{4\pi\varepsilon_0 r}$$

电势为标量，根据电势叠加原理 P 点总的电势为

$$V=\int \mathrm{d}V=\int\frac{\mathrm{d}q}{4\pi\varepsilon_0 r}=\frac{1}{4\pi\varepsilon_0 r}\int_Q \mathrm{d}q$$

$$=\frac{Q}{4\pi\varepsilon_0\sqrt{R^2+x^2}} \tag{1.42}$$

讨论：(1) 带电细圆环在圆心处产生的电势，此时 $x=0$，环心电势为

$$V=\frac{Q}{4\pi\varepsilon_0 R} \tag{1.43}$$

(2) 当 $x\gg R$ 时，有 $r=\sqrt{R^2+x^2}\approx x$，电势为

$$V\approx\frac{Q}{4\pi\varepsilon_0 x} \tag{1.44}$$

结果等同于点电荷的电势。

【例 1-11】 求均匀带电圆盘轴线上任一点 P 的电势。已知圆盘半径为 R，电荷面密度为 σ。

【解】 如图 1-21 所示，把带电圆盘看作是由许多同心圆环所组成。在圆盘上任取一半径为 r，宽为 $\mathrm{d}r$ 的细圆环，带电量为 $\mathrm{d}q=\sigma\mathrm{d}S=\sigma 2\pi r\mathrm{d}r$。利用例题 1-10 结果及电势叠加原

理，可得整个带电圆盘在 P 点产生的电势为

$$
\begin{aligned}
V &= \int \mathrm{d}V = \int \frac{\mathrm{d}q}{4\pi\varepsilon_0\sqrt{r^2+x^2}} \\
&= \int_0^R \frac{\sigma 2\pi r\,\mathrm{d}r}{4\pi\varepsilon_0\sqrt{r^2+x^2}} \\
&= \frac{\sigma}{2\varepsilon_0}\left(\sqrt{R^2+x^2}-x\right) \qquad (1.45)
\end{aligned}
$$

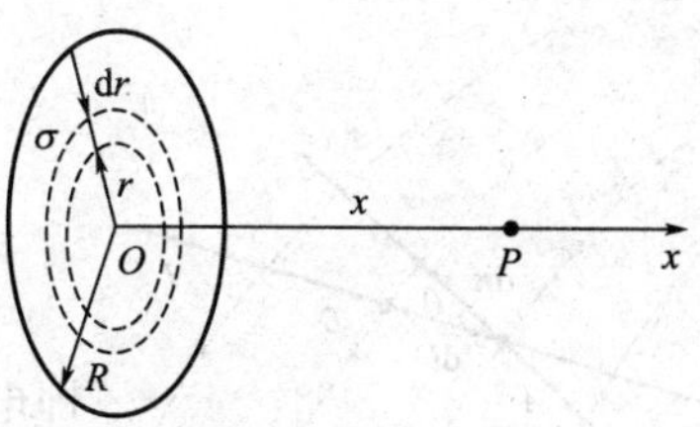

图 1-21　例 1-11 题图

第五节　场强与电势的关系

一、等势面

如同用电场线形象地表征电场强度，常用等势面来形象地表征电场中电势的分布。在静电场中，电势相等的点构成的曲面称作**等势面**。不同电荷的电场具有不同形状的等势面。通常规定画等势面时，要使任意两个相邻的等势面间具有相同的电势差。据此规则，在图 1-22 中画出了几种典型电荷的等势面与电场线，其中有方向性标识的实线是电场线，虚线是等势面与纸面的交线。

电场的特性及等势面的图示法决定了等势面具有如下的基本性质：

（1）等势面与电场线处处正交，且电场线总是指向电势降低的方向；

（2）等势面的疏密反映了电场的强弱，电场强处等势面密集，电场弱处等势面稀疏。

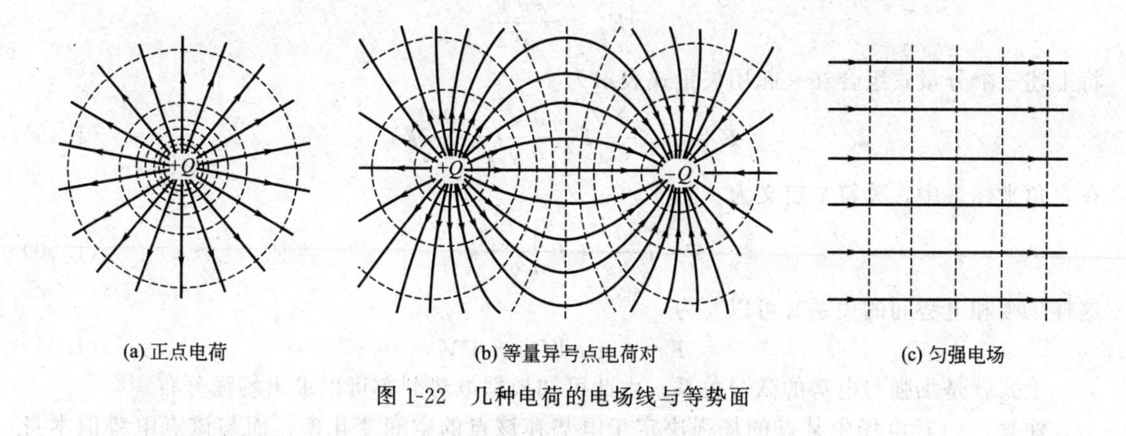

(a) 正点电荷　　(b) 等量异号点电荷对　　(c) 匀强电场

图 1-22　几种电荷的电场线与等势面

二、电势梯度

场强和电势都是描述电场性质的物理量，式（1.33）给出了场强与电势之间的线积分关系。反之，场强与电势间也应该存在微分关系，即场强应等于电势的导数，但由于场强是矢量，电势是标量，因此这一导数关系会复杂些。下面我们来推导这两者间的微分关系式。

如图 1-23 所示，为在电场中相距很近电势差为 $\mathrm{d}V$（$\mathrm{d}V>0$）的一组等势面，任意的 $\boldsymbol{l}$ 方向直线与两个相邻等势面分别相交于 A, B 两点，从 A 到 B 的长度矢量为 $\mathrm{d}\boldsymbol{l}$。根据电势的定义式，这两点间的电势差为

$$V_A - V_B = \boldsymbol{E}\cdot\mathrm{d}\boldsymbol{l}$$

而

$$V_A - V_B = V-(V+\mathrm{d}V) = -\mathrm{d}V = \boldsymbol{E}\cdot\mathrm{d}\boldsymbol{l} = E\,\mathrm{d}l\cos\theta = E_l\,\mathrm{d}l \qquad (1.46)$$

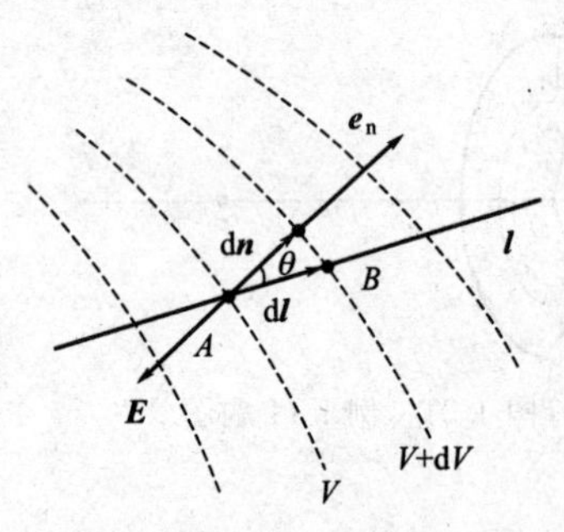

图 1-23 电势的空间变化率

所以

$$E_l=-\frac{\mathrm{d}V}{\mathrm{d}l}$$

式中，$\frac{\mathrm{d}V}{\mathrm{d}l}$为电势函数在$l$方向经过单位长度时的变化量，即电势对空间的变化率。式（1.46）说明，在静电场中的任一点，场强沿某方向的分量等于电势沿此方向的空间变化率的负值。

由式(1.46)可知，当$\theta=0$，即沿着$\boldsymbol{E}$的反方向时，$\cos\theta=1$有最大值，变化率$\frac{\mathrm{d}V}{\mathrm{d}l}$也有最大值，此最大值与该最大值所在的方向合称为该点的**电势梯度**，记为**gradV**。电势梯度是一个矢量，它的方向是该点附近电势升高最快的方向，也就是该点场强的反方向，所以有

$$\boldsymbol{E}=-\left.\frac{\mathrm{d}V}{\mathrm{d}l}\right|_{\max}=-\frac{\mathrm{d}V}{\mathrm{d}n} \tag{1.47}$$

在直角坐标系中，势函数$V=V(x,y,z)$，在式（1.46）中分别将l取作三个坐标轴的轴向，可得场强沿三个轴向的分量分别为

$$\begin{cases}E_x=-\dfrac{\partial V}{\partial x}\\ E_y=-\dfrac{\partial V}{\partial y}\\ E_z=-\dfrac{\partial V}{\partial z}\end{cases} \tag{1.48}$$

将上述三个分量式组合在一起用矢量式表示为

$$\boldsymbol{E}=-\left(\frac{\partial V}{\partial x}\boldsymbol{i}+\frac{\partial V}{\partial y}\boldsymbol{j}+\frac{\partial V}{\partial z}\boldsymbol{k}\right) \tag{1.49}$$

在直角坐标系中，算符∇定义为

$$\nabla=\boldsymbol{i}\frac{\partial}{\partial x}+\boldsymbol{j}\frac{\partial}{\partial y}+\boldsymbol{k}\frac{\partial}{\partial z} \tag{1.50}$$

这样场强和电势间的关系又可以写为

$$\boldsymbol{E}=-\mathrm{grad}V=-\nabla V \tag{1.51}$$

上式就是场强与电势的微分关系，由此可知根据电势分布可以求出场强分布。

注意：(1) 电场中某点的场强决定于电势在该点的空间变化率，而与该点电势值本身无关；

(2) 国际单位制中，电势梯度的单位是伏特每米（V/m），因此，场强的单位也可用V/m表示，它与本章第二节所述场强的另一单位N/C是等价的。

【例 1-12】 已知均匀带电细圆环轴线上任一点的电势为$V=\frac{Q}{4\pi\varepsilon_0\sqrt{R^2+x^2}}$，利用此式求轴线上任一点的场强大小。

【解】 因为均匀带电圆环的电荷分布关于轴线对称，所以轴线上各点的场强在垂直于轴线方向的分量和为零，因而轴线上任一点的场强都在轴线方向上。由式（1.48）得

$$E=E_x=-\frac{\partial V}{\partial x}=-\frac{\partial}{\partial x}\left(\frac{Q}{4\pi\varepsilon_0\sqrt{R^2+x^2}}\right)=\frac{Qx}{4\pi\varepsilon_0\ (R^2+x^2)^{3/2}}$$

此结果与本章例题 1-3 所得的结果完全相同，本题求解场强的方法也是前述本章第二节中所归纳的场强计算方法中的第（4）种方法。

练习题

选择题

1-1 电场强度计算式 $E=\dfrac{q}{4\pi\varepsilon_0 r^2}$ 的适用条件是（　　）。

（1）点电荷产生的电场，且不能 $r\rightarrow 0$；　（2）轴线为 l 的电偶极子，且 $r\gg l$；

（3）半径为 R 的带电圆盘，且 $r\gg R$；　（4）半径为 R 的带电球体，且 $r\ll R$。

（A）（1）、（3）　（B）（2）、（4）　（C）（1）、（2）　（D）（2）、（3）

1-2 电场强度定义式 $\boldsymbol{E}=\dfrac{\boldsymbol{F}}{q_0}$，适用范围是（　　）。

（A）点电荷产生的电场　（B）静电场

（C）匀强电场　（D）任何电场

1-3 如图 1-24 所示，直线 AO 长为 $2R$，弧 BCD 是以 O 点为中心 R 为半径的半圆弧，O 点有正电荷 q。今将点电荷 q_0 从 A 点出发沿路径 $ABCDP$ 移到无穷远处，设无穷远处电势为零，则电场力做功（　　）。

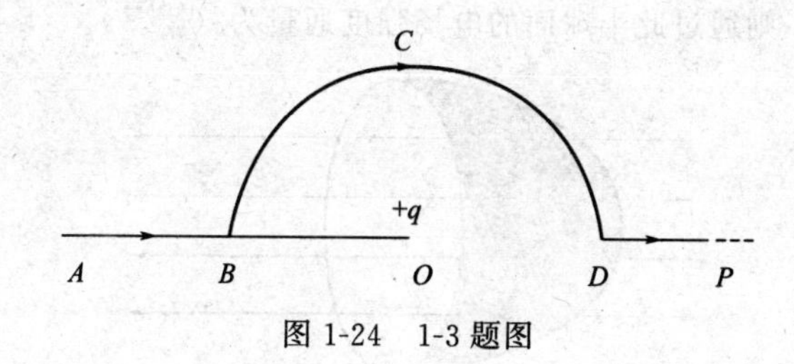

图 1-24　1-3 题图

（A）$\dfrac{q_0 q}{2\pi\varepsilon_0 R}$　（B）$\dfrac{q_0 q}{4\pi\varepsilon_0 R}$　（C）$\dfrac{q_0 q}{6\pi\varepsilon_0 R}$　（D）$\dfrac{q_0 q}{8\pi\varepsilon_0 R}$

1-4 边长为 a 的立方体中心放置一电量为 q 的点电荷，则通过任一表面的电通量为（　　）。

（A）$4\pi q$　（B）$\dfrac{q}{4\varepsilon_0}$　（C）$\dfrac{q}{4\pi\varepsilon_0}$　（D）$\dfrac{q}{6\varepsilon_0}$

1-5 如图 1-25 所示，一个带电量为 q 的点电荷位于立方体的 A 角上，则通过侧面 $abcd$ 的电场强度通量为（　　）。

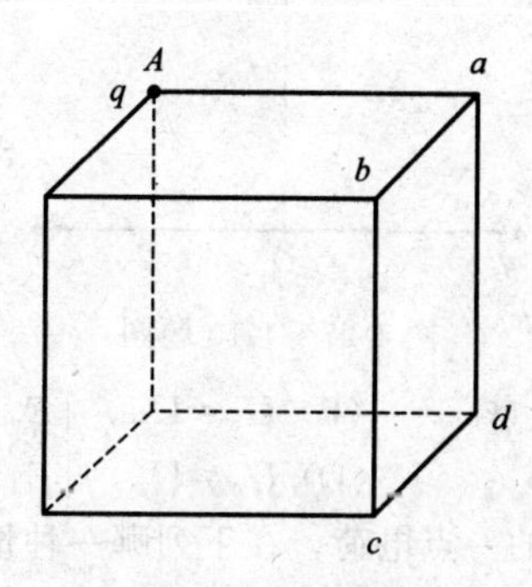

图 1-25　1-5 题图

（A）$q/(6\varepsilon_0)$　（B）$q/(12\varepsilon_0)$　（C）$q/(24\varepsilon_0)$　（D）$q/(36\varepsilon_0)$

1-6 关于电势参考点的选取，下列正确的说法是（ ）。

（A）对于分布在有限区域的带电系统，只能选无穷远处的电势为0

（B）对于分布在有限区域的带电系统，可以选地球的电势为0

（C）对于无限大带电体，只能选无穷远处的电势为0

（D）对于无限大带电体，只能选地球的电势为0

1-7 下列叙述正确的是（ ）。

（1）电场线出发于正电荷，终止于负电荷；

（2）除电荷处，电场线不能相交；

（3）某点附近的电场线密度代表了该点电场强度的大小；

（4）每一根电场线都代表了正的点电荷在电场中的运动轨迹。

（A）（1）、（2）、（4） （B）（2）、（3）、（4）

（C）（1）、（3）、（4） （D）（1）、（2）、（3）

1-8 在某一静电场中，任意两点 M 和 N 之间的电势差决定于（ ）。

（A）M 和 N 两点的位置

（B）M 和 N 两点处的电场强度的大小和方向

（C）试验电荷所带电荷的正负

（D）试验电荷的电荷量

1-9 如图1-26所示，半径为 R 的半球面置于电场强度为 $\boldsymbol{E}$ 的均匀电场中，取半球面法线向外的方向为面的正法向，则通过此半球面的电场强度通量为（ ）。

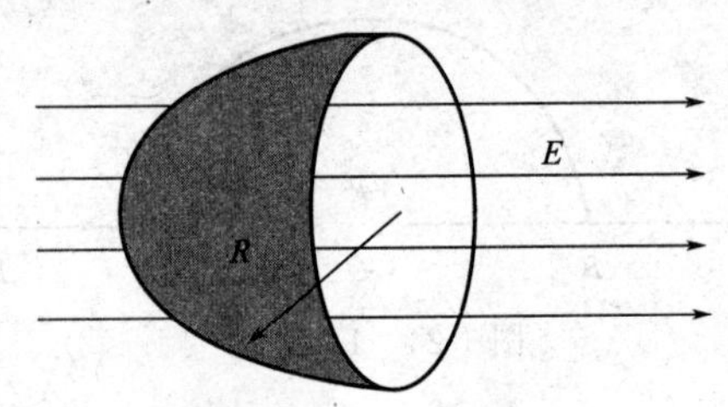

图1-26 1-9题图

（A）$\pi R^2 E$ （B）0 （C）$2\pi R^2 E$ （D）$-\pi R^2 E$

1-10 如图1-27所示，O 点是两个等量异号点电荷 $+q$，$-q$ 所在处连线的中点，P 点为中垂线上的一点，则 O，P 两点的电势和场强大小的关系是（ ）。

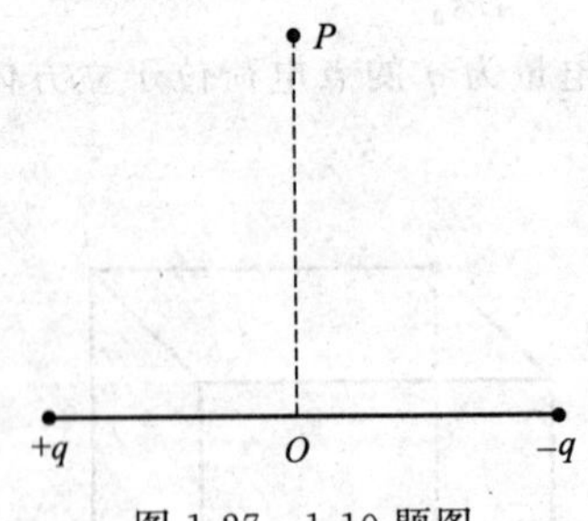

图1-27 1-10题图

（A）$U_0 = U_P$，$|\boldsymbol{E}_0| > |\boldsymbol{E}_P|$ （B）$U_0 = U_P$，$|\boldsymbol{E}_0| < |\boldsymbol{E}_P|$

（C）$U_0 \neq U_P$，$|\boldsymbol{E}_0| > |\boldsymbol{E}_P|$ （D）$U_0 \neq U_P$，$|\boldsymbol{E}_0| < |\boldsymbol{E}_P|$

1-11 放在球形高斯面中心处的一点电荷，在下列哪一种情况，通过高斯面的电通量发生变化（ ）。

（A）将另一点电荷放在高斯面外

(B) 将另一点电荷放进高斯面内

(C) 将球心处的点电荷移开，但仍在高斯面内

(D) 将高斯面半径缩小

1-12 如图 1-28 所示，A 和 B 为两个均匀带电球体，A 带电量 $+q$，B 带电量 $-q$，取与 A 同心的球面 S 为高斯面，则（　　）。

(A) 通过 S 面的电场强度通量为零，S 面上各点的场强为零

(B) 通过 S 面的电场强度通量为 q/ε_0，S 面上场强的大小为 $E=\frac{q}{4\pi\varepsilon_0 r^2}$

(C) 通过 S 面的电场强度通量为 $-q/\varepsilon_0$，S 面上场强的大小为 $E=-\frac{q}{4\pi\varepsilon_0 r^2}$

(D) 通过 S 面的电场强度通量为 q/ε_0，但 S 面上的场强不能直接由高斯定理求出

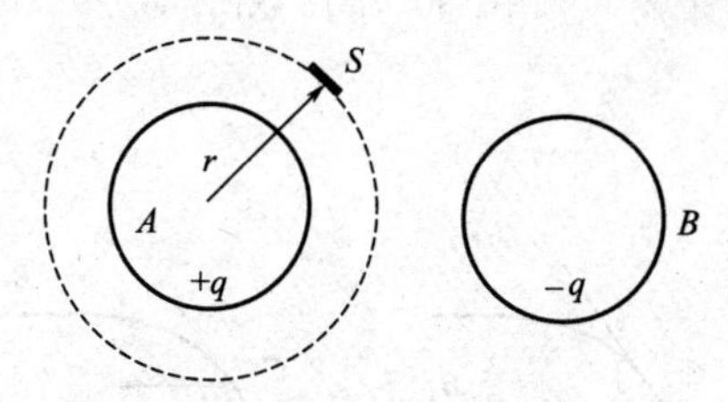

图 1-28　1-12 题图

1-13 关于真空中静电场的高斯定理 $\oint_S \boldsymbol{E}\cdot \mathrm{d}\boldsymbol{S}=\frac{1}{\varepsilon_0}\sum_i q_i$，下述说法中哪一种是正确的（　　）。

(A) 该定理只对具有某种对称性的静电场才成立

(B) $\sum_i q_i$ 是空间所有电荷的代数和

(C) 积分式中的 $\boldsymbol{E}$ 一定是电荷 $\sum_i q_i$ 所激发的

(D) 积分式中的 $\boldsymbol{E}$ 是由高斯面内、外所有电荷共同激发的，$\sum_i q_i$ 是高斯面所包围的所有电荷的代数和

1-14 如图 1-29 所示，半径为 R 的均匀带电球面的静电场中各点的电场强度的大小 E 与距球心的距离 r 的关系曲线为（　　）。

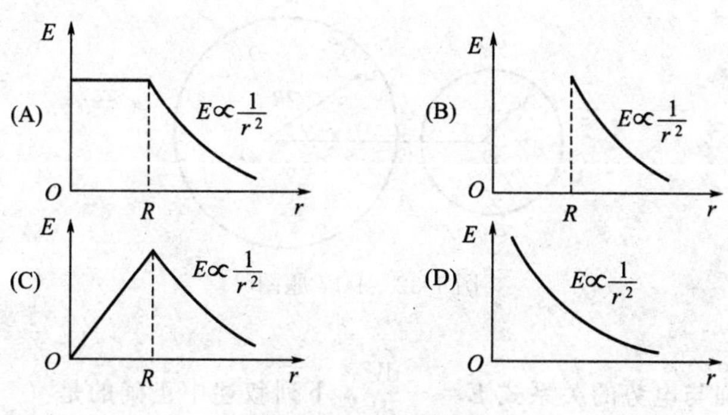

图 1-29　1-14 题图

1-15 如图 1-30 所示，半径为 R 的均匀带电球面的静电场中各点的电势与距球心的距离 r 的关系曲线为（　　）（取 $V_\infty=0$）。

1-16 带正电荷的一质点在电场力作用下从 A 点出发经 C 点运动到 B 点，其运动轨迹如图所示。已知质点运动的速率是递减的，下面关于 C 点场强方向的四个图示（图 1-31）中正确的

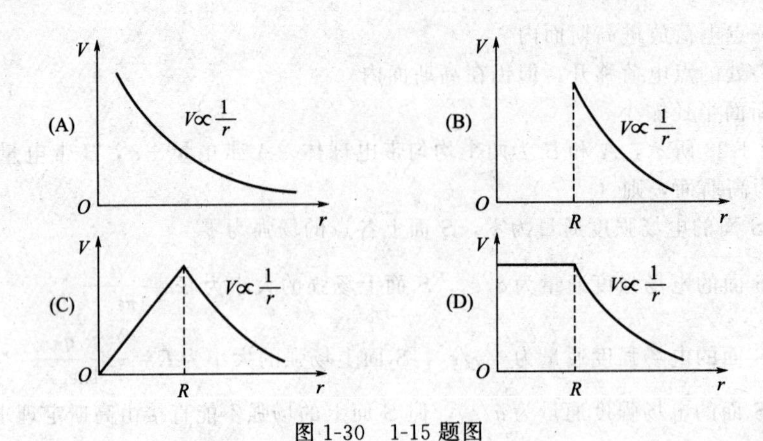

图 1-30 1-15 题图

是（ ）。

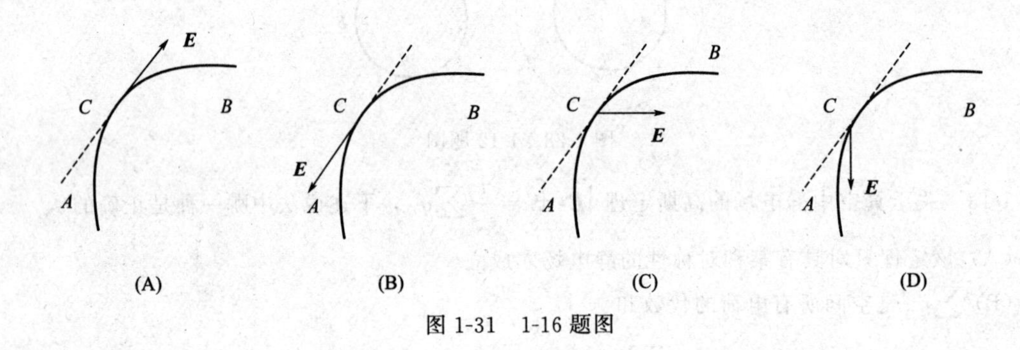

图 1-31 1-16 题图

1-17 相距极近的两个均匀带电的球面，半径分别为 R 和 $2R$，所带电量分别为 $+Q$ 和 $-2Q$，如图 1-32 所示。那么在两球面间的极窄的缝隙中 P 处的电势等于（ ）。

(A) 0 (B) $\dfrac{Q}{4\pi\varepsilon_0 R}$ (C) $\dfrac{3Q}{4\pi\varepsilon_0 R}$ (D) $\dfrac{Q}{8\pi\varepsilon_0 R}$

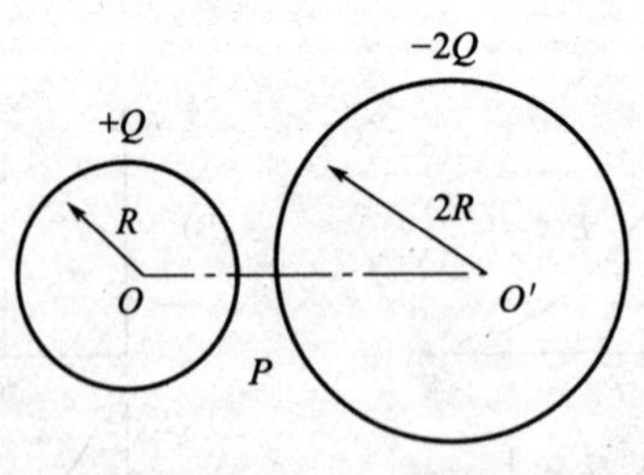

图 1-32 1-17 题图

1-18 试根据场强与电势的关系式 $E=-\dfrac{\mathrm{d}V}{\mathrm{d}l}$，下列叙述中正确的是（ ）。

(A) 场强为 0 处，电势一定为 0

(B) 电势为 0 处，场强一定为 0

(C) 场强处处为 0 的区域，电势一定处处相等

(D) 电势处处相等的区域，场强一定处处为 0

1-19 在带等量异号电荷的二平行板间的均匀电场中，一个电子由静止自负极板释放，经 t

时间抵达相隔 d 的正极板（设电子质量为 m，电子电量为 e），电子以多大的动能撞击正极板（　　）。

(A) $\frac{2md}{t^2}$　(B) $\frac{2md^2}{t^2}$　(C) $\frac{2md}{t}$　(D) $\frac{2md^2}{t}$

1-20　电子的质量为 m_e，电量为 $-e$，绕氢原子核（质子质量为 m_e）作半径为 r 的等速率圆周运动。则电子的速率为（　　）。

(A) $e\sqrt{\frac{1}{2\pi\varepsilon_0 m_e r}}$　(B) $e\sqrt{\frac{1}{4\pi\varepsilon_0 m_e r}}$　(C) $e\sqrt{8\pi\varepsilon_0 m_e r}$　(D) $e\sqrt{4m_e r\pi\varepsilon_0}$

填空题

1-21　如图 1-33 所示，电量 q（$q>0$）均匀分布在一半径为 R 的圆环上，在垂直于环面轴线上任一点 P（到 O 点的距离为 x）的电势 U_P ______；电场强度大小 E_P ______。

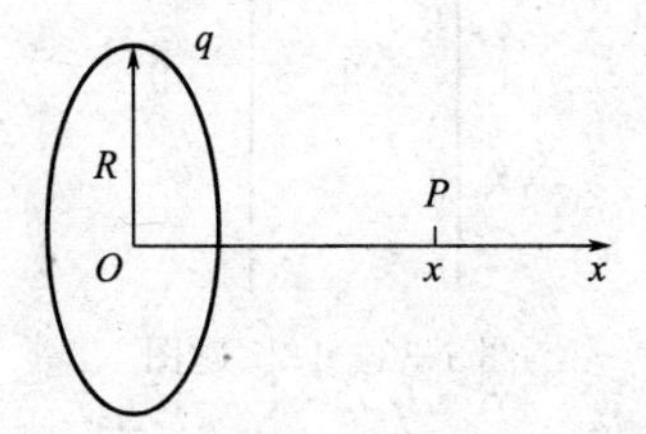

图 1-33　1-21 题图

1-22　有一边长为 a 的正方形平面，在其中垂线上距中心 O 点 $a/2$ 处，有一电量为 q 的正点电荷，如图 1-34 所示，则通过该平面的电场强度通量为__________。

1-23　如图 1-35 所示为静电场的等势（位）线图，已知 $U_1>U_2>U_3$，在图上画出 a,b 两点的电场强度的方向，并比较它们的大小，E_a ________ E_b（填<，=，>）。

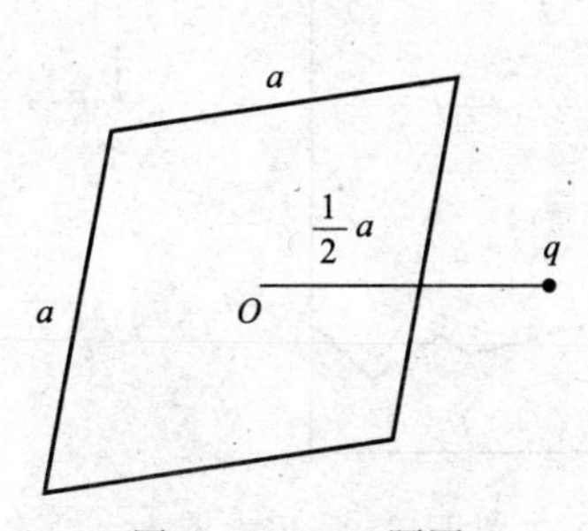

图 1-34　1-22 题图

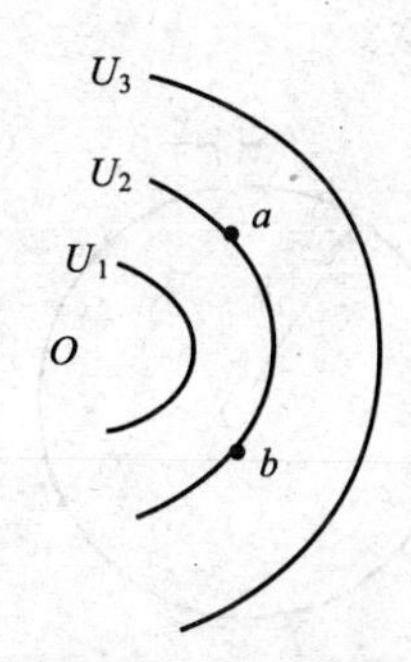

图 1-35　1-23 题图

1-24　$CDEF$ 为一矩形，边长分别为 l 和 $2l$。在 DC 延长线上 $CA=l$ 处的 A 点有点电荷 $+q$，在 CF 的中点 B 点有点电荷 $-q$，如图 1-36 所示，若使单位正电荷从 C 点沿 $CDEF$ 路径运动到 F 点，则电场力所做的功等于__________。

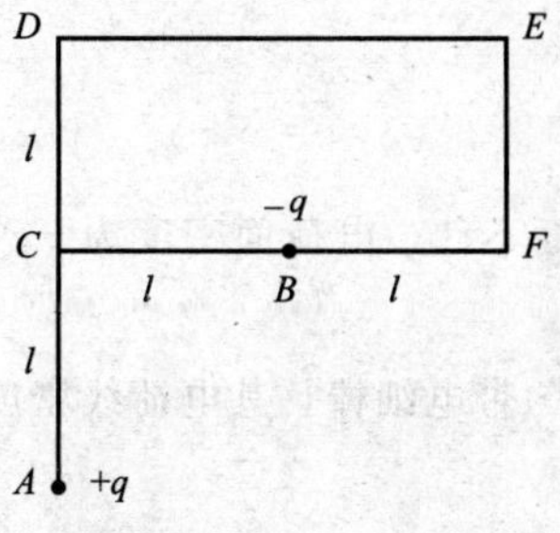

图 1-36　1-24 题图

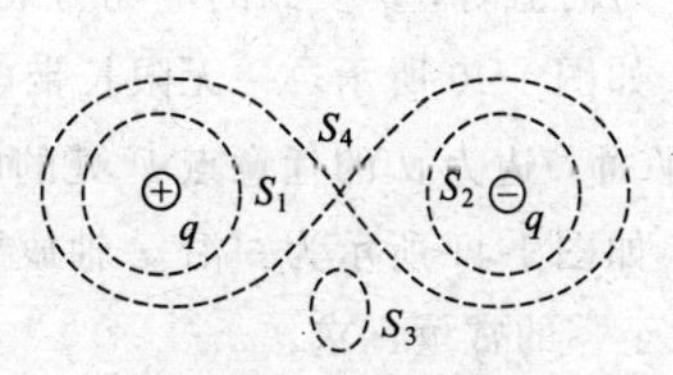

图 1-37　1-25 题图

1-25　在点电荷$+q$和$-q$的静电场中，作如图1-37所示的四个闭合面S_1,S_2,S_3,S_4，则通过这些闭合面的电通量分别是：$\Phi_1=$______，$\Phi_2=$______，$\Phi_3=$______，$\Phi_4=$______。

1-26　半径为R的均匀带电球面，若其电荷面密度为σ，则在距离球面外R处的电场强度大小为______。

1-27　两块“无限大”的带电平行平板，其电荷面密度分别为σ（$\sigma>0$）及$-\sigma$，如图1-38所示，试写出各区域的电场强度$\boldsymbol{E}$的大小。

Ⅰ区：$E=$______；Ⅱ区：$E=$______；Ⅲ区：$E=$______。

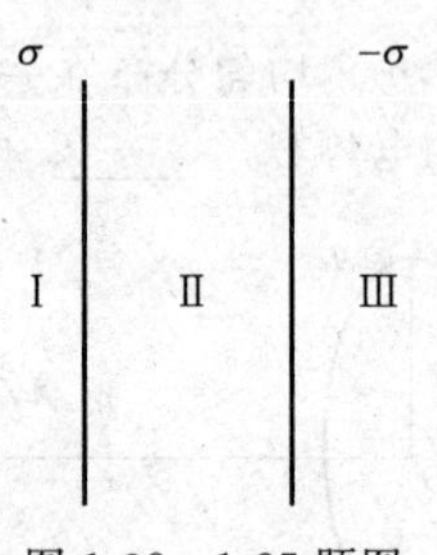

图1-38　1-27题图

1-28　一带有一缺口的细圆环，半径为R，缺口长度为d（$d\ll R$），环上均匀带电，总电量为$+Q$，如图1-39所示，则圆心O处的场强大小$E=$______，场强方向为______。

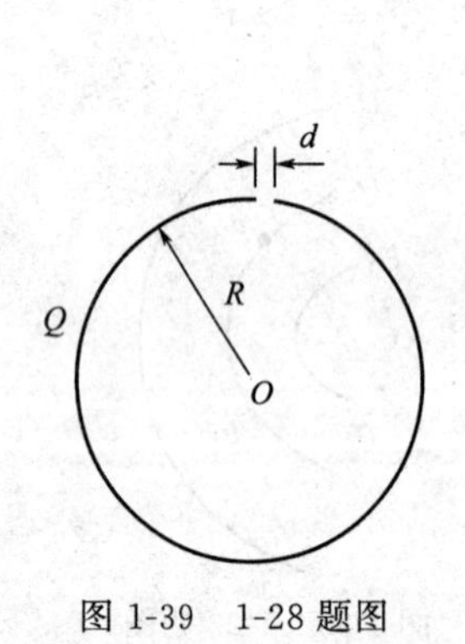

图1-39　1-28题图

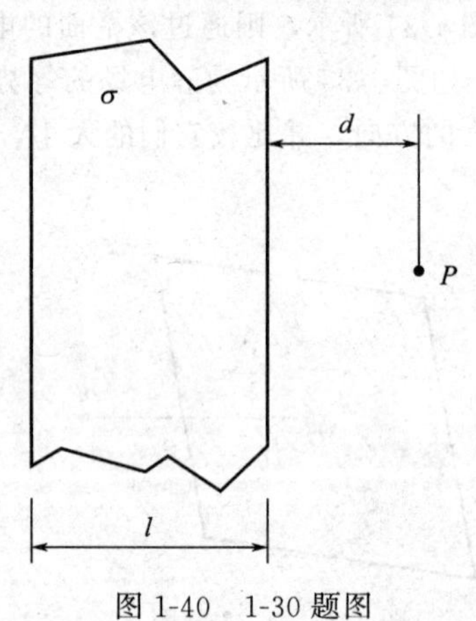

图1-40　1-30题图

计算题

1-29　有两个相距为$2a$的点电荷，带电量均为q，今在它们连线的中垂线上放置另一个点电荷q'，q'与连线相距为b。试求：

（1）q'所受的电场力；

（2）b为何值时，q'受到的电场力最大？

1-30　如图1-40所示，一无限长带电平板宽度为l，厚度不计，电荷面密度为σ，求与平板共面且距平面一边为d的任意点P处的电场强度。

1-31　如图1-41所示为一沿x轴放置的长度为l的不均匀带电细棒，其电荷线密度为$\lambda=\lambda_0 x$，λ_0为大于零的常量，求：

（1）坐标原点O处的电场强度；

（2）坐标原点 O 处的电势。（取 $V_{\infty}=0$）

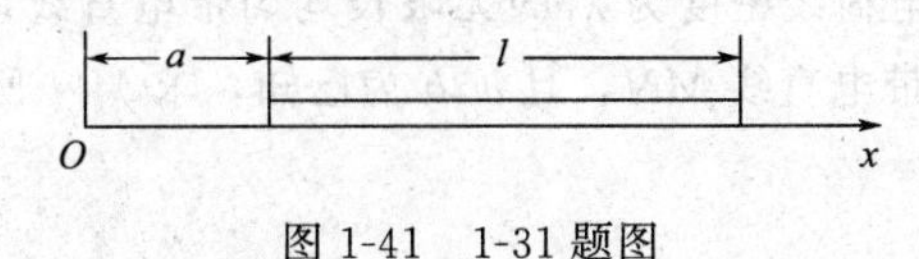

图 1-41　1-31 题图

1-32　如图 1-42 所示，半径为 r 的圆盘，在圆盘中垂轴线上与圆心 O 距离为 a 的 M 点处，放一点电荷 q，求通过圆盘的电通量。（提示：球冠面积 $S=2\pi Rh$）

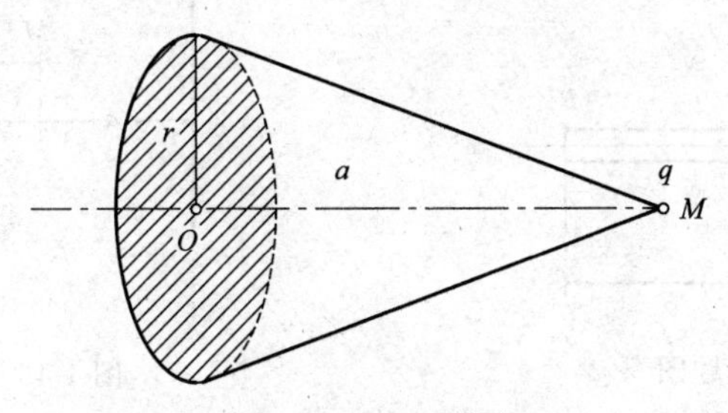

图 1-42　1-32 题图

1-33　一段半径为 R 的细圆弧，对圆心的张角为 θ_0，其上均匀分布有正电荷 Q，如图 1-43 所示，求圆心 O 处的电场强度的大小及方向。

1-34　如图 1-44 所示，带电细线弯成半径为 R 的半圆形，电荷线密度为 $\lambda=\lambda_0\cos\varphi$，式中 λ_0 为一常数，φ 为半径 R 与 x 轴所成的夹角，如图 1-44 所示。试求环心 O 处的场强。

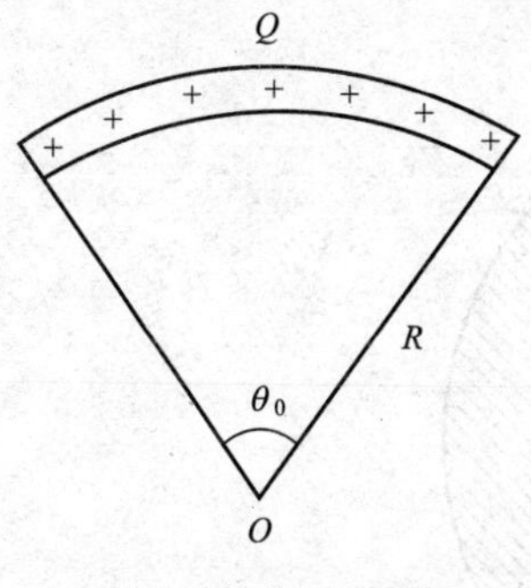

图 1-43　1-33 题图

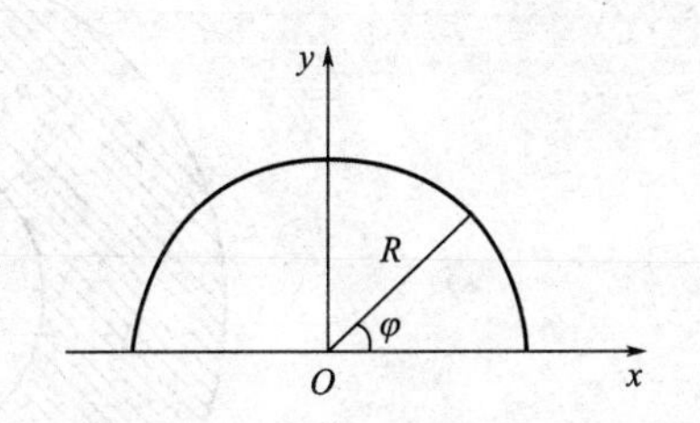

图 1-44　1-34 题图

1-35　有一空心均匀带电圆盘，内外半径分别为 R_1 和 R_2，电荷面密度为 σ，求通过圆盘中心并与盘面垂直的轴线上的场强（大小、方向）和电势（取 $V_{\infty}=0$）。

（提示：均匀带电细圆环在轴线上任一点的场强和电势为$\boldsymbol{E}=\dfrac{Qx}{4\pi\varepsilon_0(R^2+x^2)^{3/2}}\boldsymbol{i}$，

$V=\dfrac{Q}{4\pi\varepsilon_0(R^2+x^2)^{1/2}}$）

1 36　如图 1 45 所示，一半径为 R 的均匀带电球面，带电量为 Q，沿半径方向上放置一均匀带电细线 AB，其电荷线密度为 λ，长度为 b，OA 的距离为 a（$a>R$），设球和细线上的电荷分布固定。试求：

（1）带电球面对细线 AB 作用力的大小；

(2) 细线 AB 在电场中的电势能。

1-37 如图 1-46 所示，电荷线密度为 λ_1 的无限长均匀带电直线，其旁边垂直共面放置一电荷线密度为 λ_2 的有限长均匀带电直线 MN，且 a，b 为已知，求 MN 所受的静电场力大小及方向。

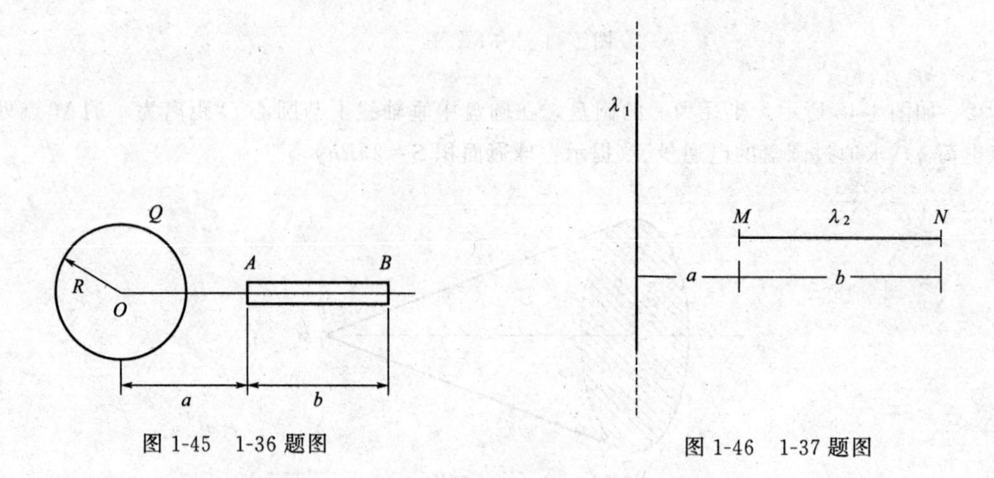

图 1-45 1-36 题图

图 1-46 1-37 题图

1-38 两个同心均匀带电球面，内球面半径为 R_1，带电量为 q，外球面半径为 R_2，带电量为 Q，若取无穷远处为电势零点。求

(1) 空间任意点处的电势；

(2) 现将一点电荷 q_0 从内球面移到外球面处，求电场力所做的功。

1-39 如图 1-47 所示，一个均匀带电空心球层，内、外半径分别为 R_1 和 R_2，电荷分布的体密度为 ρ，求该带电体的场强分布。

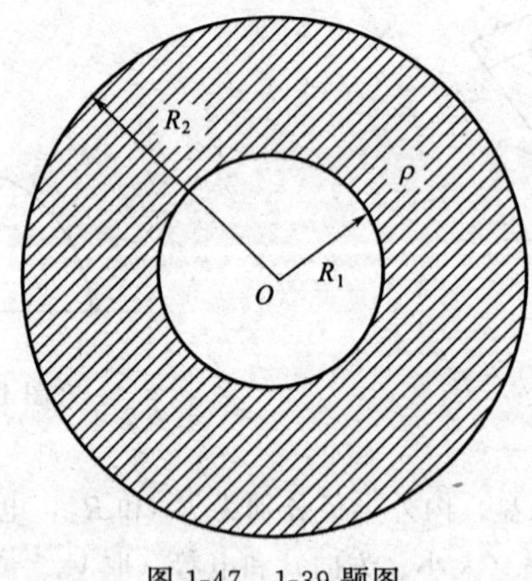

图 1-47 1-39 题图

1-40 如图 1-48 所示，一半径为 R 的无限长半圆柱面均匀带有电荷，电荷面密度为 σ，求半圆柱面轴线 OO' 上的电场强度的大小及方向。

1-41 两个同心带电球面，内球面半径为 R_1，带电量为 Q_1；外球面半径为 R_2，带电量为 $-Q_2$，求空间任意点处的电场强度值。

1-42 如图 1-49 所示，一均匀带电的扇形平板，电荷面密度为 σ，两弧半径分别为 R_1 和 R_2，所对圆心角为 θ_0，试求圆心 O 处的电势。

1-43 电荷 q 均匀分布在长为 $2L$ 的细直线上，试求中垂线上离带电直线中心为 x 处的电势和场强。

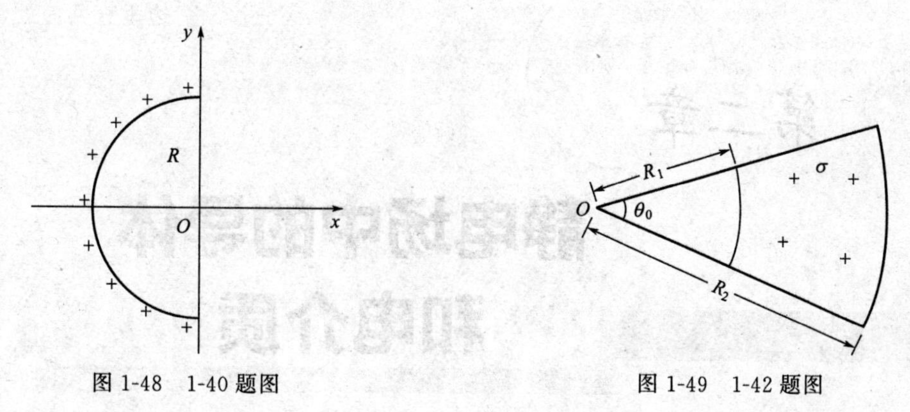

图 1-48 1-40 题图　　　　图 1-49 1-42 题图

思考题

1-44 根据库仑定律$\boldsymbol{F}=\dfrac{q_0 q}{4\pi\varepsilon_0 r^2}\boldsymbol{e}_r$，当点电荷 q_0 无限靠近 q，即 $r\to 0$ 时，作用力 $\boldsymbol{F}\to\infty$，试问这一结论是否正确，为什么？

1-45 一有限长的均匀带电圆柱面，其电荷分布及所激发的电场都有一定的对称性。试问：能否利用高斯定理计算出其电场强度？

1-46 若已知电场中某点的电势，能否计算出该点的场强？若知道电场中某点附近的电势分布情况，能否计算出该点的场强？

第二章 静电场中的导体和电介质

不同材料的物质其导电性能是不同的，按照导电性能可以将物质分为导体、半导体和绝缘体。当把这些物质置于外电场中时会受到电场的影响，反过来也会影响和改变电场的分布，如果按照物质与电场间相互作用的方式来分类，则通常把除导体以外的其他物质（半导体和绝缘体）统称为电介质。导体主要是以传导的方式而电介质则主要是以极化的方式与电场发生作用。由于本章仅是相关基础知识介绍，因此假设所涉及的导体和电介质都是均匀且各向同性的。

第一节　静电场中的导体

一、 导体的静电平衡状态和条件

金属导体的电结构特点是其内部有大量可以自由移动的自由电子，当把金属导体放在静电场中时，其内部的自由电子受到电场力的作用将产生宏观的定向运动。电子这种定向运动的结果直接改变了导体上的电荷分布，而导体上电荷分布的改变反过来又会影响和改变导体内部的电场和周围的电场。这种电荷和电场分布的相互影响与改变经过一暂态混乱过程后，最终达到一个稳定态，这时导体内部和表面都没有电荷的定向移动，这种状态称为导体的**静电平衡状态**。显然要达到并维持这种状态，必定存在：①导体内部电场强度处处为零，否则，导体内部的自由电子将在电场力的作用下发生定向移动；②导体表面及紧邻导体表面处的场强必定与导体表面垂直，否则，电子在切向电场力的作用下将沿表面作定向运动。因此，导体的静电平衡条件是

$$\begin{cases} \boldsymbol{E}_{内}=0 \\ \boldsymbol{E}_{表面}\perp 表面 \end{cases} \tag{2.1}$$

导体处于静电平衡时，由于内部场强为零且导体表面场强无切向分量，因此在导体内部及表面上任意两点间的电势差为零。也就是说处于静电平衡状态的导体一定具有如下特质：

$$\begin{cases} 导体是等势体 \\ 导体表面是等势面 \end{cases} \tag{2.2}$$

这也是导体静电平衡条件的另一种表述。

二、静电平衡时导体上的电荷分布

（1）导体处于静电平衡时，其内部各处无净电荷，电荷只能分布在表面。

可用高斯定理证明上述规律。在导体内部任取一点 P，围绕 P 点作一个小闭合曲面 S，如图 2-1 所示。由于静电平衡时导体内部场强处处为零，所以此闭合曲面的电通量为零。由高斯定理 $\oint_S \boldsymbol{E}\cdot d\boldsymbol{S}=\frac{\sum_{S_{内}} q_i}{\varepsilon_0}=0$ 可知，此闭合曲面电荷的代数和必然为零，也就是说闭合面内无净电荷。由于此闭合曲面可以做得很小，并且 P 点是导体内的任意一点，因此可得出结论：在整个导体内部任一点均无净电荷，电荷只能分布在导体表面上。

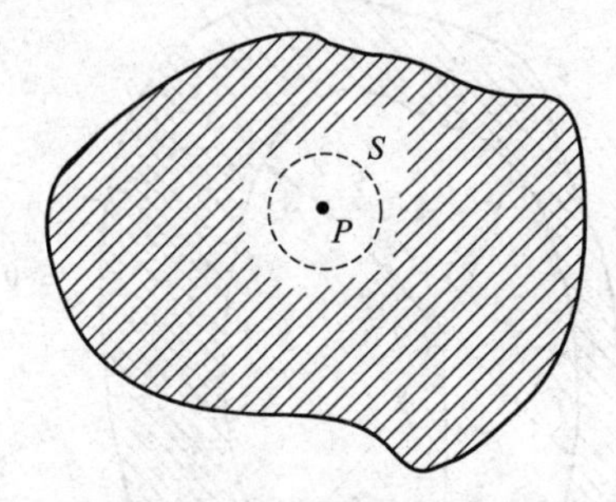

图 2-1 带电导体体内无净电荷

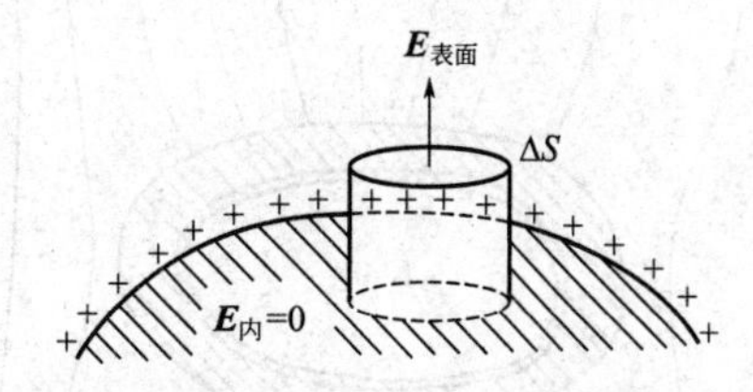

图 2-2 带电导体的 $\boldsymbol{E}_{表面}$ 与 $\sigma_{表面}$ 关系

（2）导体处于静电平衡时，其导体表面附近任一点处的场强与该点处导体表面的电荷面密度成正比，且满足关系式

$$E_{表面}=\frac{\sigma_{表面}}{\varepsilon_0} \tag{2.3}$$

仍用高斯定理证明式（2.3）。如图 2-2 所示，在导体表面区域作一端面很小的圆柱体，圆柱体轴线垂直于导体表面，上端面在导体外部但紧靠表面，下端面在导体内部，端面面积为 ΔS（$\Delta S\to 0$）。由于内部场强等于零，且导体表面附近的场强与导体表面垂直，所以由高斯定理得

$$\oint_S \boldsymbol{E}\cdot d\boldsymbol{S}=E_{表面}\Delta S=\frac{\sigma_{表面}\Delta S}{\varepsilon_0}$$

$$E_{表面}=\frac{\sigma_{表面}}{\varepsilon_0}$$

（3）孤立导体处于静电平衡时，表面的电荷面密度与表面的曲率有关，如图 2-3 所示，曲率越大的地方，电荷面密度越大；曲率越小的地方，电荷面密度越小。或者说凸表面的曲率越大处，电荷面密度越大；凹表面的曲率越大处，电荷面密度越小。

一个有尖端的导体，当尖端处有过多电荷时，就会引起**尖端放电**现象。在高电压输送中，为防止因尖端放电而引起的危险和防止漏电造成的损失，输电线的表面都做得很光滑；高电压器件的表面也都做得十分光滑并且常常做成球面。与此相反，尖端放电也有可利用的方面，例如，火花放电设备的电极、避雷针等。

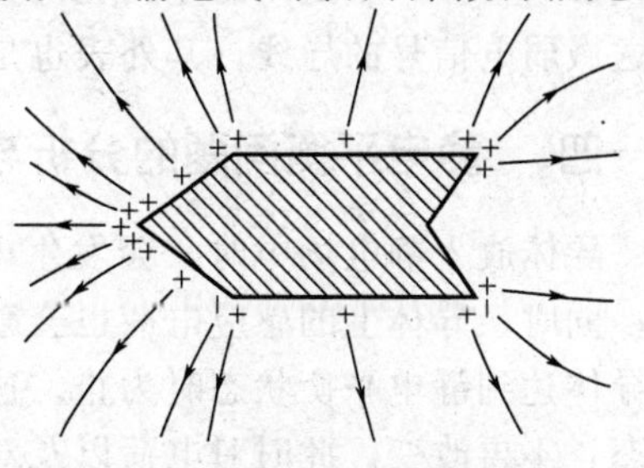

图 2-3 孤立导体的电荷分布

三、静电屏蔽

利用导体静电平衡时所具有的特性，空腔导体可以使其内部空间与外部空间的电场彼此隔离不产生影响，这就是空腔导体的**静电屏蔽**作用。

在如图 2-4 所示的静电场中，放置一个空腔导体 A。当空腔导体处于静电平衡时，由前述讨论可知，空腔导体内的场强为零。我们在空腔导体内作一个闭合曲面 S 包围住空腔，根据高斯定律可以推知空腔内表面上所有电荷的代数和为零。这就可能存在两种情况：一是内表面没有感应电荷；二是在内表面上存在等量异号的感应电荷。这种情形是不会发生的，因为如果是这样，在空腔内将存在由正电荷指向负电荷的电场线，这一电场线将使得内表面上带正负电荷的两点之间存在电势差，这与导体静电平衡时是等势体的性质相矛盾，所以空腔内表面必然处处无净电荷，因而空腔内的场强也就必然为零。这个结论与空腔外表面的带电情况及电场情况无关，因此空腔导体起到了屏蔽外电场的作用，把空腔区域进行了静电保护。

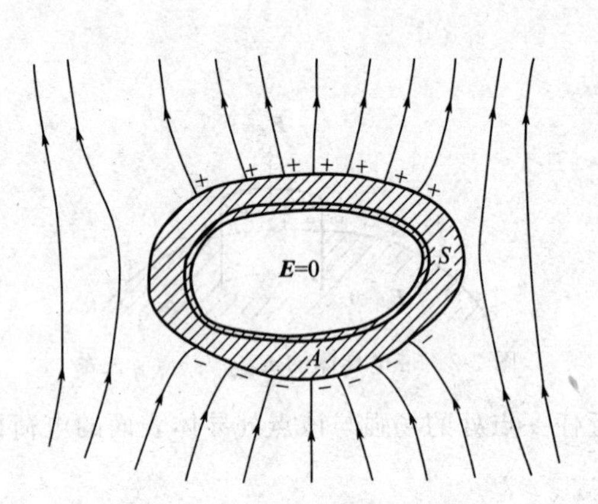

图 2-4 空腔导体屏蔽外电场

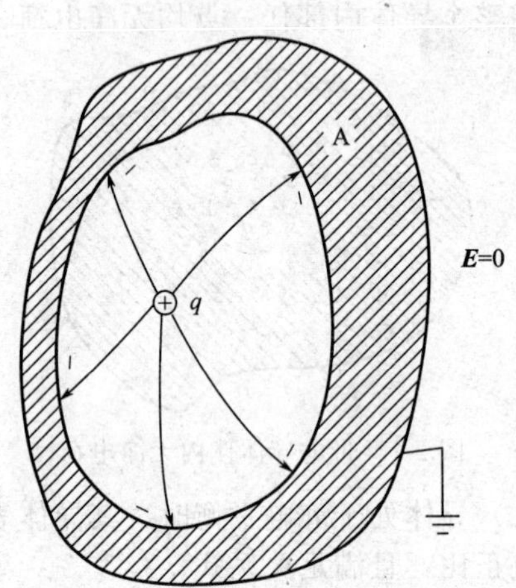

图 2-5 接地空腔导体内外电场双向屏蔽

此外，如图 2-5 所示，在电荷 $+q$ 外面罩一个外表面接地的空腔导体 A。由于静电感应导体的内表面出现感应电荷量 $-q$，外表面出现感应电荷量 $+q$，由于导体外表面接地，所以外表面产生的感应电荷 $+q$ 与从大地上来的负电荷中和，使空腔导体的外表面不带电。如此就使得接地的空腔导体内部的电荷 $+q$ 所激发的电场对导体外空间没有任何影响。即使电荷 $+q$ 在空腔内移动也只是改变腔内电场的分布，对导体外面的空间仍无任何影响。可见将空腔导体接地后增加的另一个功效就是使得导体的外部空间不受腔内带电体的静电干扰。

综上所述，得出结论：

(1) 空腔导体使腔内空间不受外电场的影响，屏蔽了外电场；

(2) 接地的空腔导体使导体的内、外空间静电影响彼此隔离、互不干扰，实现了双向静电屏蔽、双向静电保护的作用。

静电屏蔽有许多应用，例如有些精细的电信号测量需要不受外界静电干扰，因此就把测量仪器放置在一个封闭的金属壳内，而实际上，也常常用金属网罩代替封闭金属壳；还有对传送微弱电信号的导线，其外表也是用金属丝网包起来的，这样的导线叫屏蔽线。

四、 静电平衡问题的分析与处理

导体放入静电场中时，会发生电场与导体间的静电感应，电场会影响导体产生感应电荷，同时，导体上的感应电荷也会影响电场的分布。这种相互影响将有一短暂过程，直到金属导体达到静电平衡状态时为止。这时导体上的电荷分布以及空间的电场分布达到宏观稳定状态，不再改变。此时对电荷以及对电场的分析可以利用“电荷守恒定律、导体的静电平衡条件以及静电场的基本规律”等作为依据来进行处理。

【例 2-1】 如图 2-6 所示，两平行带电导体板 A 和 B，面积均为 S，板的线度比板的厚度和两板间的距离大很多，两导体板各自所带电量分别为 Q_A 和 Q_B，求两导体板每个表面的电荷面密度。

【解】 设两导体板各面自左向右依次的电荷面密度分别为 σ_1、σ_2 和 σ_3、σ_4，且均为正电荷（若计算结果某电荷密度为负，则说明该面所带的是负电荷），则各带电平面单独产生的场强大小为 $E_i=\frac{\sigma_i}{2\varepsilon_0}$，选取水平向右为正方向。当静电平衡时，两导体内 P_1 和 P_2 点处的总场强均为零；根据电荷守恒定律，A 板和 B 板的各自电荷总量保持不变。所以有

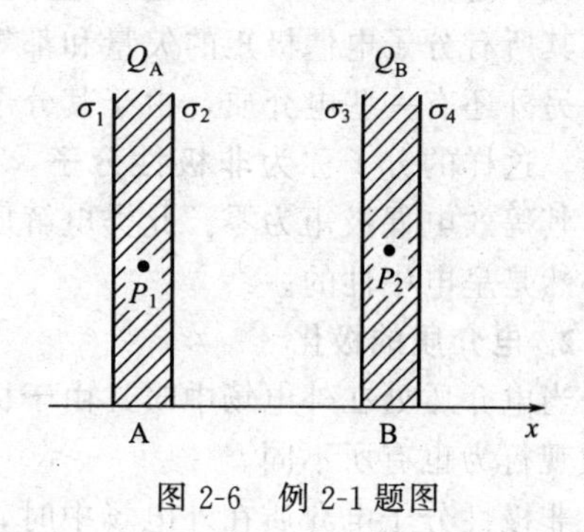

图 2-6 例 2-1 题图

$$\begin{cases}\frac{\sigma_1}{2\varepsilon_0}-\frac{\sigma_2}{2\varepsilon_0}-\frac{\sigma_3}{2\varepsilon_0}-\frac{\sigma_4}{2\varepsilon_0}=0\\ \frac{\sigma_1}{2\varepsilon_0}+\frac{\sigma_2}{2\varepsilon_0}+\frac{\sigma_3}{2\varepsilon_0}-\frac{\sigma_4}{2\varepsilon_0}=0\\ \sigma_1 S+\sigma_2 S=Q_A\\ \sigma_3 S+\sigma_4 S=Q_B\end{cases} \tag{2.4}$$

解上述方程组得

$$\sigma_1=\sigma_4=\frac{Q_A+Q_B}{2S} \tag{2.5}$$

$$\sigma_2=-\sigma_3=\frac{Q_A-Q_B}{2S} \tag{2.6}$$

由式（2.5）和式（2.6）可以看出，静电平衡状态下，导体板相对的两个表面总是带等量异号电荷，外侧两个表面总是带等量同号电荷，并且这一结论与 Q_A,Q_B 的具体数值无关。

第二节 静电场中的电介质

一、 电介质的分类和极化

1. 电介质的分类

电介质是电阻率很大、导电能力很差的物质，主要特征是它的原子或分子中的电子和原子核的结合力很强，电子处于束缚状态。在一般条件下，电子不能挣脱原子核的束缚，因而在电介质内部自由电子极少，通常总是将这些极少的自由电子忽略，而把电介质看作理想的绝缘体。电介质中每个分子的微观带电情况比较复杂，可以认为是一个微小的电荷体系，分布在线度为 10^{-10}m 数量级的小体积内。当讨论这些分子在较远处所产生的电效应，或者考虑一个分子受外电场的影响时，可以模型化地认为每个分子的正负电荷都各自等效集中于某点，这些集中点就分别称作分子正负电荷的“中心”。

在通常情况下，有些电介质由于其分子内部电荷分布的不对称，导致其正负电荷中心并不重合在一起，而是相隔一定距离，这样的分子称为**极性分子**，如 CO,H_2O 等，其静电表现可以等效为电偶极子。假设由分子负电荷中心指向正电荷中心的距离矢量为$\boldsymbol{l}$，分子中全部正电荷或负电荷的总电荷量为 q，则极性分子的等效电偶极矩就是$\boldsymbol{P}=q\,\boldsymbol{l}$，称为分子的**固**

有电偶极矩（简称**固有电矩**）。因此，极性分子电介质可以看成是由无数的电偶极子构成，虽然每个分子的电偶极矩不为零，但由于分子做杂乱无章的热运动，使得这些电偶极矩也是杂乱无章地排列的，所以不论从电介质的整体来看，还是从电介质内部的任一微小体积元来看，其所有分子电偶极矩的矢量和都等于零，电介质是呈电中性的。

另外还有一些电介质，由于其分子内部电荷分布对称性，导致其正负电荷的中心重合在一起，这样的分子称为**非极性分子**，如 N_2,CO_2,CH_4 等。这类分子由于正负电荷中心重合，其等效电偶极矩为零。此类电解质由于每个分子的等效电偶极矩为零，因此，电介质整体必然是呈电中性的。

2. 电介质的极化

当电介质处在外电场中时，由于极性分子和非极性分子的电结构不同，它们在外电场中的微观行为也有所不同。

非极性分子电介质在外电场中时，由于外电场力作用，分子中的正、负电荷中心会分开一段微小距离，相对产生位移形成电偶极子，因而使分子具有等效电偶极矩$\boldsymbol{P}$，称为**感生电偶极矩**（简称**感生电矩**）。感生电矩的大小比固有电矩要小很多，通常约为后者的万分之一；感生电矩的方向通常都趋于外电场方向，如图 2-7 所示。但是，由于分子无规则热运动的存在，在很大程度上干扰了固有电矩的这种定向排列，温度越高，干扰越大，但是无论如何，电介质中感生电矩$\boldsymbol{P}$与外电场强度$\boldsymbol{E}_0$成锐角的固有电矩总比成钝角的要多些。宏观上，这类电介质表现出明显的电效应的温度影响特点。同时外电场越强，感生电矩排列越整齐。由于非极性分子的极化在于正、负电荷中心的相对位移，所以称为**位移极化**。

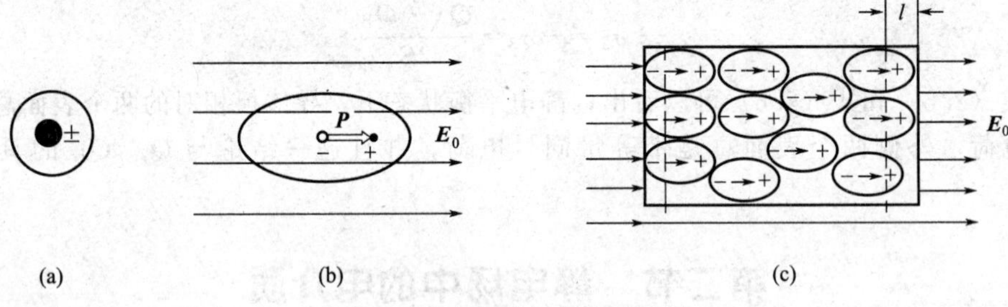

图 2-7 非极性分子极化示意图

当极性分子电介质在外电场中时，由于每个分子本来就等效为一个电偶极子，在外电场力矩的作用下，分子的固有电矩$\boldsymbol{P}$趋于转向外电场$\boldsymbol{E}_0$的方向，如图 2-8 所示。外电场愈强，固有电矩沿外电场取向排列越整齐。极性分子的极化是固有电矩转向外电场的方向，所以称为**取向极化**。

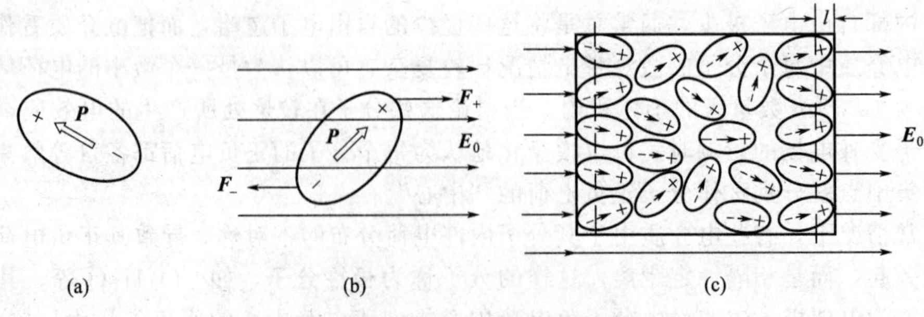

图 2-8 极性分子极化示意图

纵观上述讨论，两种电介质虽然受外电场影响所发生变化的微观机制不同，但其宏观表现却是一样的。在电介质内部任何一个微小区域内，正负电荷的电量相等，因而仍呈现电中性，但是在电介质与外电场强度$\boldsymbol{E}_0$垂直的两个表面层里（厚度为分子电矩的轴长l），将分别出现正电荷和负电荷，这些电荷与导体中的自由电荷不同，它们不能离开电介质、不能在介质内自由移动，更不能以传导的方式被引走，因而称为**束缚电荷**（或称**极化电荷**）。在外电场作用下，电介质表面出现电荷的现象称为电介质的**极化**。外电场越强，介质表面出现的束缚电荷越多；当外电场撤去后，束缚电荷也将随之消失。

如果外电场的场强$\boldsymbol{E}_0$不太大，它只是引起电介质的极化，不会破坏其绝缘性能。但是如果外电场场强$\boldsymbol{E}_0$太大，则电介质分子中的正负电荷就有可能在强电场力的作用下被拉开，由束缚电荷变成自由电荷，特别是当这种自由电荷的量很大时，介质的绝缘性就遭到破坏，由绝缘体变成导体，这种现象叫电介质的**击穿**。介质材料所能承受的不被击穿的最大电场强度，叫作这种电介质的**介电强度**（或称**击穿场强**）。

二、 $\boldsymbol{D}$矢量 电介质中$\boldsymbol{D}$的高斯定理

两类电介质虽然微观极化机理不同，但宏观极化现象相同，所以从宏观上描述电极化现象时，就没有必要再分类讨论了。

1. 电极化强度

在电介质内任取一微小的体积元ΔV（$\Delta V \to 0$），当没有外电场时，体积元中所有分子电矩的矢量和$\sum \boldsymbol{p}_i = 0$；但是，在有外电场时，由于电介质的极化，$\sum \boldsymbol{p}_i \neq 0$。外电场愈强，被极化的程度愈大，$\sum \boldsymbol{p}_i$的值也愈大，因此把单位体积内分子电矩的矢量和，即

$$\boldsymbol{P} = \frac{\sum \boldsymbol{p}_i}{\Delta V} \tag{2.7}$$

称为该点的**电极化强度**，它是量度电介质极化程度的基本物理量。

在国际单位制中，电极化强度的单位是库仑每平方米（C/m^2）。实验证明，对于各向同性均匀的电介质，电极化强度$\boldsymbol{P}$和电介质内该点处的总场强成正比，在国际单位制中，可写成

$$\boldsymbol{P} = \chi_e \varepsilon_0 \boldsymbol{E} \tag{2.8}$$

式中，比例系数χ_e和电介质的性质有关，叫作电介质的**电极化率**。对于均匀电介质，χ_e为常数。

2. $\boldsymbol{D}$矢量 电介质中$\boldsymbol{D}$的高斯定理

为了方便有电介质情况时对电场的讨论，我们把真空中静电场的高斯定理应用到有电介质时的情况。因为静电场的高斯定理是建立在库仑定律基础上的，电介质的存在并不影响其成立。假设在一电场中放入某种电介质，由于电介质和外电场的相互作用和影响，最终达到静电平衡时在电介质的表面上出现一定分布的束缚电荷，束缚电荷也会在空间激发静电场，为了与束缚电荷区别，我们把原有的激发外电场的电荷称为**自由电荷**，用q_0表示，并用$\boldsymbol{E}_0$表示原来的外电场场强；而用q'表示束缚电荷，并用$\boldsymbol{E}'$表示束缚电荷所激发的电场场强。那么，空间任一点的总场强$\boldsymbol{E}$就是上述两类电荷所激发场强的矢量和，即

$$\boldsymbol{E} = \boldsymbol{E}_0 + \boldsymbol{E}' \tag{2.9}$$

两个电场叠加的结果，使得有些区域的场强增强，有一些区域的场强减弱。

在电场中作一任意的闭合曲面 S，根据高斯定理，通过该曲面的电通量和该闭合面所包围的总电荷间满足如下关系

$$\oint_S \boldsymbol{E}\cdot \mathrm{d}\boldsymbol{S}=\frac{1}{\varepsilon_0}\sum_{S内}(q_0+q') \tag{2.10}$$

式中，$\boldsymbol{E}$为所有电荷（自由电荷和束缚电荷）所激发的总场强；$\sum(q_0+q')$为曲面 S 内的自由电荷和束缚电荷的代数和。

可以证明，在电介质中对任一闭合曲面 S，电极化强度$\boldsymbol{P}$和束缚电荷之间存在如下的定量关系

$$\oint_S \boldsymbol{P}\cdot \mathrm{d}\boldsymbol{S}=-\sum_{S内}q' \tag{2.11}$$

穿过电介质中某一闭合曲面的电极化强度通量等于该闭合曲面内束缚电荷总量的负值。将式（2.11）代入式（2.10），得到

$$\oint_S \varepsilon_0\boldsymbol{E}\cdot \mathrm{d}\boldsymbol{S}=\sum_{S内}q_0-\oint_S \boldsymbol{P}\cdot \mathrm{d}\boldsymbol{S} \tag{2.12}$$

整理得

$$\oint_S (\varepsilon_0\boldsymbol{E}+\boldsymbol{P})\cdot \mathrm{d}\boldsymbol{S}=\sum_{S内}q_0 \tag{2.13}$$

为简化方程，引入辅助矢量$\boldsymbol{D}$，叫作**电位移**矢量，并定义

$$\boldsymbol{D}=\varepsilon_0\boldsymbol{E}+\boldsymbol{P} \tag{2.14}$$

把上式代入式（2.13），得到

$$\oint_S \boldsymbol{D}\cdot \mathrm{d}\boldsymbol{S}=\sum_{S内}q_0 \tag{2.15}$$

上式表明，在有电介质存在的电场中，通过任一闭合曲面的电位移通量等于该闭合曲面所包围的自由电荷的代数和。式（2.15）就称为**$\boldsymbol{D}$的高斯定理**，该定理是电磁学的基本规律之一，在没有电介质存在的情况下，电极化强度为零，式（2.15）还原为式（1.20）。

注意：(1) 电位移矢量$\boldsymbol{D}$是由空间所有自由电荷和束缚电荷共同决定的；

(2) 对闭合曲面 S 有电位移通量贡献的仅仅是该闭合面内的自由电荷；

(3) 束缚电荷对任何一个闭合曲面的电位移通量没有净贡献。

在各向同性均匀的电介质中，由于电极化强度$\boldsymbol{P}=\chi_e\varepsilon_0\boldsymbol{E}$，所以将其代入式（2.14）得

$$\boldsymbol{D}=\varepsilon_0\boldsymbol{E}+\chi_e\varepsilon_0\boldsymbol{E}=\varepsilon_0(1+\chi_e)\boldsymbol{E} \tag{2.16}$$

定义

$$\varepsilon_r=1+\chi_e \tag{2.17}$$

为电介质的**相对介电常量**（或称**相对电容率**），ε_r与χ_e一样是一个无量纲的量。

定义

$$\varepsilon=\varepsilon_0\varepsilon_r \tag{2.18}$$

为电介质的**介电常量**（或称**电容率**）。电极化率χ_e，相对介电常量ε_r和介电常量ε都是表征电介质极化性质的物理量，三者中知道任何一个即可求得其他两个。在表 2-1 中给出了一些

常见电介质的相对介电常量。

表 2-1 几种电介质的相对介电常量

电介质	相对介电常量 ε_r	电介质	相对介电常量 ε_r
真空	1	纸	约 5
空气(20℃, 1.01×10^5Pa)	1.00055	玻璃	5～10
石蜡	2	陶瓷	6～8
聚四氟乙烯	2.1	水(20℃, 1.01×10^5Pa)	80
变压器油	2.2～2.5	二氧化钛	173
聚乙烯	2.3	钛酸钡锶	约 10^4
云母	4～7		

将式（2.17）和式（2.18）代入式（2.16），得到

$$\boldsymbol{D}=\varepsilon_0\varepsilon_r\boldsymbol{E}=\varepsilon\boldsymbol{E} \tag{2.19}$$

上式只在各向同性的均匀电介质中成立。

由于$\boldsymbol{D}$的高斯定理只涉及到了自由电荷，避开了束缚电荷的求解困难，因此在处理自由电荷和电介质的分布都具有一定对称性的问题时，我们可以先利用$\boldsymbol{D}$的高斯定理求出电位移矢量$\boldsymbol{D}$，然后再利用式（2.19）求出电场强度$\boldsymbol{E}$。

【例 2-2】 如图 2-9 所示，一个半径为 R 的金属球，带有电荷 Q，置于均匀“无限大”的电介质中（介电常量为ε），求球外任一点 P 的电场强度。

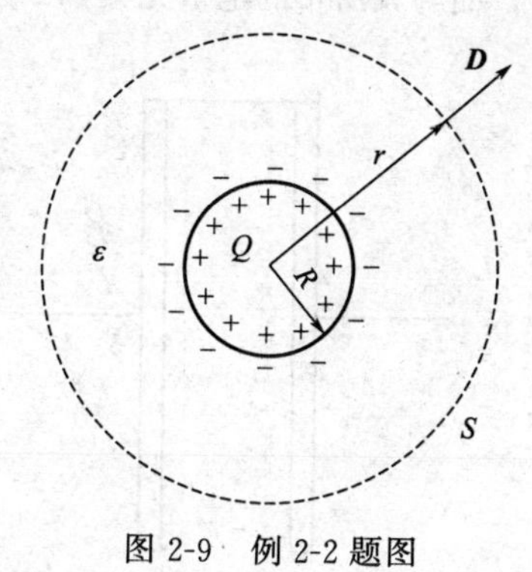

图 2-9 例 2-2 题图

【解】 由对称性分析可知，自由电荷 Q、电介质分布以及$\boldsymbol{E}$和$\boldsymbol{D}$的分布都具有球对称性。因此，如图 2-9 所示，做一个半径为 r 并与金属球同心的球面 S，根据$\boldsymbol{D}$的高斯定理有

$$\oint_S \boldsymbol{D}\cdot d\boldsymbol{S}=\sum_{S内} q_0$$

因为 S 面上$\boldsymbol{D}$的大小处处相等，$\boldsymbol{D}$的方向处处沿着径向向外，故

$$\oint_S \boldsymbol{D}\cdot d\boldsymbol{S}=D\cdot 4\pi r^2$$

而

$$\sum_{S内} q_0=Q$$

所以，有

$$D\cdot 4\pi r^2=Q$$

$$D=\frac{Q}{4\pi r^2}$$

写成矢量式为

$$\boldsymbol{D}=\frac{Q}{4\pi r^2}\boldsymbol{e}_r \tag{2.20}$$

距离球心 r 处的电场强度为

$$\boldsymbol{E}=\frac{\boldsymbol{D}}{\varepsilon}=\frac{Q}{4\pi\varepsilon r^2}\boldsymbol{e}_r \tag{2.21}$$

第三节 电容 电容器

一、电容器 电容

电容器，顾名思义是“电荷的容器”，是一种容纳电荷的器件，通常由两个导体以及它们之间的电介质组合而成。导体称为**极板**（或称**电极**），使用时，两极板同时分别带上等量异号的电荷，电容器容纳电荷的本领称为电容，用字母 C 表示。如图 2-10 所示，让两极板 A,B 分别带上电荷 $+Q$ 和 $-Q$，静电平衡后两导体极板均为等势体，其电势分别用 V_+ 和 V_- 表示，则两者之间的电势差为 $U=|V_+-V_-|$。实验发现，一个电容器所带的电量 Q 总是与两极板间的电势差 U 成正比，其比值给出了这对导体组在一定电压下容纳电荷的能力，因此，定义电容器的电容为

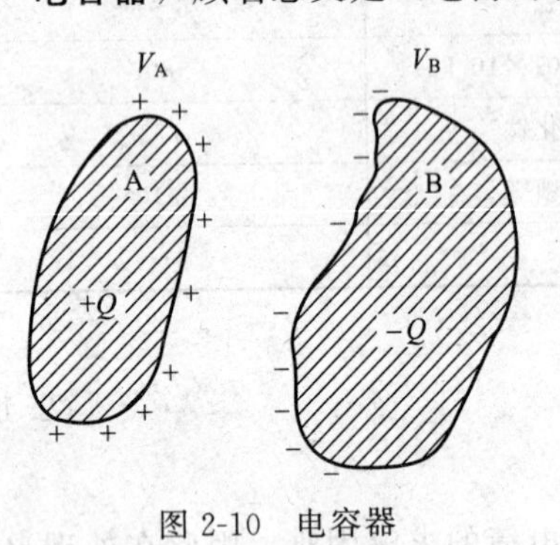

图 2-10 电容器

$$C=\frac{Q}{U} \tag{2.22}$$

在国际单位制中，电容的单位是法拉（法拉第），符号为 F，1F=1C/V。法拉的单位比较大，在实际中，常用微法（μF），皮法（pF）等作为电容的单位，$1\text{F}=10^6\mu\text{F}=10^{12}\text{pF}$。电容器的电容取决于电容器本身的形状、尺寸以及两导体间电介质的种类等，而与其所带的电量无关。

二、几种典型电容器

1. 平行板电容器

平行板电容器结构如图 2-11 所示。S 是相对平行放置的极板的面积，d 是两极板间的距离，板间充满介电常量为 ε 的电介质。

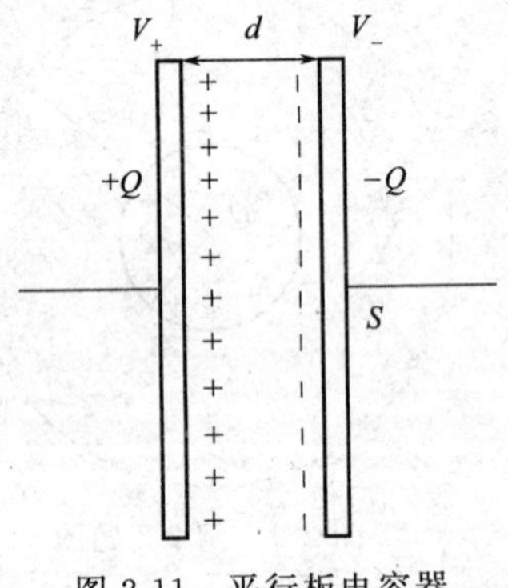

图 2-11 平行板电容器

忽略边缘效应，当两极板所带电量分别为 $\pm Q$ 时，两极板间的场强大小为

$$E=\frac{\sigma}{\varepsilon}=\frac{Q}{\varepsilon S}$$

两极板间电势差为

$$U=Ed=\frac{Qd}{\varepsilon S}$$

根据电容的定义式 $C=\frac{Q}{U}$，有

$$C=\frac{\varepsilon S}{d} \tag{2.23}$$

由上式可以看出，平行板电容器板间充有电介质时的电容是板间无电介质时电容的$\frac{\varepsilon}{\varepsilon_0}=\varepsilon_r$倍。

2. 圆柱形电容器

圆柱形电容器的结构如图 2-12 所示，由两个同轴的金属圆筒组成。设筒长为 L，筒的半径分别为 R_1 和 R_2，两筒之间为真空，忽略边缘效应。当两金属圆筒分别带有电量 $\pm Q$ 时，由高斯定理可知两极板间的场强大小表达式为

$$E=\frac{Q}{2\pi\varepsilon_0 rL} \quad (R_1<r<R_2) \tag{2.24}$$

式中，r 为场点到轴线的距离，场强方向沿径向向外，因此取径向为积分路径，则两圆筒间的电势差为

$$U=\int_{R_1}^{R_2}\boldsymbol{E}\cdot\mathrm{d}\boldsymbol{r}=\int_{R_1}^{R_2}E\cos 0\mathrm{d}r=\int_{R_1}^{R_2}\frac{Q\mathrm{d}r}{2\pi\varepsilon_0 rL}=\frac{Q}{2\pi\varepsilon_0 L}\ln\frac{R_2}{R_1}$$

根据电容的定义，有

$$C=\frac{Q}{U}=\frac{2\pi\varepsilon_0 L}{\ln(R_2/R_1)} \tag{2.25}$$

3. 球形电容器

球形电容器的结构如图 2-13 所示，由两个同心导体球壳组成。设内、外球壳的半径分别为 R_1 和 R_2，两球壳之间为真空。当两导体球壳分别带有电量 $\pm Q$ 时，由高斯定理可知，两导体球壳间的场强大小的表达式为

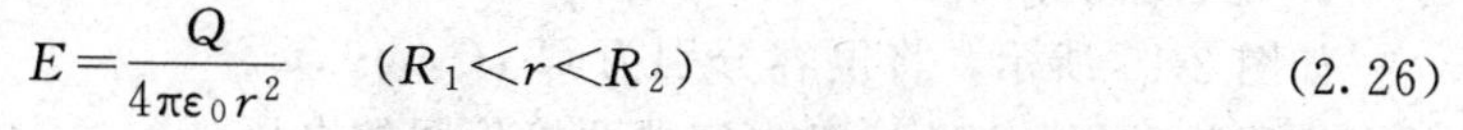

$$E=\frac{Q}{4\pi\varepsilon_0 r^2} \quad (R_1<r<R_2) \tag{2.26}$$

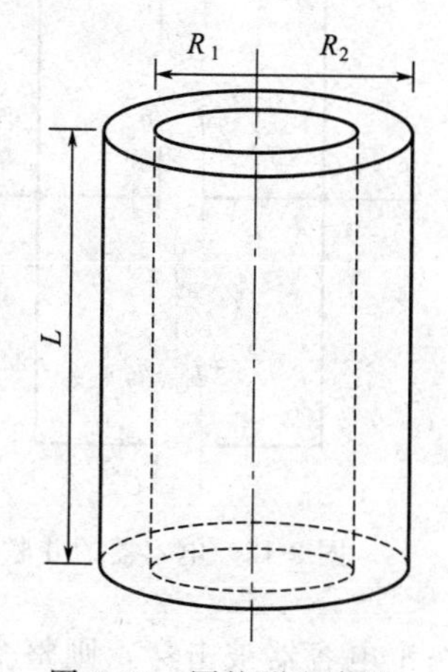

图 2-12 圆柱形电容器

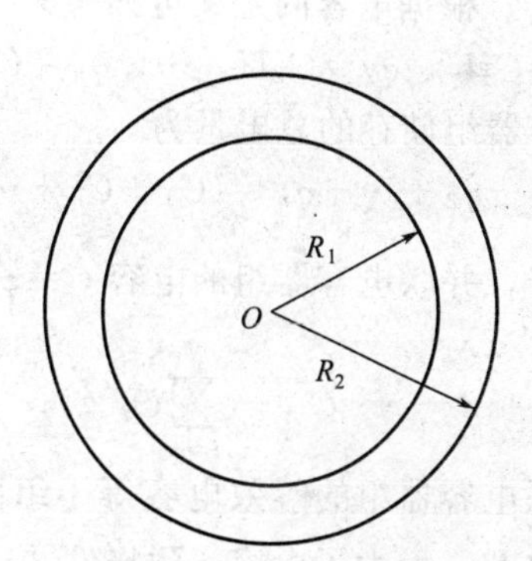

图 2-13 球形电容器

式中，r 为场点到球心的距离，场强方向沿径向向外，故此取径向作为积分路径，则两导体球壳间的电势差为

$$U=\int_{R_1}^{R_2}\boldsymbol{E}\cdot\mathrm{d}\boldsymbol{r}=\int_{R_1}^{R_2}E\cos 0\mathrm{d}r=\int_{R_1}^{R_2}\frac{Q\mathrm{d}r}{4\pi\varepsilon_0 r^2}=\frac{Q}{4\pi\varepsilon_0}\left(\frac{1}{R_1}-\frac{1}{R_2}\right)$$

由电容的定义，得到

$$C=\frac{Q}{U}=\frac{4\pi\varepsilon_0 R_1 R_2}{R_2-R_1} \tag{2.27}$$

式 (2.23)、式 (2.25) 和式 (2.27) 的结果均说明电容只与电容器的结构及极板间的电介质有关，与其他因素无关。

三、 电容器的联接

电容器实际应用中主要考虑两个性能指标：一个是电容；另一个是耐压能力。当极板间充满电介质时，电容和耐压都可以增大。但有时电容器指标仍然不能满足需要，所以常常进行电容器的串联或并联，将几个电容器联接成电容器组，以达到性能指标要求。

1. 电容器的串联

如图 2-14 所示，将电容分别为 $C_1,C_2,\cdots,C_n$ 的电容器串联在电路中，每个电容器正负

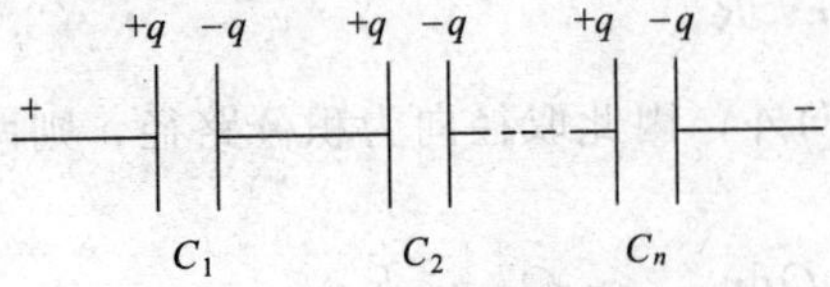

图 2-14 电容器的串联

两极板间的电压分别为 $U_1, U_2, \cdots, U_n$，每个电容器极板上电量的大小均为 q。根据电容的定义可知

$$U_1=\frac{q}{C_1},\ U_2=\frac{q}{C_2},\ \cdots,\ U_n=\frac{q}{C_n}$$

$$U=U_1+U_2+\cdots+U_n=q\left(\frac{1}{C_1}+\frac{1}{C_2}+\cdots+\frac{1}{C_n}\right)$$

由于电容 $C=\frac{q}{U}$，所以

$$\frac{1}{C_{串}}=\sum_{i=1}^{n}\frac{1}{C_i} \tag{2.28}$$

可见，串联电容器组的等效电容小于组内任何一个电容器的电容，而其等效电压却是组内所有电容器的端电压之和。串联的结果提高了耐压性，但减小了电容。

2. 电容器的并联

如图 2-15 所示，将电容分别为 $C_1, C_2, \cdots, C_n$ 的电容器并联在电路中，各电容器两极板间的电压均为 U，各电容器极板储存电量的大小分别为 $q_1, q_2, \cdots, q_n$。根据电容的定义可知

$$q_1=C_1U,\ q_2=C_2U,\ \cdots,\ q_n=C_nU$$

电容器组储存的总电量为

$$q=q_1+q_2+\cdots+q_n=(C_1+C_2+\cdots+C_n)\ U$$

由于，并联电容器组的电容 $C=\frac{q}{U}$，所以有

$$C_{并}=\sum_{i=1}^{n}C_i \tag{2.29}$$

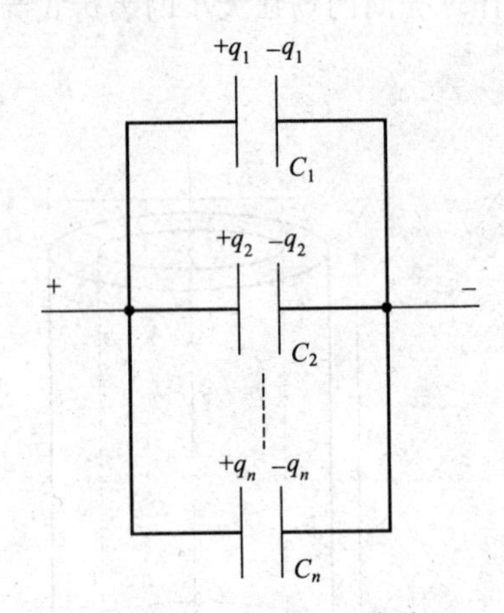

图 2-15 电容器的并联

并联电容器组的等效电容等于组内所有电容器的电容之和，增大了电容，耐压性并未提高，只要其中一个电容器被击穿，则整个电容器组就被击穿了。

第四节 静电场的能量

一、电容器的能量

电容器被充电的过程就是把其他形式的能量转变成电场能的过程。

以平行板电容器为例。如图 2-16 所示，开始时，两极板都没有电荷，现在假设外力把一个微元电荷 dq（设 d$q>0$）从原来不带电的 B 极板移到 A 极板，由于此时 A、B 两极板都是电中性的，AB 间无电场，所以外力不需要做功。但是，当移动第 2 个、第 3 个，……，第 n 个时，由于此时两极板都已带电，A,B 之间已出现电场，此时外力就需要克服电场力做功才能把电荷 dq 从负极板搬运到正极板。假设在某时刻，两极板已带电荷 $+q$ 和 $-q$，两极板间电压为 $U=V_+-V_-$，此时搬运 $+$dq 从负极板移到正极板，外力需做功

$$\mathrm{d}A=U\mathrm{d}q=\frac{q}{C}\mathrm{d}q \tag{2.30}$$

式中，C 为电容器的电容。当充电完毕时，若最后两极板上分别带有 $\pm Q$ 的电量，外

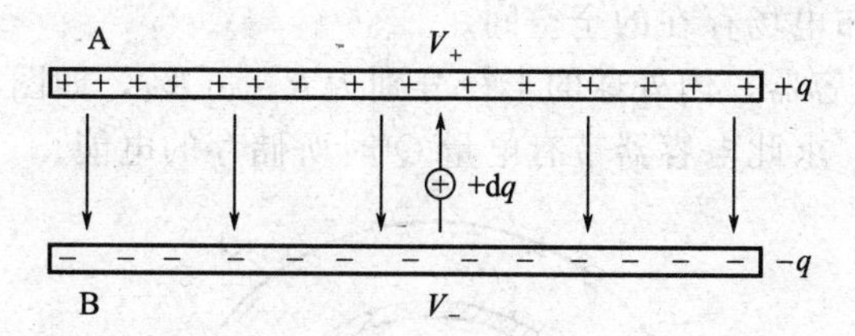

图 2-16 电容器的充电过程

力在充电过程中所做的总功为

$$A=\int dA=\int_0^Q \frac{q}{C}dq=\frac{Q^2}{2C}=\frac{1}{2}CU^2=\frac{1}{2}QU \tag{2.31}$$

这些功在充电的过程中都已转化成电能储存在电容器中，所以，电容器带有电量$\pm Q$时所拥有的能量为

$$W=\frac{1}{2}CU^2=\frac{1}{2}QU=\frac{Q^2}{2C} \tag{2.32}$$

式（2.32）即为电容器的能量公式。

二、 电场的能量和能量密度

电容器的能量可以认为是储存在电容器内的电场之中，下面通过分析把这个能量与电场强度联系起来。

仍以平行板电容器为例，设极板面积为S，极板间距离为d，两极板间充满介电常量为ε的电介质。由式（2.23）知，平行板电容器的电容为

$$C=\frac{\varepsilon S}{d}$$

将此式代入式（2.32）可得

$$W=\frac{Q^2}{2C}=\frac{Q^2 d}{2\varepsilon S}=\frac{\varepsilon}{2}\cdot\left(\frac{Q}{\varepsilon S}\right)^2\cdot(Sd)$$

电容器的两板间的场强为

$$E=\frac{\sigma}{\varepsilon}=\frac{Q}{\varepsilon S}$$

所以

$$W=\frac{1}{2}\varepsilon E^2\cdot(Sd)$$

忽略边缘效应，平行板电容器的电场只存在于两板之间，所以Sd也就是电场的体积。又因为平行板电容器的电场是匀强电场，所以单位体积内的电场能量，即电场的**能量体密度**（简称**能量密度**）为

$$w_e=\frac{W}{Sd}=\frac{1}{2}\varepsilon E^2$$

或写成

$$w_e=\frac{1}{2}\varepsilon E^2=\frac{1}{2}DE \tag{2.33}$$

式（2.33）虽然是由平行板电容器推导出来的，但是可以证明，对任何电场都成立。在真空中，$\varepsilon=\varepsilon_0$，有

$$w_e=\frac{1}{2}\varepsilon_0 E^2 \tag{2.34}$$

通常情况下，电场总能量W可以通过对能量密度的体积分求得，即

$$W=\int w_e dV=\int_{(E空间)}\frac{\varepsilon E^2}{2}dV \tag{2.35}$$

注意，该积分应遍布电场存在的全空间。

【例 2-3】 一球形电容器，内外球的半径分别为 R_1 和 R_2，如图 2-17 所示，两球间充满介电常量为 ε 的电介质，求此电容器带有电量 Q 时所储存的电能。

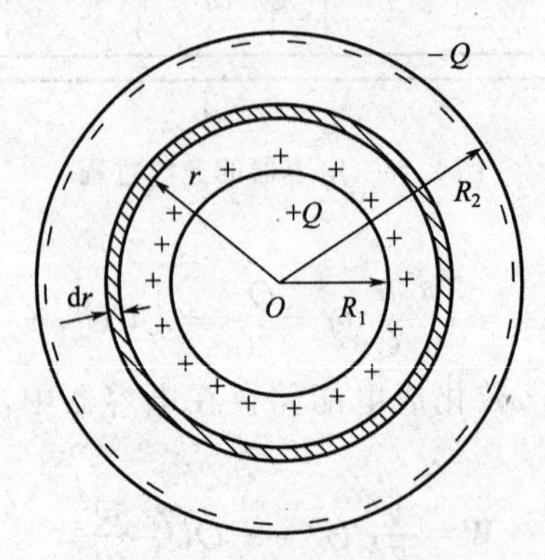

图 2-17 例 2-3 题图

【解】 由于电容器的球对称性，根据高斯定律可求出内球面内部和外球面外部空间的电场强度都是零，两球面之间的电场分布为

$$E=\frac{Q}{4\pi\varepsilon r^2}$$

在两球面之间，半径 $r\sim r+\mathrm{d}r$ 处取一厚度为 $\mathrm{d}r$ 的球层，此球层具有的电场能量为

$$\mathrm{d}W=w_e\,\mathrm{d}V=\frac{1}{2}\varepsilon E^2\,\mathrm{d}V=\frac{1}{2}\varepsilon\left(\frac{Q}{4\pi\varepsilon r^2}\right)^2\cdot(4\pi r^2\,\mathrm{d}r)$$

积分可得，整个球形电容器储存的总电场能为

$$W=\int \mathrm{d}W=\int_{R_1}^{R_2}\frac{1}{2}\varepsilon\left(\frac{Q}{4\pi\varepsilon r^2}\right)^2\cdot(4\pi r^2\,\mathrm{d}r)=\frac{Q^2}{8\pi\varepsilon}\left(\frac{1}{R_1}-\frac{1}{R_2}\right)$$

练习题

选择题

2-1 当一个带电导体达到静电平衡时（　　）。

（A）表面上电荷密度较大处电势较高

（B）表面曲率半径较大处电势较高

（C）导体内部的电势比导体表面的电势高

（D）导体内任一点与其表面上任一点的电势差等于零

2-2 如图 2-18 所示，将一个正试验电荷 q 放在带有正电荷的大导体附近 P 点处，测得它所受力的大小为 F，若考虑到电量 q 不是足够小，则（　　）。

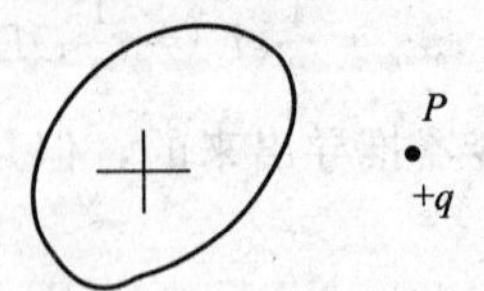

图 2-18 2-2 题图

（A）F/q 比 P 点处原先的场强数值大

（B）F/q 比 P 点处原先的场强数值小

（C）F/q 等于原先 P 点处场强的数值

(D) F/q 与 P 点处场强数值关系无法确定

2-3 一平行板电容器充电后又切断电源，然后再将两极板间的距离增大，这时与电容器相关联的物理量如下，在这五个物理量中哪些物理量是减少的（ ）。

(A) 电容器极板上的电荷 (B) 电容器两极板间的电势差 (C) 电容器极板间的电场

(D) 电容器的电容量 (E) 电容器所储藏的能量

2-4 有三个直径相同的金属小球。小球 A 带电 $+Q$，小球 B 带电 $-Q$，两者的距离远大于小球直径，相互作用力的大小为 F。小球 C 不带电并装有绝缘手柄。用小球 C 先和小球 A 碰一下，接着又和小球 B 碰一下，然后移去。则此时小球 A 和 B 之间的相互作用力的大小为（ ）。

(A) 0 (B) $F/4$ (C) $F/8$ (D) $F/16$

2-5 如图 2-19 所示，一空气平行板电容器，两极板面积均为 S，板间距离为 d，电容为 C_0，在两极板间平行地插入一面积也是 S、厚度为 $t=\frac{2}{5}d$ 的金属片，则电容 C 的值为（ ）。

(A) $\frac{2}{5}C_0$ (B) $\frac{3}{5}C_0$

(C) $\frac{5}{3}C_0$ (D) $\frac{5}{2}C_0$

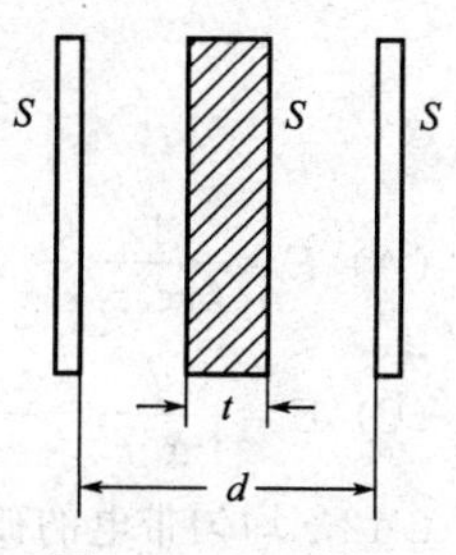

图 2-19 2-5 题图

2-6 一内外半径分别为 R_1 和 R_2 的同心球形电容器，其间充满相对介电常数 ε_r 的电介质，当内球带电量为 Q 时，电容器中的储能为（ ）。

(A) $W_e=\frac{Q^2}{16\pi\varepsilon_0\varepsilon_r}\left(\frac{1}{R_1}-\frac{1}{R_2}\right)$ (B) $W_e=\frac{Q^2}{8\pi\varepsilon_0\varepsilon_r}\left(\frac{1}{R_1}-\frac{1}{R_2}\right)$

(C) $W_e=\frac{Q^2}{8\pi\varepsilon_0\varepsilon_r}\ln\frac{R_2}{R_1}$ (D) $W_e=\frac{Q^2}{32\pi\varepsilon_0\varepsilon_r}(R_1-R_2)$

2-7 如图 2-20 所示，一无限大均匀带电平面附近放置一与之平行的无限大导体平板。已知带电平面的电荷面密度为 σ，导体板两表面 1 和 2 的感应电荷面密度为（ ）。

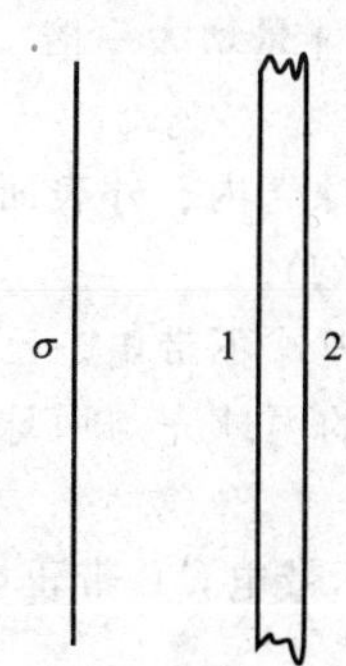

图 2-20 2-7 题图

(A) $\sigma_1=\sigma$，$\sigma_2=+\sigma$ (B) $\sigma_1=-\frac{\sigma}{2}$，$\sigma_2=\frac{\sigma}{2}$

(C) $\sigma_1=+\sigma$，$\sigma_2=-\sigma$ (D) $\sigma_1=+\frac{\sigma}{2}$，$\sigma_2=-\sigma$

2-8 关于$\boldsymbol{D}$的高斯定理，下列说法正确的是（ ）。

(A) 高斯面内不包围自由电荷，则穿过高斯面的 $\boldsymbol{D}$ 通量与 $\boldsymbol{E}$ 通量均为零

(B) 高斯面上各点 $\boldsymbol{D}$ 仅由面内自由电荷决定

(C) 高斯面上的 $\boldsymbol{D}$ 处处为零，则面内自由电荷的代数和必为零

(D) 穿过高斯面的 $\boldsymbol{D}$ 通量仅与面内自由电荷有关，而穿过高斯面的 $\boldsymbol{E}$ 通量与高斯面内外的自由电荷均有关

2-9 带电量不相等的两个球形导体相隔很远，现用一根导线将它们连接起来。若大球半径为 R，小球半径为 r。当静电平衡后，两球表面电荷面密度比$\frac{\sigma_R}{\sigma_r}$为（ ）。

(A) $\frac{r}{R}$ (B) $\frac{R}{r}$ (C) $\frac{R^2}{r^2}$ (D) $\frac{r^2}{R^2}$

2-10 空气平行板电容器接通电源后，将相对介电常数为 ε_r 的介质板插入电容器两极板之间。比较插入介质板前后，电容 C，场强 E 和极板上的电荷面密度 σ 的变化情况（ ）。

(A) C 不变，E 不变，σ 不变 (B) C 增大，E 不变，σ 增大

(C) C 增大，E 增大，σ 增大　　　　(D) C 不变，E 增大，σ 不变

2-11　如图 2-21 所示，一带电量为 q、半径为 r_A 的金属球外同心地套上一层内、外半径分别为 r_B 和 r_C，相对电容率为 ε_r 的介质球壳。球壳外为真空，则介质中 P 点（$r_B<r<r_C$）处的电场强度 $\boldsymbol{E}$ 的大小为（　　）。

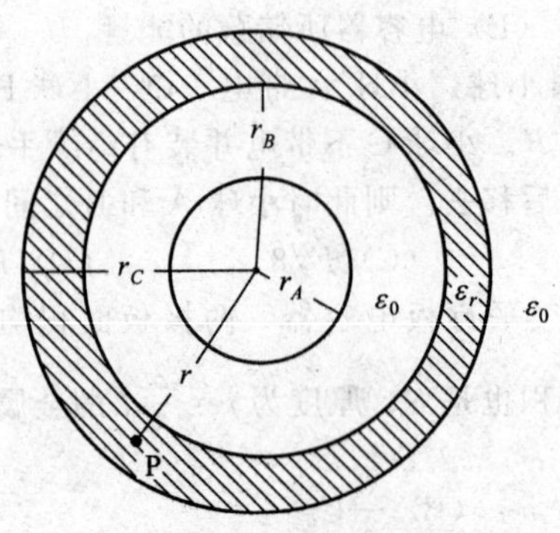

图 2-21　2-11 题图

(A) $E=\dfrac{1}{4\pi\varepsilon_0\varepsilon_r}\dfrac{q}{r^2}$　　　　(B) $E=\dfrac{1}{4\pi\varepsilon_0}\dfrac{q}{r^2}$

(C) $E=\dfrac{q}{4\pi\varepsilon_0 r^2}-\dfrac{\varepsilon_r-1}{\varepsilon_r}$　　　　(D) $E=\dfrac{q}{4\pi\varepsilon_0\varepsilon_r r^2}\left(\dfrac{r_C-r_A}{r_B-r_A}\right)$

2-12　均匀带电的孤立球体和均匀带电的孤立球面均处在真空中，两者的半径和所带电荷也均相等，则它们的静电场能量 $W_{体}$ 和 $W_{面}$ 有如下关系（　　）。

(A) $W_{体}=W_{面}$　　(B) $W_{体}>W_{面}$　　(C) $W_{体}<W_{面}$　　(D) 不能确定

2-13　一平板电容器，两极板相距为 d，对它充电后把电源断开。然后把电容器两极板之间的距离增大到 $2d$，如果电容器的电场的边缘效应忽略不计，则（　　）。

(A) 电容器的电容增大一倍　　　　(B) 电容器所带电量增大一倍

(C) 电容器两板之间的电场强度增大一倍　　(D) 储存在电容器中的电场能量增大一倍

填空题

2-14　在一个孤立的导体球壳内，若在偏离球中心处放一个点电荷，则在球壳内、外表面上将出现感应电荷，其分布将是内表面________，外表面________（均匀或不均匀）。

2-15　三个半径相同的金属小球，其中甲、乙两球带有等量同号电荷，丙球不带电。已知甲、乙两球间距离远大于本身直径，它们之间的静电力为 F。现用带绝缘柄的丙球先与甲球接触，再与乙球接触，然后移去，则此时甲、乙两球间的静电力为________。

2-16　如图 2-22 所示，一封闭的导体壳 A 内有两个导体 B 和 C。A，C 不带电，B 带正电，则 A，B，C 三导体的电势 V_A，V_B，V_C 的大小关系是________。

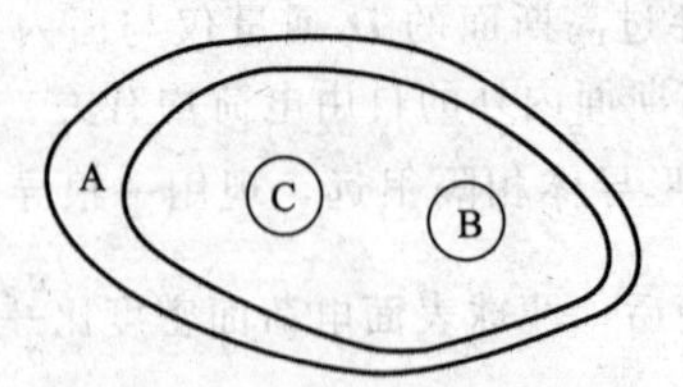

图 2-22　2-16 题图

2-17　一空气平行板电容器，两极板间距为 d，极板上带电量分别为 $+q$ 和 $-q$，板间电势差为 U。在忽略边缘效应的情况下，板间场强大小为________，若在两极板间平行地插入一厚度为 t（$t<d$）的金属板，则板间电势差变为________，此时电容值等于________。

2-18　两个薄金属同心球壳，半径各为 R_1 和 R_2（$R_2>R_1$），分别带有电荷 q_1 和 q_2，二者

电势分别为 V_1 和 V_2（设无穷远处为电势零点），现用导线将二球壳联起来，则它们的电势为__________。

计算题

2-19 地球和电离层可当作球形电容器，它们之间相距约为 60km。求地球—电离层系统的电容。（提示：地球半径为 6400km，地球与电离层之间可视为真空）

2-20 如图 2-23 所示，在半径为 R_0、带电量为 Q 的金属球外，包有与金属球同心的均匀电介质球壳，其外半径为 R，电介质的相对介电常量为 ε_r，求空间的电场分布情况。

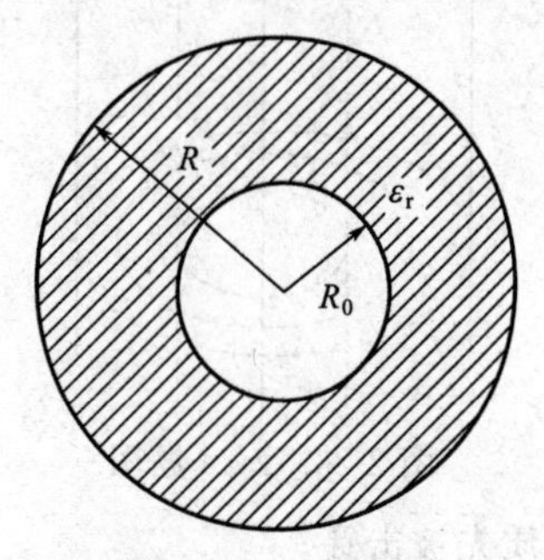

图 2-23 2-20 题图

2-21 空气中有一半径为 R 的孤立导体球，令无限远处电势为零。试计算：

(1) 该导体球的电容；

(2) 球上所带电荷为 Q 时储存的静电能；

(3) 若空气的击穿场强大小为 E_g，导体球上能储存的最大电荷值。

2-22 来顿瓶是早期的一种储电容器，它是一内外均贴有金属薄膜的圆柱形玻璃瓶。如图 2-24 所示，设玻璃瓶内外半径分别为 R_1 和 R_2，且 $R_2-R_1 \ll R_1$，R_2，内外所贴金属薄膜长为 L。已知玻璃的相对介电常数为 ε_r，其击穿场强为 E_g，忽略边缘效应。试计算：来顿瓶的电容值。

2-23 如图 2-25 所示，一空气平行板电容器，两极板面积均为 S，板间距离为 d（d 远小于极板线度），在两极板间平行地插入一面积也是 S、厚度为 t（$t<d$）的金属片。试求：

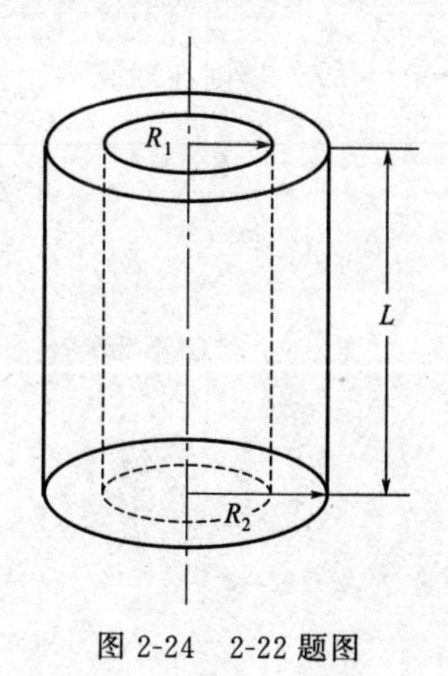

图 2-24 2-22 题图

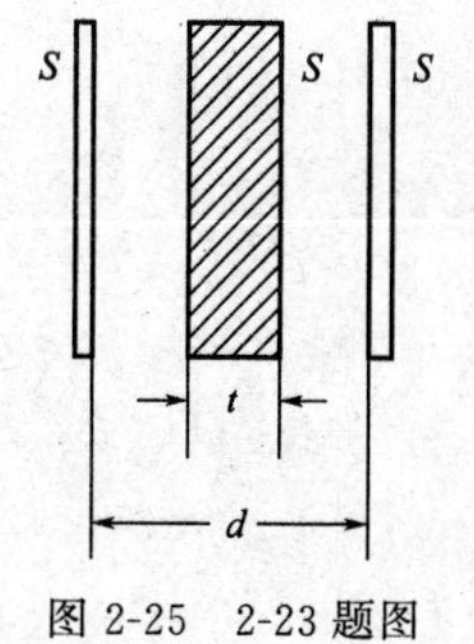

图 2-25 2-23 题图

(1) 电容 C 等于多少？

(2) 金属片放在两极板间的位置对电容值有无影响？

2-24 一单芯同轴电缆的构造是中间为半径 R_1 的金属导线，其外包着两层同轴圆筒状均匀电介质，两层电介质分界面的半径为 R，内外两层电介质的相对介电系数为 ε_{r1} 和 ε_{r2}，且 $\varepsilon_{r1}=2\varepsilon_{r2}$。最外面是同轴金属圆柱筒，筒的内半径为 R_2，且 $R_2<2R_1$，如图 2-26 所示。假设两种电

介质的击穿场强大小均为 E_g，试求：

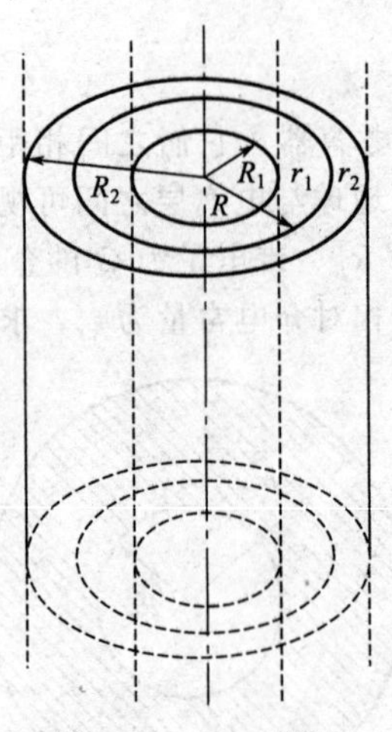

图 2-26　2-24 题图

(1) 当电压升高时，哪层电介质先被击穿；

(2) 此电缆承受的最大电压；

(3) 此电缆单位长度的电容。

思考题

2-25　一个实心孤立带电导体球，其表面附近的场强沿什么方向？其上电荷分布是否均匀？当将另一带电体移近该导体球时，球表面附近的场强将沿什么方向？其上电荷分布是否变化？表面是否等电势？电势有无变化？球体内的场强有无变化？

2-26　试从机理、电荷分布、电场分布等方面来比较导体的静电平衡和电介质的极化有何异同。

第三章 稳恒磁场

前面我们讨论了静电场，静电场是由电量不变、静止不动的电荷激发的，本章讨论稳恒磁场，那么稳恒磁场是怎样产生的呢？顾名思义，由稳恒电流激发的场为稳恒磁场，那么什么样的电流是稳恒电流呢？即存在于导体内部大小不随时间变化的恒定电流就是稳恒电流。而电流密度的大小则为通过垂直于运动电荷运动方向的单位面积的电流，其方向与正运动电荷速度方向相同。磁场和电场虽然是两种性质不同的场，但在探讨思路和研究方法上却有类似之处，麦克斯韦给出了电场和磁场具有高度的对称性，因此我们可以用对比的方法研究磁场，如图 3-1 所示。

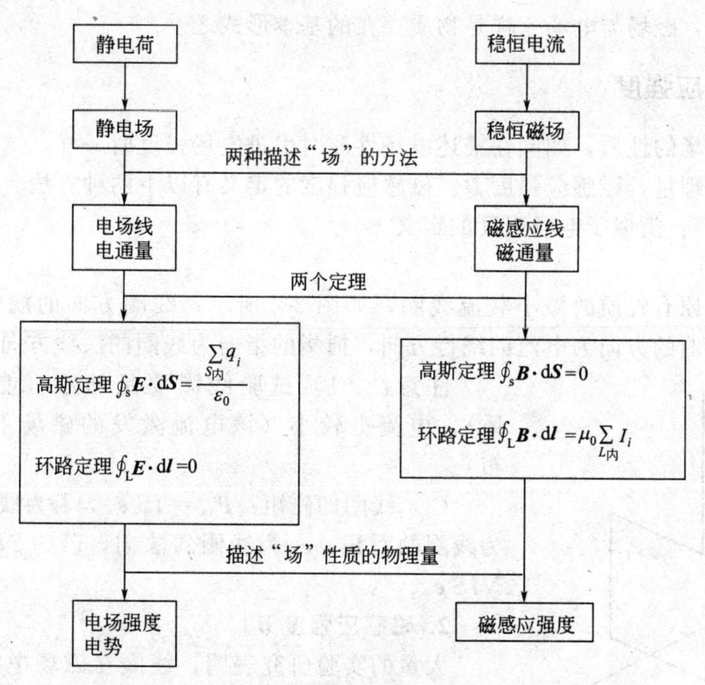

图 3-1　电场与磁场对比图

本章的研究内容与静电场的研究内容类似，主要包括描述磁场的两种方法磁感应线和磁通量，描述磁场性质的物理量磁感应强度，反映磁场性质的两个定理高斯定理和安培环路定理，计算磁感应强度的定律毕奥-萨伐尔定律，运动电荷在磁场中受到的洛伦兹力及载流导线在磁场中受到的安培力，载流线圈在磁场中受到的磁力矩、磁力的功、及磁介质中的磁场等内容。

第一节 磁场的描述

一、 磁现象

在物理学发展过程中，最初认为“磁现象”和“电现象”是分开的，最先发现磁现象与电现象之间存在着联系的是物理学家奥斯特。他研究发现，通电直导线附近的小磁针会受力而偏转，表明电流对磁铁有作用。后来又发现，放在马蹄形磁铁两极间的载流导线会受力而运动，说明了磁铁对运动的电荷有力的作用。他的研究表明：电对磁有作用，磁对电也有作用。1822 年安培提出了有关物质磁性的本性的假说，认为一切磁现象的根源是电流，而电流是电荷定向移动形成的，即磁现象的本质归结为电荷的运动。我们知道物体的分子中都存在着回路电流，即分子电流，分子电流相当于基元磁体，由此产生磁效应，这就是分子流假说。

二、 磁场

运动电荷或电流周围空间也有一种场，称为**磁场**，它和电场一样存在客观实在性。磁场的性质如下。

(1) 力：磁场对引入磁场中的运动电荷或载流导体有作用力。

(2) 功：载流导体在磁场内移动时，磁场对载流导体做功。

(3) 物质性：磁场与电场一样是物质存在的基本形式之一。

三、 磁感应强度

为了描述磁场的性质，如同在描述电场性质时引进电场强度时一样，这里也引入一个描述磁场性质的物理量，磁感应强度 $\boldsymbol{B}$。磁感应强度的定义有以下两种方法。

(一) 方法一：类似于电场强度的定义

1. 试验线圈

不影响磁场原有性质的微小载流线圈，如图 3-2 所示。线圈方向的规定：右手螺旋定则，右手四指弯曲的方向为电流的绕行方向，拇指的指向为线圈的法线方向。

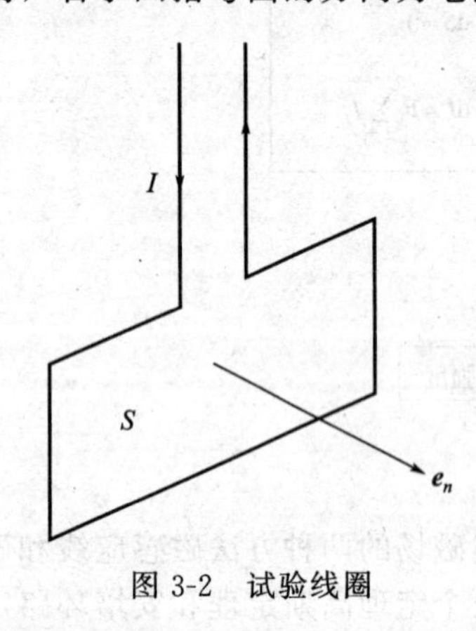

图 3-2 试验线圈

注意：(1) 试验线圈要足够小（能代表一点的性质），电流也较小（该电流激发的磁场不影响原磁场分布）。

(2) 线圈的磁矩：$\boldsymbol{P}_m = IS\,\boldsymbol{e}_n$，$I$ 为线圈中的电流，S 为线圈的面积，$\boldsymbol{e}_n$ 为线圈的法向，若为 N 匝线圈，$\boldsymbol{P}_m = NIS\,\boldsymbol{e}_n$

2. 磁感应强度 $\boldsymbol{B}$

大量的实验研究表明，线圈在磁场中将受到磁场的作用发生转动，最终将停止转动，平衡时力矩$\boldsymbol{M}=0$。

磁感应强度 $\boldsymbol{B}$ 的方向：悬挂在磁场中的线圈，在磁力矩的作用下发生转动，当线圈平衡时，线圈法线的方向为磁场 $\boldsymbol{B}$ 的方向。

磁感应强度 $\boldsymbol{B}$ 的大小：当线圈从平衡位置转过 90°时，所受到的磁力矩最大，而 $\boldsymbol{B}$ 的大小等于最大的磁力矩$\boldsymbol{M}_{\max}$与线圈磁矩的比值。公式为

$$B=\frac{\boldsymbol{M}_{max}}{\boldsymbol{P}_m}$$

磁感应强度 **B** 的单位：在国际单位制中，磁感应强度单位是特斯拉，用符号 T 表示。

（二）方法二：从磁场对运动电荷的作用力角度来定义磁感应强度

设带电粒子的电量、速度、受到磁场作用力（洛伦兹力）分别为 q，$\boldsymbol{v}$，$\boldsymbol{F}$。实验结果为（图 3-3）：

（1）$F\propto q$，$F\propto v$；

（2）当 $\boldsymbol{v}$ 与磁场方向平行时，$\boldsymbol{F}=0$；当 $\boldsymbol{v}$ 与磁场垂直时，$F=F_{\max}$，$F_{\max}\propto qv$，可写成 $F_{\max}=Bqv$；

（3）磁力始终与运动电荷速度和磁场方向垂直，即垂直于 $\boldsymbol{v}$ 与 $\boldsymbol{B}$ 构成的平面，表明磁力是一种侧向力，它只改变运动电荷速度的方向，不改变大小。由以上的分析知：$\boldsymbol{B}$ 是与电荷无关而仅与磁场本身性质有关的量。

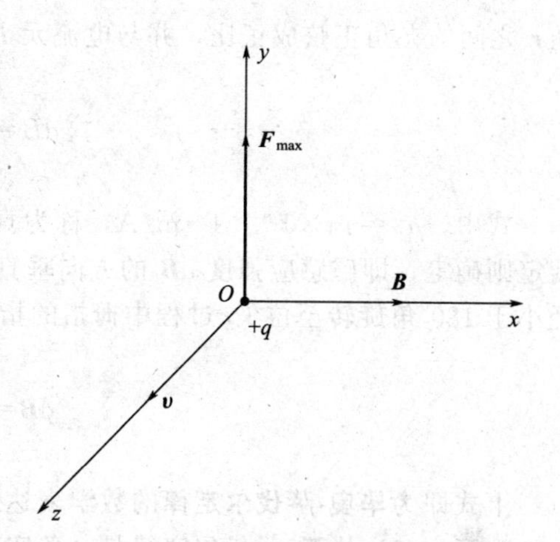

图 3-3 运动电荷在磁场中的受力

定义：$\boldsymbol{B}$ 为磁感应强度，大小为 $B=\frac{F_{\max}}{qv}$，方向为沿 $\boldsymbol{F}_{\max}\times\boldsymbol{v}$ 方向。

注意：（1）$\boldsymbol{B}$ 是描绘磁场本身性质的物理量，它与电场中的电场强度 $\boldsymbol{E}$ 地位相当。

（2）$\boldsymbol{F}=q\,\boldsymbol{v}\times\boldsymbol{B}$ 运动电荷的**洛伦兹力**公式。

第二节 毕奥-萨伐尔定律及其应用

前面我们讨论了电场强度 $\boldsymbol{E}$ 的基本求解方法，主要是根据电场强度叠加原理，基本思路如图 3-4 所示。

实验表明，磁场和电场一样遵循叠加原理，因此磁感应强度的求解与电场强度类似。任何载流导体都可以分割成无限多个微小电流元 $I\mathrm{d}\boldsymbol{l}$，每个电流源在它周围的每一点激发的磁感应强度 $\mathrm{d}\boldsymbol{B}$ 根据毕奥-萨伐尔定律求出，再根据磁场的叠加原理，求出整个载流导体在该点激发的磁感应强度 $\boldsymbol{B}$。19 世纪 20 年代，法国物理学家毕奥-萨伐尔等人对载流导体产生的磁场进行了大量的实验研究，总结出描述电流元在空间某点激发磁感应强度的数学公式，称为**毕奥-萨伐尔定律**，介绍毕奥-萨伐尔定律之前，我们先来了解什么是电流元。

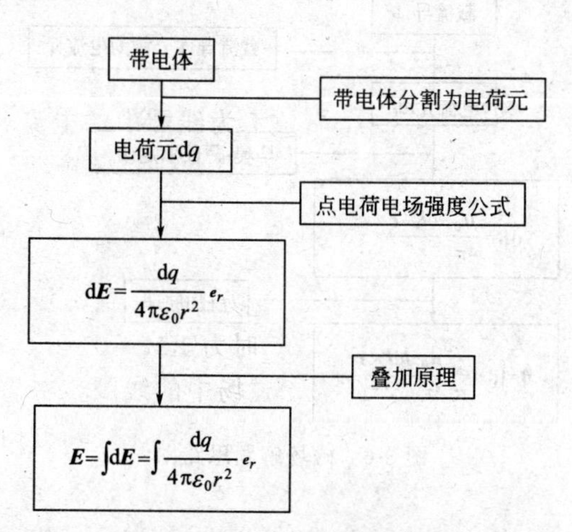

图 3-4 电场强度解题思路图

一、电流元

在载流导线上任取一微元 $\mathrm{d}l$，则 $I\mathrm{d}l$ 为电流元 $I\mathrm{d}\boldsymbol{l}$ 的大小，电流元的方向与电流的

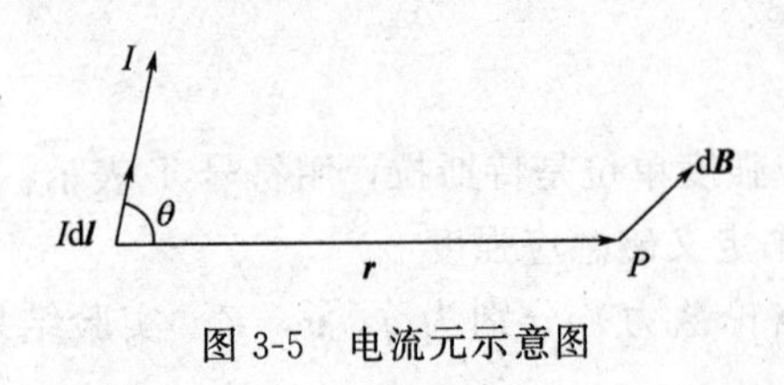

图 3-5 电流元示意图

方向一致，如图 3-5 所示

二、毕奥-萨伐尔定律

毕奥-萨伐尔定律为磁场的最基本定律，$I\mathrm{d}\boldsymbol{l}$ 在 P 点产生的磁感应强度为 $\mathrm{d}\boldsymbol{B}$，$\mathrm{d}\boldsymbol{B}$ 大小与电流元 $I\mathrm{d}\boldsymbol{l}$ 的大小成正比，与电流元和电流元到 P 点的矢径 $\boldsymbol{r}$ 之间的夹角正弦成正比，并与电流元 $I\mathrm{d}\boldsymbol{l}$ 到 P 点的距离的平方成反比，即

$$\mathrm{d}B=\frac{\mu_0}{4\pi}\frac{I\mathrm{d}l\sin\theta}{r^2}$$

式中，$\mu_0=4\pi\times10^{-7}\mathrm{T\cdot m/A}$，称为真空磁导率；$\mathrm{d}\boldsymbol{B}$ 的方向沿 $I\mathrm{d}\boldsymbol{l}\times\boldsymbol{r}$ 方向，由右手螺旋定则确定，即磁感应强度 $\mathrm{d}\boldsymbol{B}$ 的方向垂直于电流元 $I\mathrm{d}\boldsymbol{l}$ 和位矢$\boldsymbol{r}$组成的平面，由电流元 $I\mathrm{d}\boldsymbol{l}$ 经小于 180°角旋转至位矢$\boldsymbol{r}$过程中拇指的指向。

$$\mathrm{d}\boldsymbol{B}=\frac{\mu_0}{4\pi}\frac{I\mathrm{d}\boldsymbol{l}\times\boldsymbol{r}}{r^3} \tag{3.1}$$

上式即为**毕奥-萨伐尔定律**的数学表达式，μ_0为真空中的磁导率。

注意：(1) 毕奥-萨伐尔定律是一条实验定律；

(2) $I\mathrm{d}\boldsymbol{l}$ 是矢量，大小为 $I\mathrm{d}l$，方向沿电流流向；

(3) 在电流元延长线上 $\mathrm{d}\boldsymbol{B}=0$；

(4) 叠加原理对磁感应强度也适用，整个电流在 P 点产生的磁感应强度 $\boldsymbol{B}$ 为

$$\boldsymbol{B}=\int\mathrm{d}\boldsymbol{B}=\int_l\frac{\mu_0}{4\pi}\frac{I\mathrm{d}\boldsymbol{l}\times\boldsymbol{r}}{r^3} \tag{3.2}$$

三、毕奥-萨伐尔定律应用

应用毕奥-萨伐尔定律求解任意载流导体激发的磁感应强度的步骤和求解电场强度的步骤相似，如图 3-6 所示。

1. 直线电流的磁场

【例 3-1】 设有一段长为 L 的载流直导线 AB，电流强度为 I，P 点是直线外邻近该导线的任意一点，距离该导线的垂直距离为 a，求 P 点磁感应强度 $\boldsymbol{B}$ 为多少。

【解】 设载流直导线所在的方向为 y 轴方向，P 点到载流直导线的垂足作为坐标原点 O，P 点与 AB 两个端点的连线与 y 轴正向的夹角分别为 θ_1 和 θ_2，如图 3-7 所示，在 AB 上距 O 点为 y 处取电流元，$I\mathrm{d}\boldsymbol{y}$ 在 P 点产生的 $\mathrm{d}\boldsymbol{B}$ 的大小为

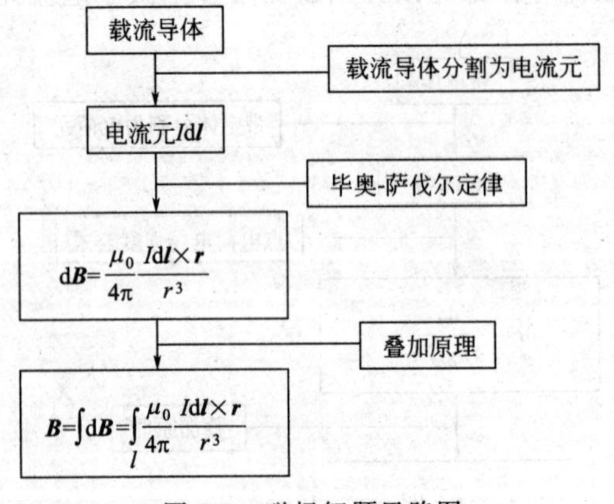

图 3-6 磁场解题思路图

$$\mathrm{d}B=\frac{\mu_0}{4\pi}\frac{I\mathrm{d}y\sin\theta}{r^2}$$

$\mathrm{d}\boldsymbol{B}$ 方向垂直纸面向里（$I\mathrm{d}\boldsymbol{y}\times\boldsymbol{r}$方向）。同理可知，$AB$ 上所有电流元在 P 点产生的 $\mathrm{d}\boldsymbol{B}$

方向均相同，所以 P 点磁感应强度 $\boldsymbol{B}$ 的大小为

$$B=\int \mathrm{d}B=\int_L \frac{\mu_0}{4\pi}\frac{I\,\mathrm{d}y\sin\theta}{r^2}$$

统一积分变量

$$r=\frac{a}{\sin\ (\pi-\theta)}=\frac{a}{\sin\theta},\qquad y=a\cot(\pi-\theta)=-a\cot\theta$$

$$\mathrm{d}y=-a\,\mathrm{d}\left(\frac{\cos\theta}{\sin\theta}\right)=\frac{a}{\sin^2\theta}\mathrm{d}\theta$$

$$B=\int \mathrm{d}B=\int_{\theta_1}^{\theta_2}\frac{\mu_0}{4\pi}\frac{I\dfrac{a}{\sin^2\theta}\mathrm{d}\theta\sin\theta}{\dfrac{a^2}{\sin^2\theta}}=\frac{\mu_0 I}{4\pi a}\int_{\theta_1}^{\theta_2}\sin\theta\,\mathrm{d}\theta$$

$$=\frac{\mu_0 I}{4\pi a}(\cos\theta_1-\cos\theta_2)$$

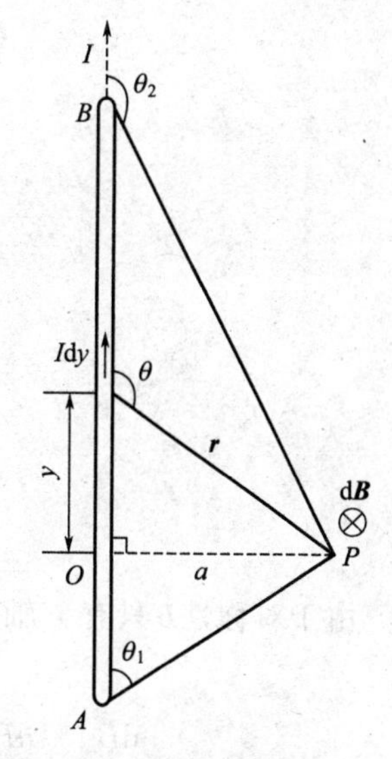

图 3-7 例 3-1 题图

$\boldsymbol{B}$ 的方向垂直纸面向里。

讨论：(1) 当载流导线趋近无限长，即 $AB\to\infty$ 时，$\theta_1\to 0$，$\theta_2\to\pi$，$B=\dfrac{\mu_0 I}{2\pi a}$，通常表示为 $B=\dfrac{\mu_0 I}{2\pi r}$，$r$ 为场点到导线的垂直距离。

(2) 半无限长，$\theta_1=\dfrac{\pi}{2}$，$\theta_2\to\pi$，$B=\dfrac{\mu_0 I}{4\pi a}$，通常表示为 $B=\dfrac{\mu_0 I}{4\pi r}$，$r$ 为场点到导线的垂直距离。

(3) 待求场点在延长线上，$B=0$。

注意：(1) $B=\dfrac{\mu_0 I}{4\pi a}(\cos\theta_1-\cos\theta_2)$ 要记住，做题时关键找出 a,θ_1,θ_2；

(2) θ_1,θ_2 是 P 点与载流导线 AB 两个端点的连线与电流流向的夹角；

(3) 应用 $B=\dfrac{\mu_0 I}{2\pi r}$ 做题。

【例 3-2】 一无限长载流平板宽度为 a，垂直电流方向单位长度流有电流为 i，求与平板共面且距平板一边为 d 的任意点 P 处的磁感应强度。

【解】 如图 3-8 取 Ox 坐标轴，在 x 处取与板的方向平行宽度为 $\mathrm{d}x$ 的窄条，此窄条可看成无限长载流直线，在 P 点产生的磁感应强度的大小为

$$\mathrm{d}B=\frac{\mu_0\mathrm{d}I}{2\pi x}=\frac{\mu_0 i}{2\pi x}\mathrm{d}x$$

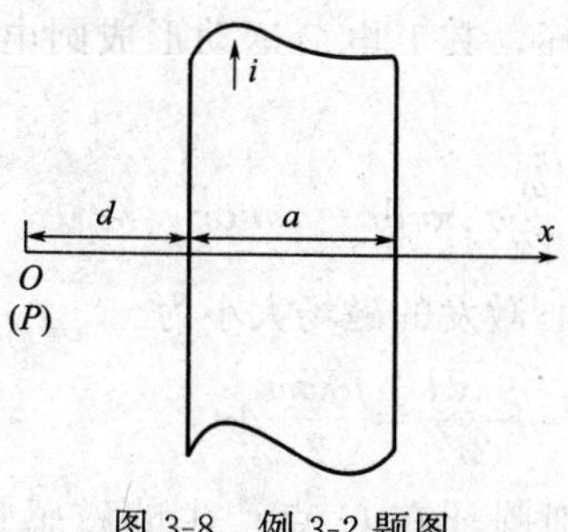

图 3-8 例 3-2 题图

因为所有窄条在 P 点产生的磁场方向都垂直于纸面向外，所以 P 点磁感应强度的大小为

$$B=\int \mathrm{d}B=\int_d^{a+d}\frac{\mu_0 i}{2\pi x}\mathrm{d}x=\frac{\mu_0 i}{2\pi}\ln\frac{a+d}{d}$$

方向垂直于纸面向外。

2. 圆电流的磁场

【例 3-3】 圆形载流线圈（圆电流）半径为 R，电流为 I，求过圆心且与圆线圈垂直的轴线上任意一点 P 的磁感应强度 $\boldsymbol{B}$ 为多少？

【解】 如图 3-9 所示，取 Ox 坐标轴，设 P 点坐标为 x，在线圈上任取电流元 $I\mathrm{d}\boldsymbol{l}$，$I\mathrm{d}\boldsymbol{l}$ 在 P 点产生的 $\mathrm{d}\boldsymbol{B}$ 大小为

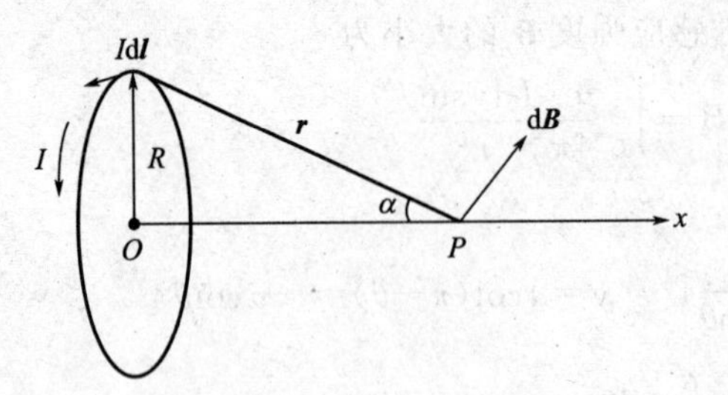

图 3-9 例 3-3 题图

$$dB = \frac{\mu_0}{4\pi}\frac{I\,dl\sin\theta}{r^2} \quad (\theta = \frac{\pi}{2})$$

由于对称性$\boldsymbol{B}$只有 x 轴分量

$$dB_x = dB\sin\alpha = \frac{\mu_0 I\,dl}{4\pi r^2}\frac{R}{r}$$

$$B = \int dB_x = \int_0^{2\pi R}\frac{\mu_0 IR\,dl}{4\pi r^3} = \frac{\mu_0 IR}{4\pi r^3}2\pi R = \frac{\mu_0 IR^2}{2(x^2+R^2)^{\frac{3}{2}}}$$

$$\boldsymbol{B} = \frac{\mu_0 IR^2}{2\ (x^2+R^2)^{\frac{3}{2}}}\boldsymbol{i}，方向沿\ x\ 轴正向$$

讨论：(1) $x=0$，即圆电流中心 O 处场强的大小 $B=\frac{\mu_0 I}{2R}$。

(2) $x \gg R$，$B=\frac{\mu_0 R^2 I}{2x^3}$。

(3) 线圈左侧轴线上任一点磁感应强度$\boldsymbol{B}$的方向也向右。

(4) N 匝线圈：$B=\frac{N\mu_0 R^2 I}{2(x^2+R^2)^{\frac{3}{2}}}$。

【例 3-4】 如图 3-10 所示，均匀带电圆环，内外半径分别为 R_1,R_2，电荷面密度为 σ，可过环心且与环面垂直的轴以匀角速度 ω 顺时针旋转，求圆环中心 O 的磁感强度的大小。

【解】 在距离坐标原点 O 为 r 处任取一宽为 dr 的细圆环，其上电荷运动形成圆电流，$dq=\sigma 2\pi r\,dr$，该圆电流强度为：

$$dI = \frac{\omega}{2\pi}\sigma 2\pi r\,dr = \omega\sigma r\,dr$$

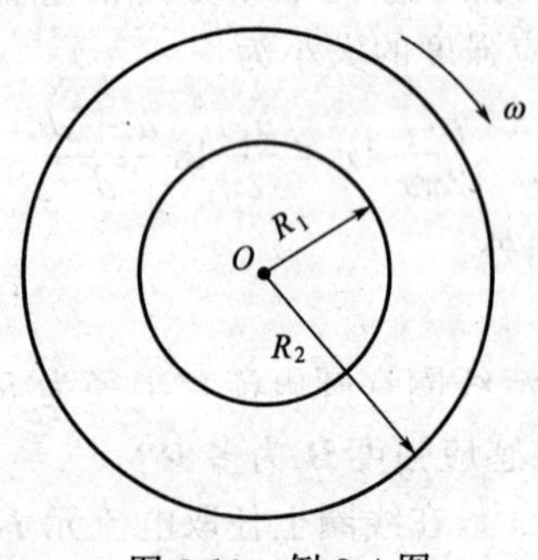

图 3-10 例 3-4 图

dI 在圆环中心激发的磁场大小为

$$dB = \frac{\mu_0 dI}{2r} = \frac{\mu_0\sigma\omega}{2}dr$$

因为所有的细圆环在 O 点产生的磁感强度方向均垂直纸面向里，所以

$$B = \int dB = \frac{\mu_0\sigma\omega}{2}\int_{R_1}^{R_2}dr = \frac{\mu_0\sigma\omega}{2}(R_2 - R_1)$$

方向垂直纸面向里。

【例 3-5】 如图 3-11 所示，一根长直导线弯折成图示形状，图中各段共面，长直导线流有电流为 I，同心圆弧半径分别为 R_1 与 R_2，求 O 点的磁感应强度 $\boldsymbol{B}$。

【解】 把电流分成如图所示的五段，两段半圆弧，一段长为（R_2-R_1）的线段，两段半无限长载流导线，分别标识为如图所示的五段，O 点产生的磁场为 $\boldsymbol{B}_1,\boldsymbol{B}_2,\boldsymbol{B}_3,\boldsymbol{B}_4,\boldsymbol{B}_5$，因为 O 点在①段、③段的延长线上，所以 $B_1=B_3=0$

图 3-11 例 3-5 图

②段、④段都是半圆形电流，它们在 O 点激发的磁感应强度大小分别为

$B_2=\dfrac{\mu_0 I}{4R_2}$，方向垂直于纸面向外

$B_4=\dfrac{\mu_0 I}{4R_1}$，方向垂直于纸面向里

⑤段是半无线长直线电流，因此

$$B_5=\frac{\mu_0 I}{4\pi R_1}，方向垂直于纸面向里$$

根据磁场叠加原理 $\boldsymbol{B}=\sum\limits_{i=1}^{5}\boldsymbol{B}_i$，得

$$B=\frac{\mu_0 I}{4\pi R_1}+\frac{\mu_0 I}{4R_1}-\frac{\mu_0 I}{4R_2}，方向垂直于纸面向里$$

【例 3-6】 载流螺线管的磁场。如图 3-12（a）所示，已知导线中电流为 I，螺线管单位长度上有 n 匝线圈，并且线圈均匀密绕，半径为 R，求螺线管内轴线上任一点的磁感应强度 $\boldsymbol{B}$。

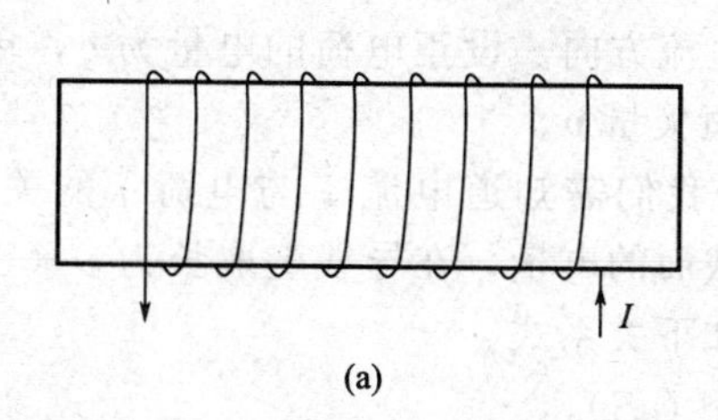

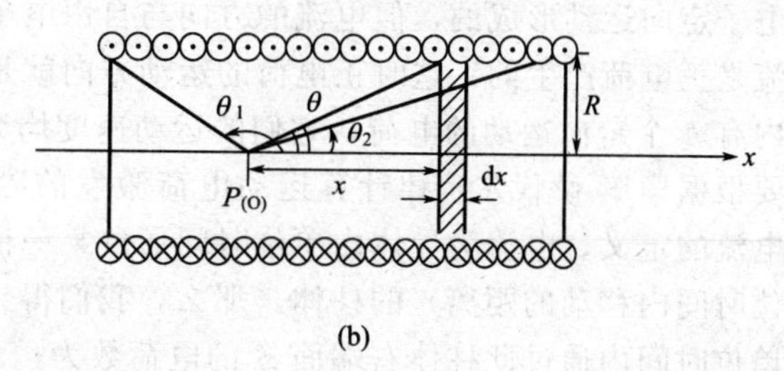

图 3-12 例 3-6 题图

【解】 如图 3-12（b）所示，螺线管的剖面图，在距 P 点为 x 处取 $\mathrm{d}x$ 宽圆电流，$\mathrm{d}x$ 上有 $n\mathrm{d}x$ 匝线圈，电流强度为 $In\mathrm{d}x$。则

$$\mathrm{d}B=\frac{\mu_0 R^2 \mathrm{d}I}{2\ (x^2+R^2)^{\frac{3}{2}}}=\frac{\mu_0 R^2 In\mathrm{d}x}{2\ (x^2+R^2)^{\frac{3}{2}}}$$

所有圆电流在 P 点产生的 $\mathrm{d}\boldsymbol{B}$ 方向沿 x 轴正向，所以 P 点 $\boldsymbol{B}$ 的大小为

$$B=\int \mathrm{d}B=\int_{AB}\frac{\mu_0 R^2 In}{2}\frac{\mathrm{d}x}{(x^2+R^2)^{\frac{0}{2}}}=\frac{\mu_0 R^2 In}{2}\int_{AB}\frac{\mathrm{d}x}{(x^2+R^2)^{\frac{3}{2}}}$$

$$x=R\cot\theta,\quad \mathrm{d}x=-\frac{R}{\sin^2\theta}\mathrm{d}\theta$$

$$B=\frac{\mu_0 R^2 In}{2}\int_{\theta_1}^{\theta_2}\frac{-\dfrac{R}{\sin^2\theta}\mathrm{d}\theta}{\dfrac{R^3}{\sin^3\theta}}=\frac{\mu_0 R^2 In}{2R^2}\int_{\theta_1}^{\theta_2}-\sin\theta\mathrm{d}\theta=\frac{\mu_0 In}{2}(\cos\theta_2-\cos\theta_1)$$

方向沿 x 轴正向。

讨论：螺线管无限长时，$\theta_1\to\pi$，$\theta_2\to 0\Rightarrow B=\mu_0 nI$；

半无限长时，$\theta_1=\frac{\pi}{2}$，$\theta_2\to 0$，$\Rightarrow B=\frac{1}{2}\mu_0 nI$。

四、 运动电荷的磁场

电流产生磁场实质上是运动电荷产生的，下面讨论毕奥-萨伐尔定律的本质，即从微观角度讨论电流元的磁场。

如图 3-13 所示，有一段粗细均匀的直导线，电流强度为 I，横截面面积为 S，在其上取一电流元 $I\mathrm{d}\boldsymbol{l}$，根据毕奥-萨伐尔定律我们知道，它在空间某一点 P 产生的磁感应强度为 $\mathrm{d}\boldsymbol{B}$。公式为

$$\mathrm{d}\boldsymbol{B}=\frac{\mu_0}{4\pi}\frac{I\mathrm{d}\boldsymbol{l}\times\boldsymbol{r}}{r^3}$$

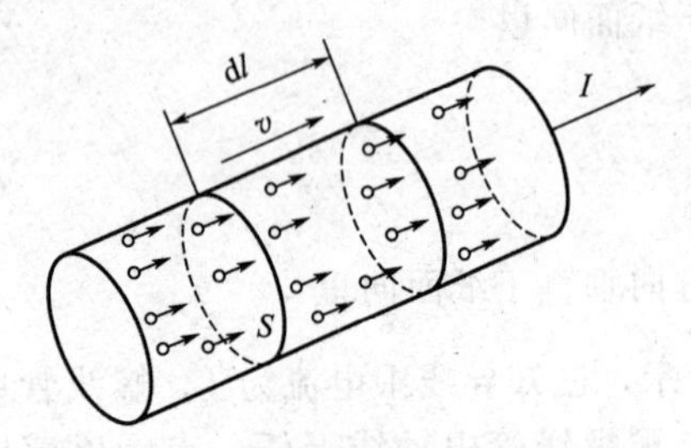

图 3-13 导线中的电流元

式中，$\boldsymbol{r}$ 为电流元到 P 点的矢径。

其大小为

$$\mathrm{d}B=\frac{\mu_0}{4\pi}\frac{I\mathrm{d}l\sin\theta}{r^2}$$

式中，θ 为电流元与位矢 $\boldsymbol{r}$ 夹角。

我们知道，导体中的电流是由大量的自由电子定向运动形成的，但电流的方向与自由电子的运动方向相反，我们可以等效地认为该电流是正电荷产生的，这时正电荷的运动方向就是电流方向。设正电荷的电量为 q，单位体积内有 n 个定向运动的电荷，它们的运动速度均为恒矢量 $\boldsymbol{v}$。

要根据毕奥-萨伐尔定律计算运动电荷激发的磁场我们需知道电流 I 与电荷 q 的关系，回顾电流的定义，电流为导体内单位时间通过某一横截面的电量，在导线上取长为 v（正电荷单位时间内移动的距离）的柱体，那么，我们得到如下关系式。

单位时间内通过此柱体右端面 S 的电荷数为　　n（vS）

单位时间内通过此截面的电量为　　q（nvS）

由电流强度定义有　　$I=qnvS$

故电流元可表示为　　$I\mathrm{d}\boldsymbol{l}=qnvS\mathrm{d}\boldsymbol{l}$

因为 $\boldsymbol{v}$ 与 $\mathrm{d}\boldsymbol{l}$ 同向，所以

$$I\mathrm{d}\boldsymbol{l}=qnS\mathrm{d}l\boldsymbol{v}$$

$$\mathrm{d}\boldsymbol{B}=\frac{\mu_0}{4\pi}\frac{qnS\mathrm{d}l\boldsymbol{v}\times\boldsymbol{r}}{r^3}$$

因为该电流元内定向运动的电荷数目为

$$\mathrm{d}N=nS\mathrm{d}l$$

所以电流元内一个运动电荷产生的磁感应强度为

$$\boldsymbol{B}=\frac{\mathrm{d}\boldsymbol{B}}{\mathrm{d}N}=\frac{1}{nS\mathrm{d}l}\frac{\mu_0}{4\pi}\frac{qnS\mathrm{d}l\boldsymbol{v}\times\boldsymbol{r}}{r^3}=\frac{\mu_0}{4\pi}\frac{q\boldsymbol{v}\times\boldsymbol{r}}{r^3}$$

$$\boldsymbol{B}=\frac{\mu_0}{4\pi}\frac{q\boldsymbol{v}\times\boldsymbol{r}}{r^3} \tag{3.3}$$

注意：(1) 运动电荷激发磁场 $\boldsymbol{B}$ 的大小为 $B=\frac{\mu_0}{4\pi}\frac{qv\sin\theta}{r^2}$，$\theta$ 为 $\boldsymbol{v}$ 与 $\boldsymbol{r}$ 夹角，方向由右手螺旋定则判断，即 $\boldsymbol{v}\times\boldsymbol{r}$ 决定。

(2) 式中 $\boldsymbol{r}$ 是由运动电荷到某点的位矢。

(3) 此式对正、负电荷均成立，$q>0$，$\boldsymbol{B}$ 方向为 $\boldsymbol{v}\times\boldsymbol{r}$；$q<0$，$\boldsymbol{B}$ 与 $\boldsymbol{v}\times\boldsymbol{r}$ 反向。如图 3-4 所示。

(4) 研究运动电荷的磁场，在理论上就是研究毕奥-萨伐尔定律的微观意义。

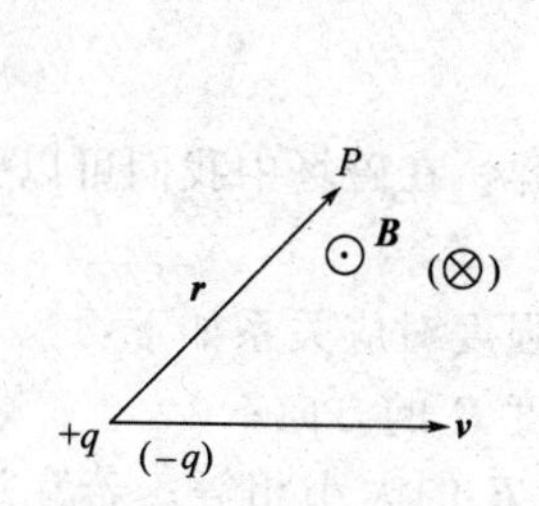

图 3-14 运动电荷的磁场

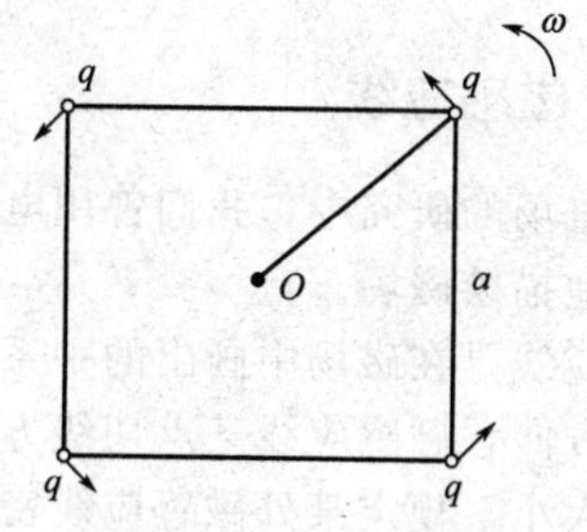

图 3-15 例 3-7 题图

【例 3-7】 如图 3-15 所示真空中，正方形边长为 a，在四个角上分别固定一个电量为 q 的正点电荷。此正方形以角速度 ω 绕过 O 点且垂直于正方形平面的轴逆时针转动时，在 O 点产生的磁感应强度是多少？

【解】 运动电荷激发磁场 $\boldsymbol{B}$ 的大小为

$$B=\frac{\mu_0}{4\pi}\frac{qv\sin\theta}{r^2}$$

点电荷运动速度 $\boldsymbol{v}$ 与 $\boldsymbol{r}$ 垂直，四个点电荷在 O 点激发的磁场大小相同，每个点电荷激发的磁场大小为

$$B=\frac{\mu_0}{4\pi}\frac{q\omega r\sin\frac{\pi}{2}}{r^2}=\frac{\mu_0}{4\pi}\frac{q\omega}{\frac{\sqrt{2}}{2}a}=\frac{\mu_0}{2\pi}\frac{q\omega}{\sqrt{2}a}$$

且四个点电荷激发磁场方向相同，均垂直纸面向外，所以 O 点的磁场大小为

$$B=\frac{\mu_0}{2\pi}\frac{q\omega}{\sqrt{2}a}\times 4=\frac{\sqrt{2}\mu_0}{\pi}\frac{q\omega}{a}，方向垂直纸面向外$$

【例 3-8】 在真空中有两个点电荷 $\pm q$，相距为 $3d$，它们都以角速度 ω 绕一与两点电荷连线垂直的轴转动。$+q$ 到转轴的距离为 d。试求转轴与电荷连线的交点处的磁场 $\boldsymbol{B}$。

【解】 设转轴与电荷连线的交点为 O。根据 $B=\frac{\mu_0}{4\pi}\frac{qv\sin\theta}{r^2}$，可知 $+q$ 在 O 处产生的磁感应强度大小为

$$B_1=\frac{\mu_0}{4\pi}\frac{qv\sin\frac{\pi}{2}}{d^2}=\frac{\mu_0}{4\pi}\frac{q\omega d}{d^2}=\frac{\mu_0}{4\pi}\frac{q\omega}{d}$$

方向由右手螺旋定则可知与 ω 方向相同。

同理，$-q$ 在 O 处所产生的磁感应强度大小为

$$B_2=\frac{\mu_0}{4\pi}\frac{qv\sin\frac{\pi}{2}}{(2d)^2}=\frac{\mu_0 q\omega}{8\pi d}\text{，方向与 }\omega\text{ 方向相反}$$

则由场叠加原理，得 O 点的总磁感应强度大小为

$$B=B_1-B_2=\frac{\mu_0 q\omega}{\pi d}\left(\frac{1}{4}-\frac{1}{8}\right)=\frac{\mu_0 q\omega}{8\pi d}\text{，方向与 }\omega\text{ 方向相同}$$

第三节　磁场高斯定理

一、 磁感应线

在静电场的研究中，我们曾用电场线描绘静电场，同样，在磁场中我们可以引入磁感应线来形象地描绘磁场。

磁感应线是在磁场中画出的一系列曲线，它与磁感应强度对应关系如下：

$\boldsymbol{B}$ 的方向，磁感应线某点切线方向为该点处磁感应强度 $\boldsymbol{B}$ 的方向；

$\boldsymbol{B}$ 的大小，规定某处磁感应线密度与该点磁感应强度 $\boldsymbol{B}$ 的大小相等。若穿过空间某点 P 的面元 $\mathrm{d}\boldsymbol{S}$ 与 $\boldsymbol{B}$ 垂直，$\mathrm{d}N$ 为 $\mathrm{d}\boldsymbol{S}$ 上通过的磁感应线数，则磁感应线密度为 $\frac{\mathrm{d}N}{\mathrm{d}S}$，即有 $B=\frac{\mathrm{d}N}{\mathrm{d}S}$，可知，$B$ 大处磁感应线密集，B 小处磁感应线稀疏。

几种常见的电流所产生的磁场的磁感应线示意图如图 3-16 所示。

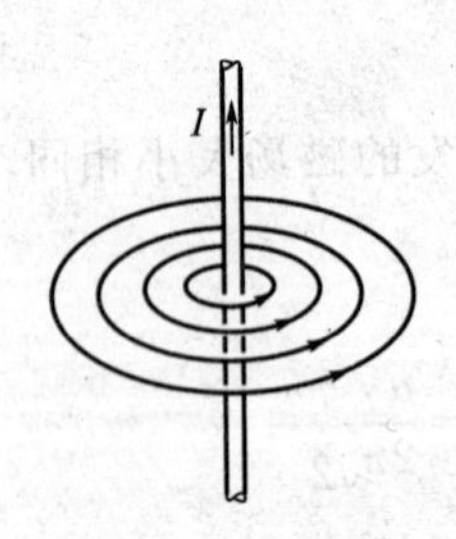

(a) 长直电流的磁感应线

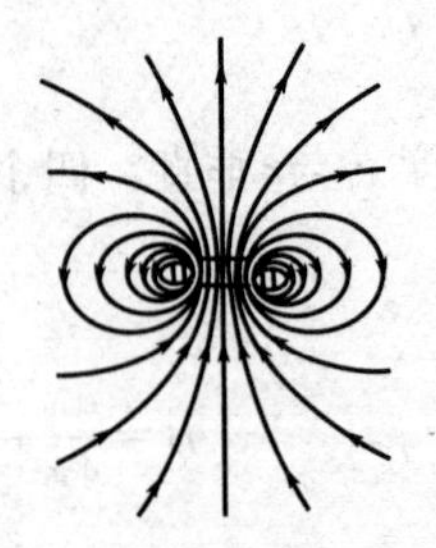

(b) 圆电流的磁感应线

图 3-16　磁场的磁感应线示意图

磁感应线性质如下：

（1）任意两条磁感应线不能相交，磁场中各场点 $\boldsymbol{B}$ 的方向唯一；

（2）磁感应线是闭合的，而在静电场中电场线起始于正电荷终止于负电荷，是非闭合的。磁场为涡旋场，静电场为保守力场；

（3）每条磁感应线与闭合电路互相套合，它们之间服从右手螺旋定则。

二、 磁通量

与电场中引入电通量的概念类似，在磁场中我们引入磁通量这一概念描述磁场。通过磁场中某一曲面的磁感应线的条数为通过此面的**磁通量**，用符号 Φ_{m} 表示。与电通量的计算类似，可以计算通过任意曲面的磁通量。

1. 匀强磁场

(1) 平面 S 与 B 垂直，即面的法向与 $\boldsymbol{B}$ 平行，如图 3-17 (a) 所示。根据磁感应线密度及磁通量的定义可知

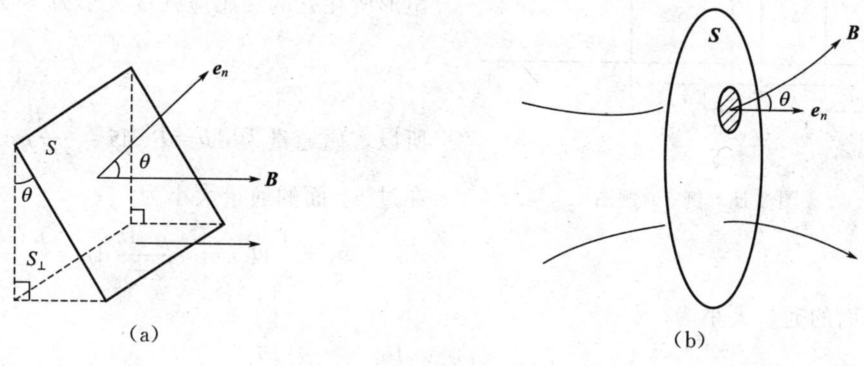

图 3-17 磁通量

$$\Phi_\mathrm{m}=BS$$

(2) 平面 S 与 B 夹角 θ，如图 3-17 (a) 所示，则

$$\Phi_\mathrm{m}=BS_\perp=BS\cos\theta=\boldsymbol{B}\cdot\boldsymbol{S}\ (\boldsymbol{S}=S\boldsymbol{e_n})$$

2. 任意磁场

如图 3-17 (b) 所示，在 $\boldsymbol{S}$ 上取面元 $\mathrm{d}\boldsymbol{S}$，由于 $\mathrm{d}\boldsymbol{S}$ 为微元，其上 $\boldsymbol{B}$ 可视为均匀，$\boldsymbol{e}_n$ 为 $\mathrm{d}\boldsymbol{S}$ 法向向量，通过 $\mathrm{d}S$ 的磁通量为 $\mathrm{d}\Phi_\mathrm{m}=\boldsymbol{B}\cdot\mathrm{d}\boldsymbol{S}$，

通过 S 上磁通量为

$$\Phi_\mathrm{m}=\int\mathrm{d}\Phi_\mathrm{m}=\int_S\boldsymbol{B}\cdot\mathrm{d}\boldsymbol{S} \tag{3.4}$$

在国际单位制中，磁通量的单位是韦伯，用符号 Wb 表示，且 $1\mathrm{Wb}=1\mathrm{T}\cdot\mathrm{m}^2$，与电通量的规定类似，对于闭合曲面，我们仍然规定垂直于曲面向外为正法线方向，这样磁感应线穿入闭合曲面的磁通量为负，穿出闭合曲面的磁通量为正。由上面的分析可以看出，磁感应强度的大小还可以看成是单位面积上的磁通量，因此又可称为磁通密度。

三、 磁场高斯定理

由于磁感应线都是闭合曲线，因此对于任何闭合曲面来说，有一条磁感应线穿入闭合曲面该磁感应线就一定会穿出，也就是说，穿进闭合曲面的磁感应线条数一定等于穿出闭合曲面的磁感应线条数；穿入闭合曲面的磁通量为负，穿出闭合曲面的磁通量为正，所以通过任意闭合曲面的磁通量必等于零。故 $\Phi_\mathrm{m}=0$，即

$$\oint_S\boldsymbol{B}\cdot\mathrm{d}\boldsymbol{S}=0 \tag{3.5}$$

此式称为真空中磁场的**高斯定理**。磁场的高斯定理与静电场的高斯定理相似，但两者却有本质上的区别。在静电场中，由于在自然界中有单独存在的电荷（正电荷、负电荷），因此通过闭合曲面的电通量不等于零。而在磁场中，由丁在自然界中没有单独存在的磁极，所以，通过任意闭合曲面的磁通量必为零。

【例 3-9】 如图 3-18 所示，在无限长直载流导线的右侧有面积为 S_1 和 S_2 两个矩形回路。两个回路与长直载流导线在同一平面，且矩形回路的一边与长直载流导线平行，则通过

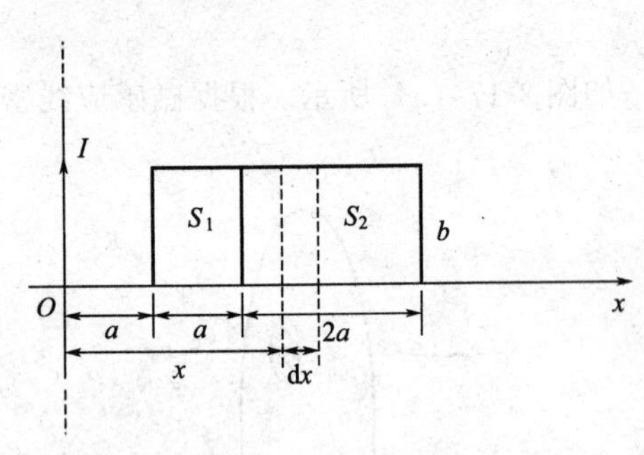

图 3-18 例 3-9 题图

两回路的磁通量之比 $\Phi_1:\Phi_2$ 为多少？

【解】 如图 3-18 所示，建立坐标系，设水平轴为 x，任取小矩形，长为 $\mathrm{d}x$，宽为 b，小矩形所在处的磁感应强度大小为

$$B=\frac{\mu_0 I}{2\pi x}$$

所以，磁通量为 $\mathrm{d}\Phi=\boldsymbol{B}\cdot\mathrm{d}\boldsymbol{S}=\dfrac{\mu_0 I}{2\pi x}b\,\mathrm{d}x$

穿过 S_1 面的通量大小为

$$\Phi_1=\int\mathrm{d}\Phi=\int_a^{2a}\frac{\mu_0 Ib}{2\pi x}\mathrm{d}x=\frac{\mu_0 Ib}{2\pi}\ln 2$$

穿过 S_2 面的通量大小为

$$\Phi_2=\int\mathrm{d}\Phi=\int_{2a}^{4a}\frac{\mu_0 Ib}{2\pi x}\mathrm{d}x=\frac{\mu_0 Ib}{2\pi}\ln 2$$

所以 $\Phi_1:\Phi_2=1:1$

第四节 安培环路定理及其应用

我们知道，电场和磁场具有高度的对称性，都有高斯定理及环路定理，磁场的高斯定理我们已经讨论过，由于 $\oint_S\boldsymbol{B}\cdot\mathrm{d}\boldsymbol{S}=0$，所以我们不能用磁场高斯定理求解磁感应强度。很自然地我们想到能否用磁场的环路定理求解磁感应强度呢？回答是肯定的。在电场中，我们讨论过高斯定理的导出及其应用，由于电和磁具有高度的对称性，磁场安培环路定理类似电场的高斯定理我们也从三个方面阐述。

一、 安培环路定理

1. 闭合回路内有电流情况

设 L 为平面闭合曲线，首先取回路为圆形回路，然后推广到任意形状的闭合回路。直线电流 I 与回路 L 所在平面垂直，如图 3-19（a）所示，回路的绕行方向和电流方向成右手螺旋关系。在 L 上取一线元 $\mathrm{d}\boldsymbol{l}$，对应的圆心角为 $\mathrm{d}\theta$，则磁感应强度的环流为

$$\oint_L\boldsymbol{B}\cdot\mathrm{d}\boldsymbol{l}=\oint_L B\,\mathrm{d}l=\int_0^{2\pi}Br\,\mathrm{d}\theta=\int_0^{2\pi}\frac{\mu_0 I}{2\pi r}r\,\mathrm{d}\theta=\mu_0 I$$

由上面的分析我们知道，磁感应强度的环流与闭合回路的形状无关，它只和闭合回路内包围的电流有关。

当积分回路绕行方向相反时，有 $\oint_L\boldsymbol{B}\cdot\mathrm{d}\boldsymbol{l}=-\mu_0 I$

所以有

$$\oint_L\boldsymbol{B}\cdot\mathrm{d}\boldsymbol{l}=\pm\mu_0 I \tag{3.6}$$

正负号的规定：当积分回路绕行方向与电流方向满足右手螺旋关系时，上式取“+”，即电流为正；否则取负号，即电流为负。

2. 闭合回路不包含电流情况

设有一直线电流，电流方向垂直纸面向外，其右侧有一闭合回路 L，如图 3-19（b）所示，从 O 点做闭合回路的两条切线，两切点把闭合回路分割为 L_1 和 L_2 两部分，取两段线

元，$\mathrm{d}\boldsymbol{l}_1$，$\mathrm{d}\boldsymbol{l}_2$，$\mathrm{d}l=r\mathrm{d}\varphi$，$\mathrm{d}\boldsymbol{l}_1$所在处的磁感应强度大小为

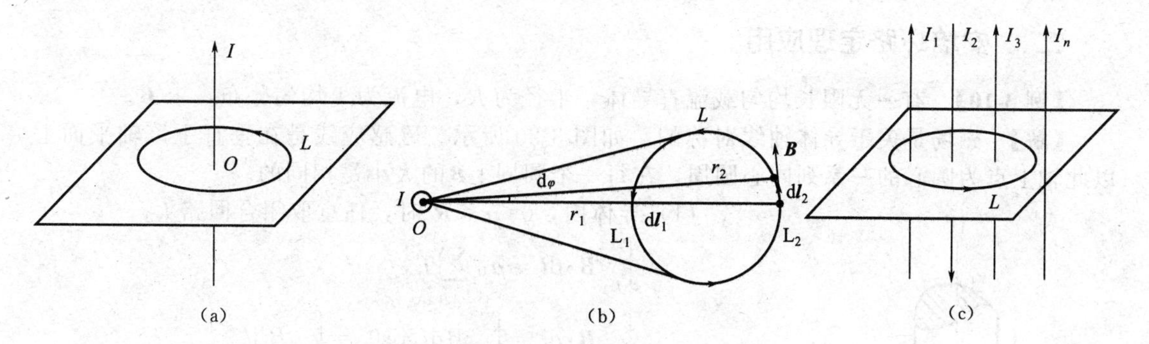

图 3-19　安培环路定理

$$B_1=\frac{\mu_0 I}{2\pi r_1}$$

$\mathrm{d}\boldsymbol{l}_2$所在处的磁感应强度大小

$$B_2=\frac{\mu_0 I}{2\pi r_2}$$

$$-\boldsymbol{B}_1\cdot\mathrm{d}\boldsymbol{l}_1=\boldsymbol{B}_2\cdot\mathrm{d}\boldsymbol{l}_2=\frac{\mu_0 I}{2\pi}\mathrm{d}\varphi$$

所以$\boldsymbol{B}_1\cdot\mathrm{d}\boldsymbol{l}_1+\boldsymbol{B}_2\cdot\mathrm{d}\boldsymbol{l}_2=0$ 即$\oint_L\boldsymbol{B}\cdot\mathrm{d}\boldsymbol{l}=0$

上式说明 L 不包围电流时

$$\oint_L\boldsymbol{B}\cdot\mathrm{d}\boldsymbol{l}=0$$

3. 闭合回路内有 *n* 条平行电流情况

$$\oint_L\boldsymbol{B}\cdot\mathrm{d}\boldsymbol{l}=\oint_L(\boldsymbol{B}_1+\boldsymbol{B}_2+\cdots+\boldsymbol{B}_n)\cdot\mathrm{d}\boldsymbol{l}$$

$$=\oint_L\boldsymbol{B}_1\cdot\mathrm{d}\boldsymbol{l}+\oint_L\boldsymbol{B}_2\cdot\mathrm{d}\boldsymbol{l}+\cdots+\oint_L\boldsymbol{B}_n\cdot\mathrm{d}\boldsymbol{l}=\mu_0\sum_{L内}I_i$$

即

$$\oint_L\boldsymbol{B}\cdot\mathrm{d}\boldsymbol{l}=\mu_0\sum_{L内}I_i \tag{3.7}$$

此式为**安培环路定理的表达式**。它表明磁感应强度 $\boldsymbol{B}$ 沿任意闭合回路的积分等于此回路内包围电流的代数和的μ_0倍［如图 3-19（c）所示］。

注意：(1) 若 L 不是平面曲线，载流导线不是直线，安培环路定理也成立，积分与载流导体的形状及回路的形状无关，只与回路内电流有关。

(2) 安培环路定理$\oint_L\boldsymbol{B}\cdot\mathrm{d}\boldsymbol{l}=\mu_0\sum_{L内}I_i$ 说明了磁场为非保守场（涡旋场）。因此不能引人势的概念描述磁场，表明磁场和静电场本质上是不同的场。

(3) 安培环路定理说明$\oint_L\boldsymbol{B}\cdot\mathrm{d}\boldsymbol{l}$ 即磁感应强度$\boldsymbol{B}$ 沿着闭合回路L 的积分仅与L 内电流有关，而与 L 外电流无关。

(4) 磁感应强度$\boldsymbol{B}$是回路内外所有电流共同激发的。

(5) 回路中电流正负的确定，闭合回路中的电流正负与回路的绕行方向有关，当电流与回路绕行方向满足右手螺旋定则时为正，否则为负。

(6) 安培环路定理适用于稳恒电流产生的场。

二、 安培环路定理应用

【例 3-10】 有一无限长均匀载流直导体，半径为 R，电流为 I 均匀分布，求 $\boldsymbol{B}$。

【解】 磁场是关于导体轴线对称的，如图 3-20 所示。磁感应线是在垂直于该轴平面上以此轴上点为圆心的一系列同心圆周，在每一个圆周上$\boldsymbol{B}$的大小是相同的。

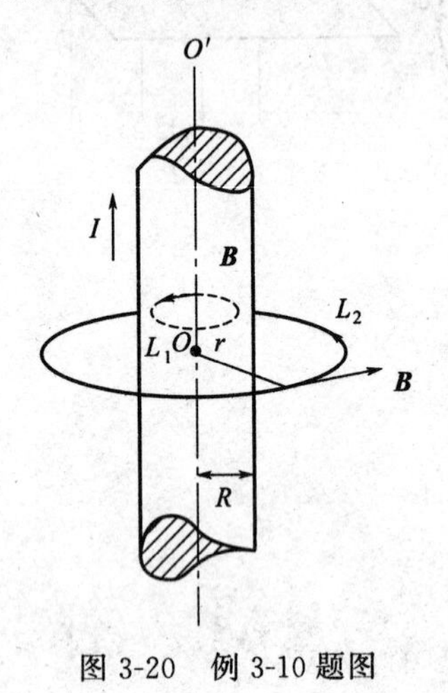

图 3-20 例 3-10 题图

(1) 导体内，$0<r<R$ 时，任意取闭合回路 L_1

$$\oint_{L_1} \boldsymbol{B}\cdot \mathrm{d}\boldsymbol{l} = \mu_0 \sum_{L_{1内}} I$$

$$\oint_{L_1} \boldsymbol{B}\cdot \mathrm{d}\boldsymbol{l} = \oint_{L_1} B\,\mathrm{d}l\cos 0^\circ = \oint_{L_1} B\,\mathrm{d}l = B\oint_{L_1} \mathrm{d}l = B\cdot 2\pi r$$

$$\sum_{L_{1内}} I = \frac{r^2}{R^2} I,\ B\cdot 2\pi r = \mu_0 \frac{r^2}{R^2} I$$

即
$$B = \frac{\mu_0 I r}{2\pi R^2}$$

(2) 导体外任一点，$r \geqslant R$，任意取闭合回路 L_2

$$\oint_{L_2} \boldsymbol{B}\cdot \mathrm{d}\boldsymbol{l} = \mu_0 \sum_{L_{2内}} I\ ,$$

$$\oint_{L_2} \boldsymbol{B}\cdot \mathrm{d}\boldsymbol{l} = B\cdot 2\pi r\ ,$$

$$\sum_{L_{2内}} I = I$$

即
$$B = \frac{\mu_0 I}{2\pi r}$$

即
$$\begin{cases} B_{内} = \dfrac{\mu_0 I r}{2\pi R^2}, & 0<r<R \\ B_{外} = \dfrac{\mu_0 I}{2\pi r}, & r \geqslant R \end{cases}$$

讨论：(1) 若为载流圆柱面，B 的大小为多少？

$$\begin{cases} B_{内} = 0, & 0<r<R \\ B_{外} = \dfrac{\mu_0 I}{2\pi r}, & r \geqslant R \end{cases}$$

(2) 若为内外半径为 R_1 和 R_2 的圆柱面，电流均为 I，电流流向相反，B 的大小为多少？

$$\begin{cases} B_1 = 0, & 0<r<R_1 \\ B_2 = \dfrac{\mu_0 I}{2\pi r}, & R_1 \leqslant r \leqslant R_2 \\ B_3 = 0, & r>R_2 \end{cases}$$

第五节 带电粒子在磁场中受力及运动

一、 洛伦兹力公式

在高中时，我们就讨论过带电粒子在磁场中受到洛伦兹力的作用，只不过当时给出的是

力的大小 $F=qvB$，这里$\boldsymbol{F},\boldsymbol{v},\boldsymbol{B}$三者两两互相垂直。我们知道$\boldsymbol{F},\boldsymbol{v},\boldsymbol{B}$三者都是矢量，那么它们应该满足矢量的表达式，下面我们就讨论该问题。

由实验可知：(1) $\boldsymbol{v}//\boldsymbol{B}$ 时，$\boldsymbol{F}=0$；$\boldsymbol{v}\perp\boldsymbol{B}$ 时，$\boldsymbol{F}=\boldsymbol{F}_{\max}$，$\boldsymbol{F}_{\max}=qvB$，$\boldsymbol{F}_{\max}$沿 $\boldsymbol{v}\times\boldsymbol{B}$ 方向。

(2) $\boldsymbol{v}$ 与 $\boldsymbol{B}$ 有夹角时，如图 3-21 所示，有公式

$$\boldsymbol{v}=\boldsymbol{v}_{//}+\boldsymbol{v}_{\perp}，\ v_{\perp}=v\sin\theta$$

$\boldsymbol{v}//\boldsymbol{B}$ 时，$\boldsymbol{F}=0$，$\boldsymbol{v}\perp\boldsymbol{B}$ 时，受力为 $F=Bqv_{\perp}=Bqv\sin\theta$，方向沿 $\boldsymbol{v}\times\boldsymbol{B}$ 方向，即

$$\boldsymbol{F}=q\boldsymbol{v}\times\boldsymbol{B} \tag{3.8}$$

注意：(1) 上式叫作**洛伦兹力公式**。运动电荷受到磁场的作用力称为**洛伦兹力**，该式对正、负电荷都成立。$\boldsymbol{F},\boldsymbol{v},\boldsymbol{B}$满足右手螺旋定则，当右手螺旋由电荷运动方向经小于 180°角转到磁场方向，右螺旋前进方向就表示洛伦兹力方向。

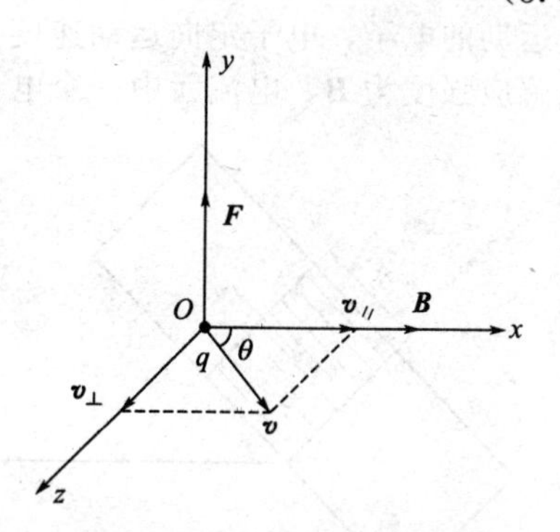

图 3-21 洛伦兹力示意图

(2) $\boldsymbol{v}//\boldsymbol{B}$ 时，$\boldsymbol{F}=0$；$\boldsymbol{v}\perp\boldsymbol{B}$ 时

$$|\boldsymbol{F}|=|q|vB=F_{\max}。$$

(3) 因为 $\boldsymbol{F}\perp\boldsymbol{v}$，所以，$\boldsymbol{F}$ 对带电粒子不做功。

(4) 在均匀磁场中，$\boldsymbol{v}\perp\boldsymbol{B}$ 时做圆周运动；$\boldsymbol{v}$ 与 $\boldsymbol{B}$ 既不平行也不垂直时，做螺旋运动，即直线运动与圆周运动的叠加。$\boldsymbol{v}=\boldsymbol{v}_{//}+\boldsymbol{v}_{\perp}$，$v_{\perp}=v\sin\theta$，$v_{//}=v\cos\theta$，圆周运动半径 $R=\dfrac{mv_{\perp}}{qB}$，周期 $T=\dfrac{2\pi m}{qB}$，螺距 $d=v_{//}T=\dfrac{2v\cos\theta\pi m}{qB}$。

(5) 在电磁场中运动电荷受力公式为

$$\boldsymbol{F}=q\,\boldsymbol{v}\times\boldsymbol{B}+q\,\boldsymbol{E}$$

二、 带电粒子在磁场中的运动

回旋半径和回旋频率。一质量为 m 带正电 q 的粒子，以速率 v 垂直磁场方向射入到匀强磁场$\boldsymbol{B}$中，则它在磁场中做半径为 R 匀速圆周运动，由洛伦兹力提供向心力得

$$qvB=\frac{mv^2}{R}，\quad R=\frac{mv}{qB}\quad（回旋半径）$$

$$T=\frac{2\pi R}{v}=\frac{2\pi m}{qB}，\quad \nu=\frac{1}{T}=\frac{qB}{2\pi m}\quad（回旋频率）$$

【例 3-11】 两电子 e_1 和 e_2 同时射入某均匀磁场后，分别作螺旋运动。若它们的入射速率 $v_2=2v_1$，入射方向与磁场方向成 $\theta_1=30°$，$\theta_2=60°$，那么它们的旋转周期之比 $T_1:T_2$ 为多少？螺距之比为多少？

【解】 因为 $$T=\frac{2\pi m}{qB}，T_1=\frac{2\pi m}{e_1B}，T_2=\frac{2\pi m}{e_2B}$$

所以 $T_1:T_2=1:1$

因为 $$d=\frac{2v\cos\theta\pi m}{qB}，d_1=\frac{2v_1\cos30°\pi m}{e_1B}，d_2=\frac{2\times2v_1\cos60°\pi m}{e_2B}$$

所以 $$d_1:d_2=\sqrt{3}:2$$

第六节　磁场对电流的作用力

一、 安培力

放在磁场中的电流元 $I\mathrm{d}\boldsymbol{l}$ 将受到磁场的作用力 $\mathrm{d}\boldsymbol{f}$，其作用力的大小与电流元大小成正比，与电流元及磁场夹角正弦成正比，与磁感应强度$\boldsymbol{B}$也成正比，方向为电流元经小于 180°角转到磁场方向右手螺旋前进的方向。

如图 3-22 所示，AB 为一段载流导体，横截面积为 S，电流为 I，单位体积内有 n 个定向运动的电子，电子定向运动速度为 $\boldsymbol{v}$，导体放在磁场中，任取电流元 $I\mathrm{d}\boldsymbol{l}$，电流元所在处磁感应强度为 $\boldsymbol{B}$，电流元中一个电子受洛伦兹力为

$$\boldsymbol{f}=-e\boldsymbol{v}\times\boldsymbol{B}$$

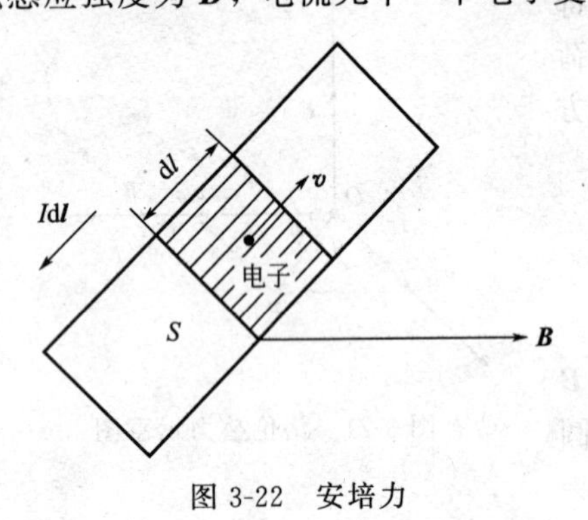

图 3-22　安培力

电流元受力应该是电流元内所有电子受力之和，电子受力方向一致，电流元内运动电子数为 $nS\mathrm{d}l$，有

$$\mathrm{d}\boldsymbol{F}=nS\mathrm{d}l\boldsymbol{f}=nS\mathrm{d}l(-e)\boldsymbol{v}\times\boldsymbol{B}$$

又因为电子运动方向与电流方向相反，且电流的大小 $I=enSv$，有

$$\mathrm{d}\boldsymbol{F}=enSv\mathrm{d}\boldsymbol{l}\times\boldsymbol{B}=I\mathrm{d}\boldsymbol{l}\times\boldsymbol{B}$$

即电流元受力为

$$\mathrm{d}\boldsymbol{F}=I\mathrm{d}\boldsymbol{l}\times\boldsymbol{B} \tag{3.9}$$

此式为**安培力**的数学表达式。

注意：(1) 安培力的大小 $\mathrm{d}F=IB\mathrm{d}l\sin\theta$，方向 $\mathrm{d}\boldsymbol{F}$ 沿 $\mathrm{d}\boldsymbol{l}\times\boldsymbol{B}$ 方向。

(2) 由力的叠加原理：载流导体在磁场在所受到的作用力 $\boldsymbol{F}=\int\mathrm{d}\boldsymbol{F}=\int I\mathrm{d}\boldsymbol{l}\times\boldsymbol{B}$。

(3) $\mathrm{d}\boldsymbol{F}=I\mathrm{d}\boldsymbol{l}\times\boldsymbol{B}$ 对任意形状载流导线和任意的磁场均成立。

(4) 分量形式 $F_x=\int\mathrm{d}F_x$，$F_y=\int\mathrm{d}F_y$，$F_z=\int\mathrm{d}F_z$。

(5) 电流元间作用力不满足牛顿第三定律。

由于电流的本质是电荷的运动产生的，我们还可以从运动电荷受到的洛伦兹的角度来理解安培力公式，洛伦兹公式为 $\boldsymbol{f}=q\boldsymbol{v}\times\boldsymbol{B}$，这里我们要找到 $q,\boldsymbol{v},I,\mathrm{d}\boldsymbol{l}$ 之间的关系，在载流导线上任取电荷元 $\mathrm{d}q$，电荷元 $\mathrm{d}q$ 受力为 $\mathrm{d}\boldsymbol{F}=\mathrm{d}q\,\boldsymbol{v}\times\boldsymbol{B}$，电流 $I=\frac{\mathrm{d}q}{\mathrm{d}t}$，$v\mathrm{d}q=\frac{\mathrm{d}q}{\mathrm{d}t}v\mathrm{d}t=I\mathrm{d}l$，所以 $\mathrm{d}\boldsymbol{F}=I\mathrm{d}\boldsymbol{l}\times\boldsymbol{B}$。

二、 磁场对载流导线的作用

【例 3-12】 如图 3-23 所示，一无限长载流直导线 AB，载有电流为 I_1，在它的一侧有一长为 l 的有限长载流导线 CD，其电流为 I_2，AB 与 CD 共面，且 CD⊥AB，C 端距 AB 为 a。求 CD 受到的安培力。

【解】 取 x 轴与 CD 重合，原点在 AB 上。x 处任取电流元 $I_2\mathrm{d}\boldsymbol{x}$，电流元所在处 $\boldsymbol{B}$ 方向垂直纸面向里，大小为

$$B=\frac{\mu_0 I_1}{2\pi x}$$

$$\mathrm{d}F=I_2\mathrm{d}x\frac{\mu_0 I_1}{2\pi x}\sin\frac{\pi}{2}=\frac{\mu_0 I_1 I_2}{2\pi x}\mathrm{d}x$$

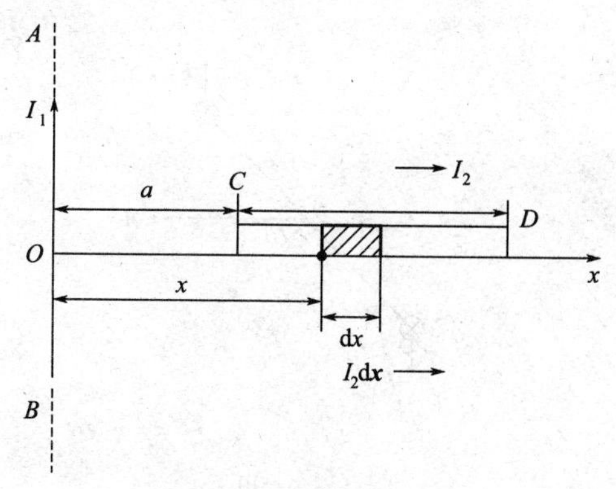

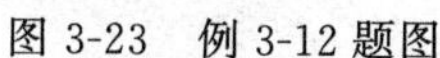
图 3-23 例 3-12 题图

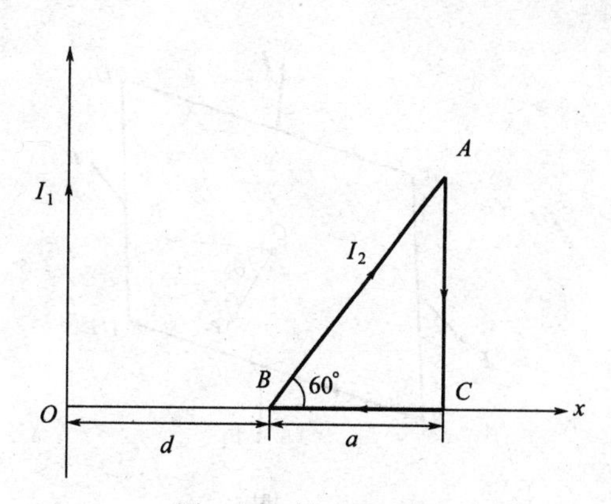

图 3-24 例 3-13 题图

d$\boldsymbol{F}$ 方向：沿纸面竖直向上。

因为 CD 上各电流元受到的安培力方向相同，所以

$$F=\int \mathrm{d}F=\int_{a}^{a+l}\frac{\mu_0 I_1 I_2}{2\pi x}\mathrm{d}\,x=\frac{\mu_0 I_1 I_2}{2\pi}\ln\frac{a+l}{a}\text{，方向沿纸面竖直向上}$$

【例 3-13】 如图 3-24 所示，一无限长直导线通有电流 I_1，与其共面放置一直角三角形回路，通有电流为 I_2。求三角形回路三边受力大小。

【解】 由安培力公式 $\boldsymbol{F}=\int \mathrm{d}\boldsymbol{F}=\int I\,\mathrm{d}\boldsymbol{l}\times\boldsymbol{B}$ 得

AC 段：$F=I_2 B\,\overline{AC}=I_2\dfrac{\mu_0 I_1}{2\pi\ (d+a)}\sqrt{3}a=\dfrac{\sqrt{3}a\mu_0 I_1 I_2}{2\pi\ (d+a)}$，方向垂直 AC 向右

CB 段：在距离坐标原点 O 为 x 处任取电流元 $I_2\mathrm{d}x$，则电流元受力

$$\mathrm{d}F=\frac{\mu_0 I_1}{2\pi x}I_2\mathrm{d}x$$

$$F=\int \mathrm{d}F=\int_{d}^{d+a}\frac{\mu_0 I_1}{2\pi x}I_2\mathrm{d}x=\frac{\mu_0 I_1 I_2}{2\pi}\ln\frac{d+a}{d}\text{，方向垂直 }BC\text{ 段向下}$$

BA 段：$\mathrm{d}F=\dfrac{\mu_0 I_1}{2\pi x}I_2\mathrm{d}l$

$$F=\int \mathrm{d}F=\int_{d}^{d+a}\frac{\mu_0 I_1}{\pi x}I_2\mathrm{d}x=\frac{\mu_0 I_1 I_2}{\pi}\ln\frac{d+a}{d}\text{，方向垂直 }BA\text{ 斜向上}$$

三、 磁场对载流线圈的作用

通电线圈在磁场中会发生旋转，这说明线圈受到了磁场的力矩作用，磁场对线圈产生的力矩称为磁力矩，下面在均匀磁场中推导磁力矩公式。设矩形线圈 AB 边长为 l_1，BC 边长为 l_2，电流为 I，线圈法向为$\boldsymbol{e}_n$，$\boldsymbol{e}_n$ 与 $\boldsymbol{B}$ 夹角为 θ，各边受力情况如图 3-25（a）所示：

（1）$\boldsymbol{F}_3=-\boldsymbol{F}_4$，$F_3=F_4=BIl_2\cos\theta$，$F_3$ 方向竖直向上，F_4 方向竖直向下，合力为零。

（2）$\boldsymbol{F}_1=-\boldsymbol{F}_2$，$F_1=F_2=BIl_1$，$F_1$ 垂直线圈平面向外，F_2 垂直线圈平面向里，不是平衡力，不能抵消，如图 3-25（b）所示。

可见，力矩大小为

$$M=F_1 l_2\sin\theta=BIl_1 l_2\sin\theta=BIS\sin\theta$$

$$\boldsymbol{M}=IS\,\boldsymbol{e}_n\times\boldsymbol{B}$$

$$\boldsymbol{M}=\boldsymbol{P}_m\times\boldsymbol{B}\qquad(3.10)$$

若为 N 匝线圈，则$\boldsymbol{M}=N\boldsymbol{P}_m\times\boldsymbol{B}$。

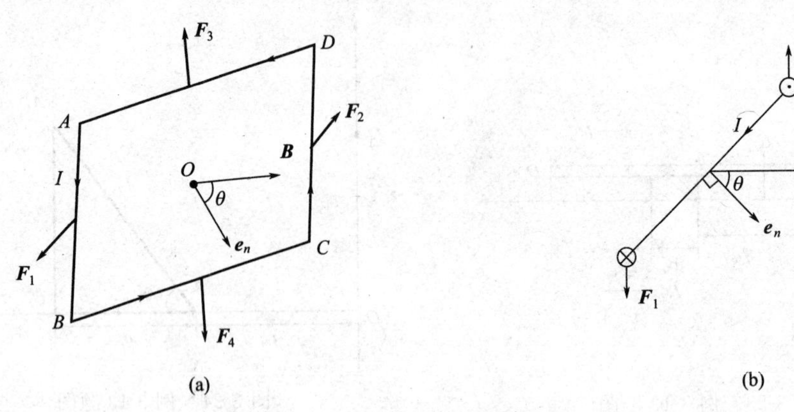

图 3-25 磁力矩

注意：(1) $\boldsymbol{P}_m \perp \boldsymbol{B}$ 时，$M=M_{\max}=P_mB$，$\boldsymbol{P}_m // \boldsymbol{B}$ 时，$M=0$，即为平衡位置；

(2) $\boldsymbol{M}=\boldsymbol{P}_m \times \boldsymbol{B}$ 对任何平面线圈在匀强磁场中均成立；

(3) 当平面载流线圈在非匀强磁场中，一般情况下，线圈上各电流元处的磁场均不同，各力的量值也有所不同，合磁力矩一般不为零。

【例 3-14】 如图 3-26 所示，半圆形线圈（半径为 R）通有电流 I，线圈处在与线圈平面平行向右的均匀磁场 B 中。则线圈磁矩为多少？线圈所受磁力矩为多少？

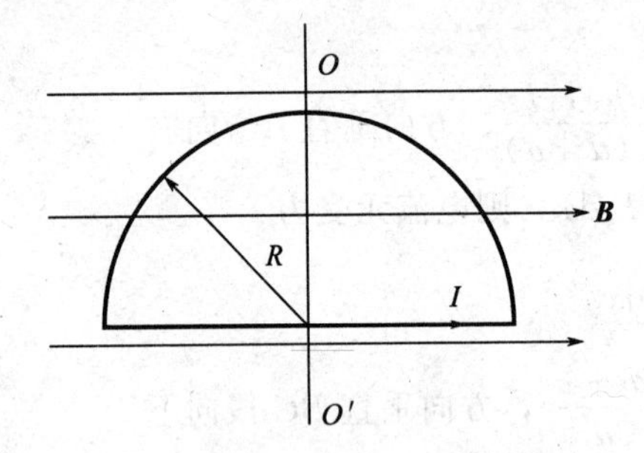

图 3-26 例 3-14 题图

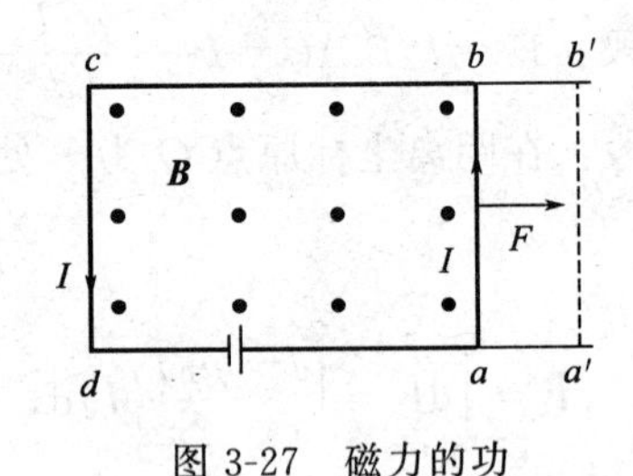

图 3-27 磁力的功

【解】 因为$\boldsymbol{P}_m=NIS\,\boldsymbol{e}_n$，所以

$$P_m=NIS=\frac{\pi R^2 I}{2}，方向垂直纸面向外$$

因为$\boldsymbol{M}=\boldsymbol{P}_m \times \boldsymbol{B}$，所以

$$M=\frac{\pi R^2 I}{2}B\sin\frac{\pi}{2}=\frac{\pi R^2 IB}{2}，方向沿纸面竖直向上$$

四、 磁力的功

1. 载流导线在磁场中运动时磁力的功

如图 3-27 所示，设有一匀强磁场，磁感应强度为 $\boldsymbol{B}$，方向垂直纸面向外，磁场中有一载流的闭合回路 $abcd$，电流强度 I 保持不变，电路中导线 ab 长为 l，ab 可以沿着 da 和 cb 滑动，按安培力公式，载流导线 ab 在磁场中所受的力 $\boldsymbol{F}$，在纸面上，指向如图所示，$\boldsymbol{F}$ 的大小为 $F=BIl$。

当 ab 移动到 $a'b'$ 位置时，磁力所做的功的大小

$$A=F\,\overline{aa'}=BIl\,\overline{aa'}$$

当导线在初始位置和终止位置时，通过回路的磁通量的大小分别为

$$\Phi_{m_0}=Bl\,\overline{da}，\Phi_{m_1}=Bl\,\overline{da'}$$

所以磁通量的增量 $\Delta\Phi_m=\Phi_{m1}-\Phi_{m0}=Bl\,\overline{aa'}$

即导线在移动过程中，磁力所做的功为 $A=I\Delta\Phi$。

说明当载流导线在磁场中移动时，如果电流保持不变，磁力所做的功等于电流乘以通过回路所包围面积的磁通量的增量。

2. 载流线圈在磁场中转动时磁力的功

设有一载流线圈，在匀强磁场内转动，设线圈内的电流强度保持不变，如图 3-28 所示，设线圈转过极小的角度 $d\theta$，即 $\boldsymbol{e}_n$ 和 $\boldsymbol{B}$ 之间的夹角从 θ 增加到 $\theta+d\theta$，则磁力矩大小为 $M=BIS\sin\theta$，磁力矩的元功为

$$dA=-Md\theta=-BIS\sin\theta d\theta$$

$$=BISd(\cos\theta)=Id(BS\cos\theta)=Id\Phi$$

所以 $$dA=Id\Phi$$

当载流线圈从 θ_1 转到 θ_2 时，有

$$A=\int dA=\int_{\Phi_1}^{\Phi_2}Id\Phi=I(\Phi_2-\Phi_1)$$

$$=I\Delta\Phi \tag{3.11}$$

可以证明，一个任意的闭合回路在磁场中改变位置或形状时，磁力或磁力矩所做的功 $A=I\Delta\Phi$。如果电流是随时间变化的，$dA=Id\Phi$ 仍适用，磁力所做的总功用积分来计算 $A=\int dA=\int_{\Phi_1}^{\Phi_2}Id\Phi$。

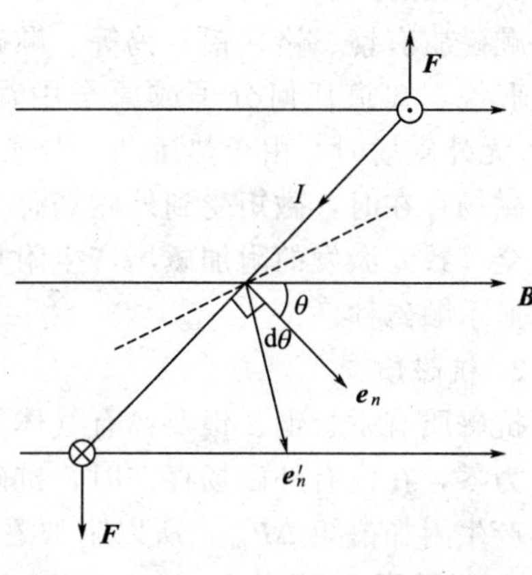

图 3-28 磁力矩的功

【例 3-15】 如图 3-29 所示的闭合线圈，半径为 R，通以顺时针流向电流 I，现将其放在磁感强度为 B，方向垂直于线圈平面向里的均匀磁场中。求

(1) 圆弧 AC 段所受的磁力；

(2) 线圈平面的磁矩；

(3) 当线圈平面由平面法线与磁场垂直的位置转到与磁场平行位置时，磁力所做的功。

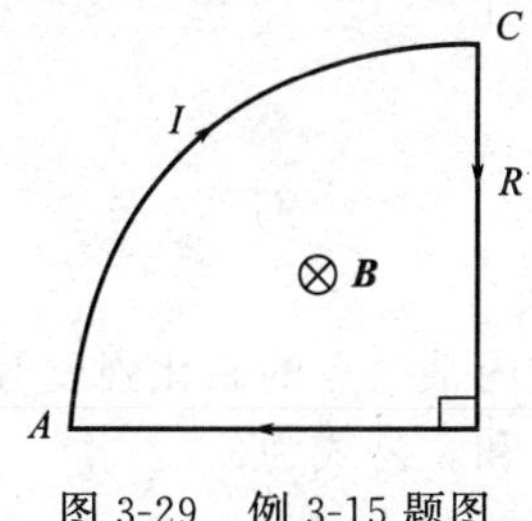

图 3-29 例 3-15 题图

【解】 (1) 在均匀磁场中，载流圆弧 AC 所受的磁力与通有相同电流的直线 AC 所受的磁力相等，故有

$$F_{AC}=\sqrt{2}RIB$$

方向：与直线 AC 垂直斜向上。

(2) $$\boldsymbol{P}_m=I\boldsymbol{S}=\frac{1}{4}\pi R^2I\boldsymbol{e}_n$$

(3) 由磁力做功公式

$$A=I(\Phi_2-\Phi_1)=I(BS-0)=\frac{1}{4}\pi R^2IB$$

第七节 磁介质中的磁场

一、磁介质的磁化

前面我们讨论了电介质的极化，电介质由于极化会激发附加电场，总电场强度为真空中电场强度与附加电场强度之和，我们当时引入了电位移矢量，束缚电荷来描述极化电场，磁

介质磁化的研究，与电介质极化的研究类似。磁场中的磁介质会被磁化，磁介质由于磁化会激发附件磁场，对原磁场产生影响。设空间任一点磁场磁感应强度为 $\boldsymbol{B}_0$，附加磁场磁感应强度为 $\boldsymbol{B}'$，则空间任意一点的磁感应强度为

$$\boldsymbol{B}=\boldsymbol{B}_0+\boldsymbol{B}' \tag{3.12}$$

磁介质根据附加磁场的性质可以分为三类，即顺磁质、抗磁质及铁磁质。当附加磁场 $\boldsymbol{B}'$ 与原磁场 $\boldsymbol{B}_0$ 方向相同时磁介质为顺磁质；而 $\boldsymbol{B}'$ 与 $\boldsymbol{B}_0$ 反向时磁介质称为抗磁质；铁磁质磁化后的附加磁场 $\boldsymbol{B}'$ 比原磁场 $\boldsymbol{B}_0$ 强很多，且两者同方向。

1. 顺磁质

顺磁质有锰、铬、铝、钨等。顺磁质的磁化机理源于什么呢？前面我们介绍了安培的分子流假说，知道任何分子或原子中存在圆电流，即分子电流，它形成的磁矩为分子磁矩 $\boldsymbol{P}_m$，无外磁场时，由于热运动，分子磁矩 $\boldsymbol{P}_m$ 排列杂乱无章，整个磁介质对外不显磁性。当有外磁场存在时，磁矩受到外磁场磁力矩的作用发生转动，转向原磁场方向，但两者方向不能完全一致。激发的附加磁场产生附加磁矩 $\Delta\boldsymbol{P}_M$，但 $\boldsymbol{P}_M\gg\Delta\boldsymbol{P}_M$，所以 $\Delta\boldsymbol{P}_M$ 可忽略，整个物质显示顺磁性。

2. 抗磁质

抗磁质有汞、铜、银及稀有气体等。这些物质中各种磁效应相互抵消，每个分子的固有磁矩为零，在没有外磁场存在时，抗磁质物质没有磁效应。当有外磁场存在时，激发了附加磁场产生附加磁矩 $\Delta\boldsymbol{P}_m$，所以附加磁矩是抗磁质产生磁性的唯一原因。

3. 磁导率

$\mu_r=\dfrac{\boldsymbol{B}}{\boldsymbol{B}_0}$ 称为磁介质的相对磁导率。顺磁质，$\mu_r>1$（$\boldsymbol{B}>\boldsymbol{B}_0$）；抗磁质 $\mu_r<1$（$\boldsymbol{B}<\boldsymbol{B}_0$）。对一切抗磁质和大多数顺磁质，$\boldsymbol{B}'\ll\boldsymbol{B}_0$，即 $\boldsymbol{B}\sim\boldsymbol{B}_0\Rightarrow\mu_r=\dfrac{\boldsymbol{B}}{\boldsymbol{B}_0}\approx1$。

对铁磁质：μ_r 很大（$\boldsymbol{B}$ 比 $\boldsymbol{B}_0$ 大得多）。

二、 磁化强度

磁化强度是描述磁介质在外磁场中的磁化状态的物理量。磁介质内某一点的磁化强度等于该点单位体积元内总磁矩（包括分子固有磁矩和附加磁矩）的矢量和。公式为

$$\boldsymbol{M}=\frac{\sum\limits_i\boldsymbol{P}_{m_i}}{\Delta V} \tag{3.13}$$

式中，$\boldsymbol{M}$ 表示磁化强度；$\boldsymbol{P}_{m_i}$ 表示体积元 ΔV 内第 i 个分子的总磁矩。

我们在研究极化电场时，引入了束缚电荷的概念，磁介质磁化的研究与其类似，这里我们引入束缚电流这一概念。将一块圆柱形的顺磁质或抗磁质放入到磁场中，在其表面形成一种电流，叫束缚电流。对于顺磁质来说，磁化强度 $\boldsymbol{M}$ 的方向与磁场 $\boldsymbol{B}_0$ 方向一致，磁介质内部任一点通过的分子电流总是成对出现且流向相反，因此互相抵消，只有介质表面的电流未被抵消，形成环形等效电流，即束缚电流。对于抗磁质来说，要产生附加磁矩，圆柱内部任意一点总是有相反方向的电流流过，它们的磁作用也相互抵消了，而其表面上的电流未被抵消，它们流向相同，一段接一段形成沿截面的边缘的环形等效电流，即束缚电流。而圆柱内部由电子定向移动形成的电流叫传导电流。

三、 磁介质中的安培环路定理

前面我们讨论了真空中的安培环路定理$\oint \boldsymbol{B}_0 \cdot \mathrm{d}\boldsymbol{l} = \mu_0 \sum_i I_i^{in}$，那么有磁介质存在时的环路定理是什么样的呢？我们知道$\boldsymbol{B}_0 = \dfrac{\boldsymbol{B}}{\mu_r}$，则$\dfrac{\boldsymbol{B}_0}{\mu_0} = \dfrac{\boldsymbol{B}}{\mu_0 \mu_r} = \dfrac{\boldsymbol{B}}{\mu}$，上式$\dfrac{\boldsymbol{B}_0}{\mu_0} = \dfrac{\boldsymbol{B}}{\mu}$对任意闭合回路积分$\oint \dfrac{\boldsymbol{B}_0}{\mu_0} \cdot \mathrm{d}\boldsymbol{l} = \oint \dfrac{\boldsymbol{B}}{\mu} \cdot \mathrm{d}\boldsymbol{l} = \sum_i I_i$。令$\boldsymbol{H} = \dfrac{\boldsymbol{B}}{\mu}$，$\boldsymbol{H}$为磁场强度，即

$$\oint \boldsymbol{H} \cdot \mathrm{d}\boldsymbol{l} = \sum_i I_i \tag{3.14}$$

在磁介质的磁场中，磁场强度沿任意闭合回路的环路积分等该闭合回路内包围的传导电流的代数和。

四、 铁磁质

铁、钴、镍等金属以及一些合金等它们的磁性比较特殊，铁磁质磁化后将产生比原磁场强得多的附加磁场$\boldsymbol{B}'$，且$\boldsymbol{B}'$与$\boldsymbol{B}_0$同向。这类磁介质存在时的磁场比真空中的磁场明显增强。铁磁质内的电子因自身的自旋引起的相互作用是非常强烈的，因而在其内部形成了一些微小的自发磁化区域，这些区域就叫磁畴。铁磁质的性质和规律比顺磁质、抗磁质复杂，下面研究磁感应强度 $\boldsymbol{B}$ 和磁场强度 $\boldsymbol{H}$ 关系。

如图 3-30 所示，B-H 曲线图 OA 段，当 H 从零逐渐增加时，B 随之迅速增加，这主要是由于磁畴在外磁场作用下迅速排列的缘故。当 H 增大到一定值时，B 开始增加缓慢，到达 A 点时，B 几乎不再增加，这时磁化达到了饱和，点 A 对应的B 叫作饱和磁感应强度B_{m}。在磁化达到饱和后，令 H 减小，则 B 亦减小，但不按初始磁化曲线 OA 段减小，而是沿曲线 ACD 段缓慢地减小，这种 B 的变化落后 H 变化的现象叫作磁滞现象，即磁滞。当 H 等于零时 B 并不为零，而是 $B=B_r$，介质的磁化状态并不恢复到原来的起点 O，而是保留一定的磁性，这种现象叫剩磁现象，B_r 叫剩余磁感应强度，即剩磁。随着反相磁场的增加，B 逐渐减小，当 H 的值等于 H_c 值，B 变为零，即铁磁质完全退磁，使介质完全退磁所需的反向磁场强度 H_c 叫作矫顽力。当反向磁场 H 继续增加到$-H_{\mathrm{m}}$时，铁磁质将向反方向磁化，达到饱和后，若使反向磁场 H 的减小到零，然后再向正方向增加，B 将沿 $EFGA$ 曲线而变化，完成一个循环。曲线 $ACDEFGA$ 称为磁滞回线，各种不同的铁磁性材料有不同的磁滞回线，区别在于矫顽力的大小不同。

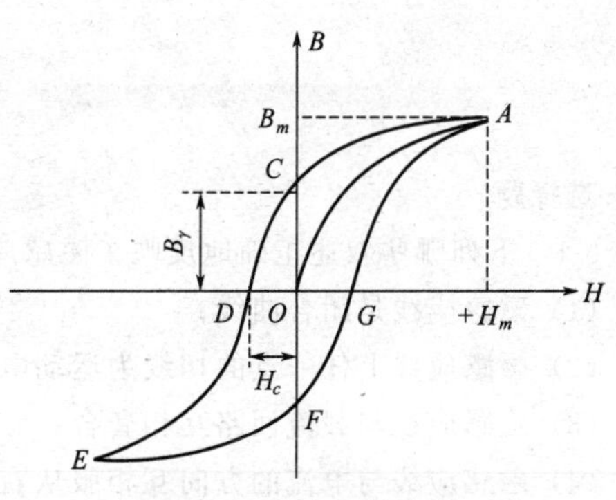

图 3-30　B-H 曲线图

【例 3-16】 已知一根无限长磁介质圆柱体，半径为R 相对磁导率为μ_r，如图 3-31 所示，磁介质内电流 I 垂直于横截面向上流，并沿其表面流回。求磁介质中磁感应强度 $\boldsymbol{B}$ 的大小。

【解】 在圆柱体内垂直于轴线任取一圆周作为闭合回路 L，回路的圆心在圆柱的轴线上，半径为 r，根据环路定理得

$$\oint \boldsymbol{H} \cdot \mathrm{d}\boldsymbol{l} = \oint_L H \mathrm{d}l \cos 0^\circ = H 2\pi r, \quad \sum_i I_i = I \frac{r^2}{R^2}$$

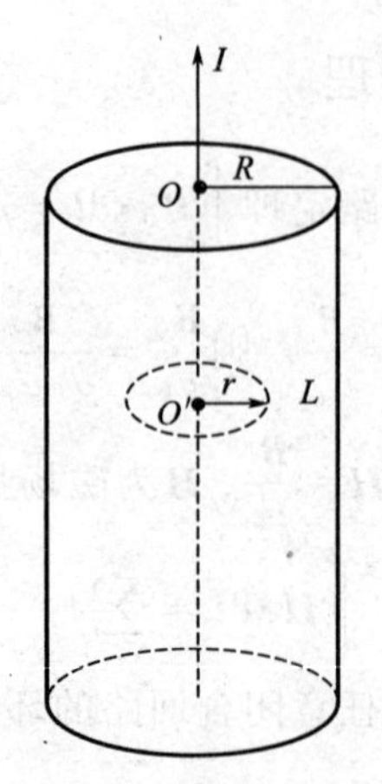

图 3-31　例 3-16 题图

所以
$$2\pi rH = I\frac{r^2}{R^2},\ H = \frac{Ir}{2\pi R^2}$$

因为
$$H = \frac{B}{\mu} = \frac{B}{\mu_r\mu_0}$$

所以
$$B = \frac{\mu_0\mu_r Ir}{2\pi R^2}$$

练习题

选择题

3-1　下列哪些叙述正确地反映了磁感应线的性质（　　）。

（1）磁感应线是闭合曲线；

（2）磁感应线上任一点的切线为运动电荷的受力方向；

（3）磁感应线与载流回路互相套合；

（4）磁感应线与电流的方向互相服从右手螺旋定则。

（A）（1）、（2）、（3）　　（B）（3）、（4）

（C）（2）、（3）、（4）　　（D）（1）、（3）、（4）

3-2　下述表述中哪一个能定义磁场（　　）。

（A）只给电荷以作用力的物理场　　（B）只给运动电荷以作用力的物理场

（C）储藏有能量的空间　　（D）能对运动电荷做功的物理场

3-3　一根无限长导线，折成如图 3-32 所示形状，圆弧部分的半径为 r，通有电流 I，则圆心处磁感应强度的大小为（　　）。

（A）$\dfrac{\mu_0 I}{4\pi r}+\dfrac{3\mu_0 I}{8r}$　　（B）$\dfrac{\mu_0 I}{2\pi r}+\dfrac{3\mu_0 I}{8\pi r}$

（C）$\dfrac{\mu_0 I}{4\pi r}-\dfrac{3\mu_0 I}{8r}$　　（D）$\dfrac{\mu_0 I}{4r}+\dfrac{\mu_0 I}{2\pi r}$

3-4　如图 3-33 所示，一球形闭合曲面 S，当面 S 向长直导线靠近时，穿过面 S 的磁通量 Φ 和面上各点的磁感应强度其大小如何变化（　　）。

（A）Φ 增大，B 也增大　　（B）Φ 不变，B 也不变

(C) Φ 增大，B 不变　　(D) Φ 不变，B 增大

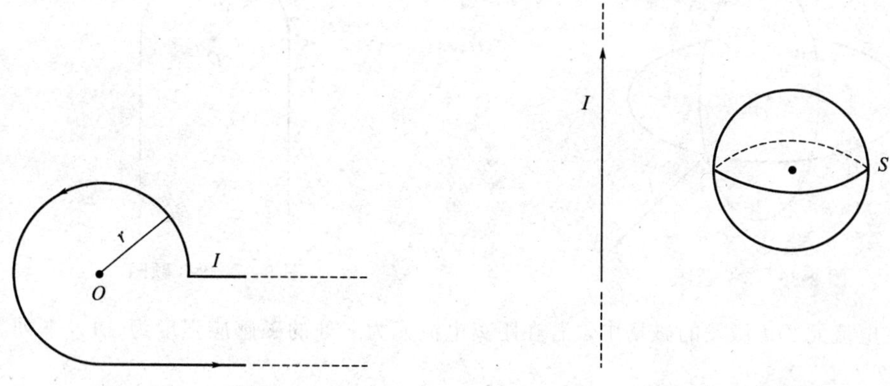

图 3-32　3-3 题图　　图 3-33　3-4 题图

3-5 载流为 I 的无限长直导线，在 Q 处弯成以 O 为圆心、R 为半径的圆周，如图 3-34 所示，若缝 Q 处很小，那么 O 处的磁感应强度 $\boldsymbol{B}$ 大小为多少（　　）。

(A) $\frac{\mu_0 I}{\pi R}$　(B) $\frac{\mu_0 I}{R}$　(C) $\frac{\mu_0 I\left(1+\frac{1}{\pi}\right)}{2R}$　(D) $\frac{\mu_0 I\left(1-\frac{1}{\pi}\right)}{2R}$

3-6 如图 3-35 所示，载流导线在圆心 O 处的磁感应强度大小为多少（　　）。

(A) $\frac{\mu_0 I}{4R_1}$　(B) $\frac{\mu_0 I}{4R_2}$　(C) $\frac{\mu_0 I}{4}\left(\frac{1}{R_1}+\frac{1}{R_2}\right)$　(D) $\frac{\mu_0 I}{4}\left(\frac{1}{R_1}-\frac{1}{R_2}\right)$

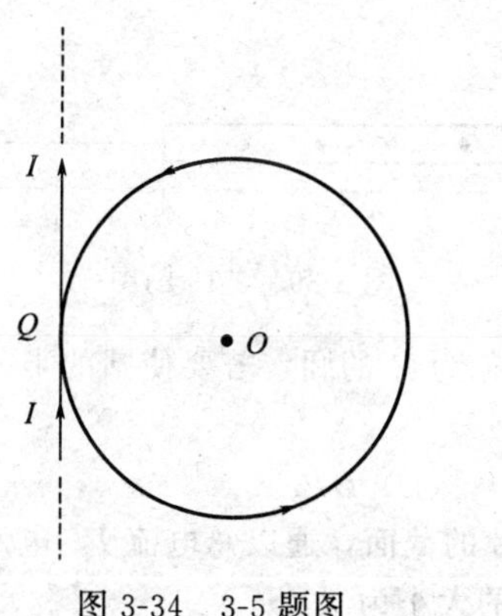

图 3-34　3-5 题图

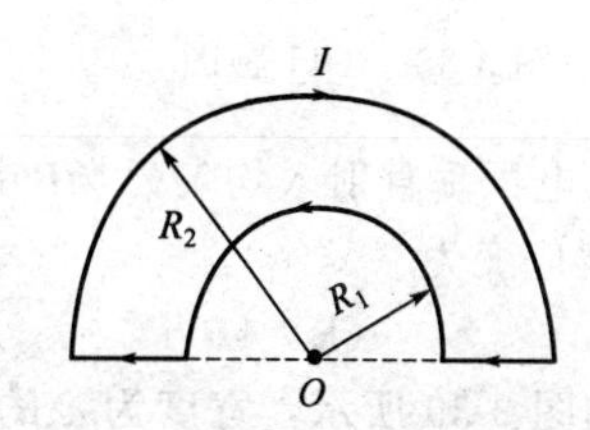

图 3-35　3-6 题图

3-7 如图 3-36 所示，两半径为 R 的相同的金属圆环，相互垂直放置，圆心重合于 O 点，并在 a,b 两点相接触。电流 I 沿直导线由 a 点流入金属环，而从 b 流出，则环心 O 点的磁感应强度$\boldsymbol{B}$的大小为（　　）。

(A) 0　(B) $\frac{\mu_0 I}{R}$　(C) $\frac{\sqrt{2}\mu_0 I}{2R}$　(D) $\frac{\sqrt{2}\mu_0 I}{R}$

3-8 如图 3-37 所示，一无限长直导线弯成图示形状，其中半圆弧半径为 R，圆心 O 点处的磁感应强度的大小为（　　）。

(A) $\frac{\mu_0 I}{4\pi R}+\frac{3\mu_0 I}{8R}$　(B) $\frac{\mu_0 I}{4R}+\frac{\mu_0 I}{2\pi R}$　(C) $\frac{\mu_0 I}{\pi R}$　(D) $\frac{\mu_0 I}{2R}+\frac{\mu_0 I}{\pi R}$

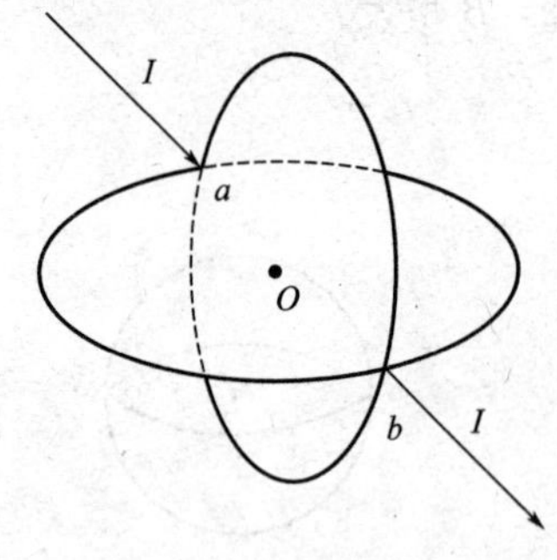

图 3-36　3-7 题图

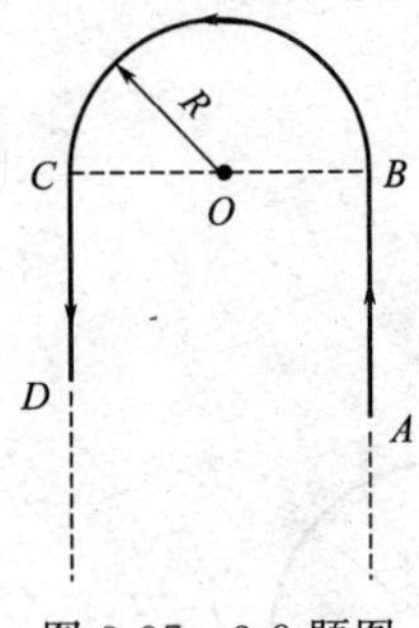

图 3-37　3-8 题图

3-9　在电流元 $Id\boldsymbol{l}$ 激发的磁场中，若在距离电流元为 r 处的磁感应强度为 $d\boldsymbol{B}$，下列叙述哪些是正确的？（　　）。

（1）$d\boldsymbol{B}$ 的方向与 $\boldsymbol{r}$ 方向相同；　（2）$d\boldsymbol{B}$ 的方向与 $Id\boldsymbol{l}$ 方向相同

（3）$d\boldsymbol{B}$ 的方向垂直于 $Id\boldsymbol{l}$ 与 $\boldsymbol{r}$ 组成的平面；　（4）$d\boldsymbol{B}$ 的指向为 $Id\boldsymbol{l}$ 叉乘 $\boldsymbol{r}$ 的方向。

（A）（1）、（2）　（B）（2）、（4）　（C）（1）、（3）　（D）（3）、（4）

3-10　半径为 R_1 和 R_2 的长直螺线管（$R_1>R_2$），通以相同的电流，两螺线管单位长度上的匝数相等，则两螺线管内的磁感应强度大小 B_1 和 B_2 间的关系为（　　）。

（A）$B_1>B_2$　（B）$B_1=B_2$　（C）$B_1<B_2$　（D）无法确定

3-11　如图 3-38 所示，圆弧部分半径为 R，电流为 I，则圆心处的磁感应强度 B 大小为（　　）。

（A）$\mu_0 I/(2R)$　（B）$(\mu_0 I/2R)+(\mu_0 I/2\pi R)$

（C）$\mu_0 I/(4R)$　（D）$(\mu_0 I/4R)+(\mu_0 I/4\pi R)$

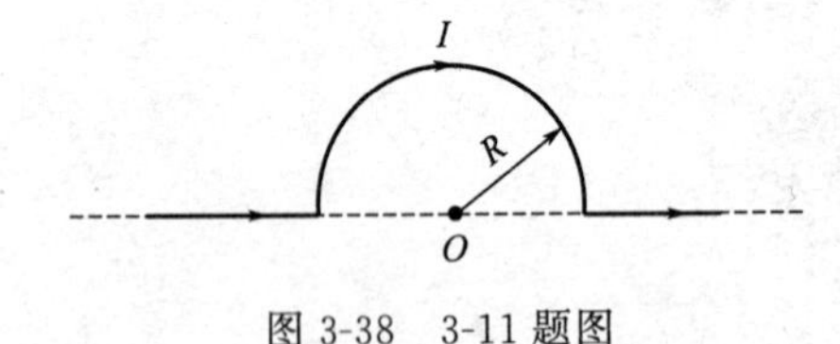

图 3-38　3-11 题图

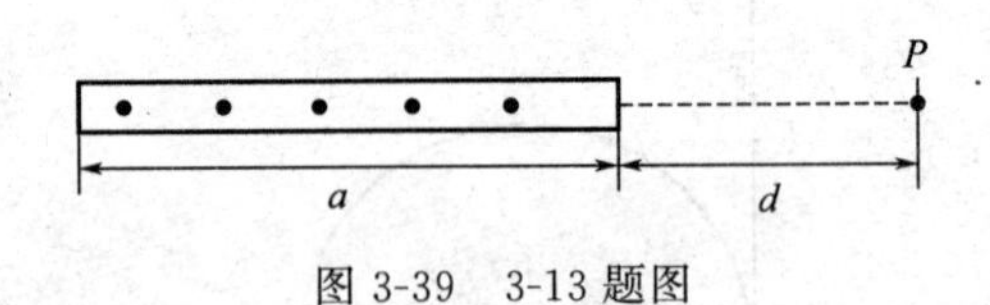

图 3-39　3-13 题图

3-12　一电子垂直射入均匀磁场 $\boldsymbol{B}$ 中，运动轨迹是半径为 R 的圆，若要使圆的半径变为 $2R$，则磁感应强度应变为（　　）。

（A）$2\boldsymbol{B}$　（B）$4\boldsymbol{B}$　（C）$-\boldsymbol{B}$　（D）$\boldsymbol{B}/2$

3-13　如图 3-39 所示，宽度为 a 的无限长的金属薄片的截面，通以总电流 I，电流方向垂直纸面向外，试求离薄片一端为 d 处的 P 点的磁感应强度的大小为（　　）。

（A）$\dfrac{\mu_0 I}{2\pi d}$　（B）$\dfrac{\mu_0 I}{2\pi(d+a)}$

（C）$\dfrac{\mu_0 I}{2\pi(R+0.5a)}$　（D）$\dfrac{\mu_0 I}{2\pi a}\ln\left(\dfrac{d+a}{d}\right)$

3-14　一无限长载流导线弯成如图 3-40 所示形状，则 O 点处的磁感应强度 $\boldsymbol{B}$ 的大小为（　　）。

（A）$\mu_0 I/(2\pi R)$　（B）$\dfrac{\mu_0 I}{2\pi R}(1+\dfrac{\pi}{4})$

（C）$\mu_0 I/(8\pi R)$　（D）$\mu_0 I/(8R)$

3-15　从电子枪同时射出两电子，垂直于磁场方向射入磁场中，初速大小分别为 v 和 $2v$，经均匀磁场偏转后，（　　）。

（A）初速大小为 v 的电子先回到出发点　　（B）初速大小为 $2v$ 的电子先回到出发点

（C）同时回到出发点　　（D）无法确定

3-16　如图 3-41 所示，为四个带电粒子在 O 点沿相同方向垂直射入均匀磁场后的偏转轨迹的照片。磁场方向垂直纸面向里，轨迹所对应的四个粒子的质量相等，电量相等，则其中动能最大的带负电的粒子的轨迹是（　　）。

（A）Oa　　（B）Ob　　（C）Oc　　（D）Od

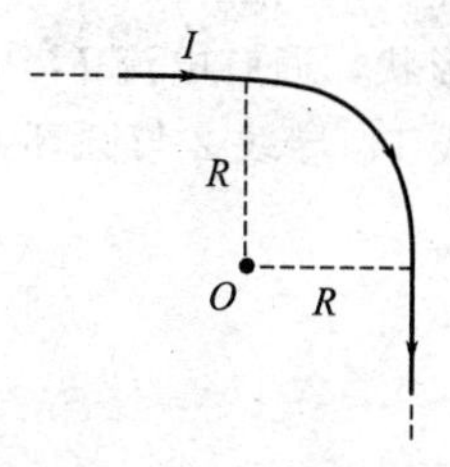

图 3-40　3-14 题图

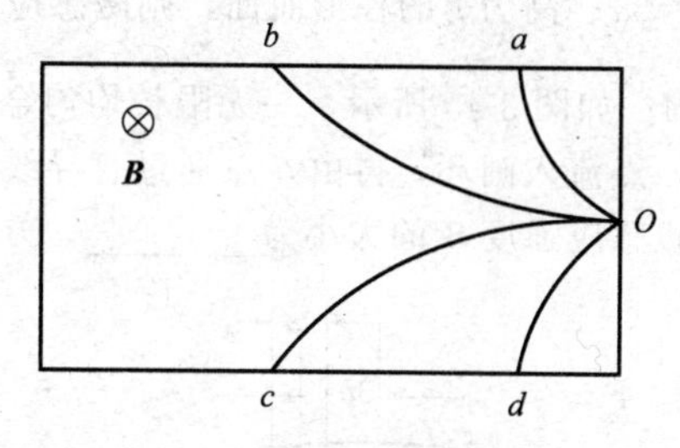

图 3-41　3-16 题图

3-17　洛伦兹力的特点下述正确的是（　　）。

（1）洛伦兹力始终与运动电荷的速度相垂直；

（2）洛伦兹力始终垂直磁感应强度与速度构成的平面；

（3）洛伦兹力不改变运动电荷的动量；

（4）洛伦兹力不对运动电荷做功。

（A）（1）、（3）、（4）　　（B）（1）、（2）、（3）

（C）（1）、（2）、（4）　　（D）（2）、（3）、（4）

3-18　如图 3-42 所示，则关于安培环路定理正确的是（　　）。

（A）$\oint_{L_1} \boldsymbol{B} \cdot \mathrm{d}\boldsymbol{l} = \oint_{L_2} \boldsymbol{B} \cdot \mathrm{d}\boldsymbol{l}$，$B_{P_1} = B_{P_2}$

（B）$\oint_{L_1} \boldsymbol{B} \cdot \mathrm{d}\boldsymbol{l} \neq \oint_{L_2} \boldsymbol{B} \cdot \mathrm{d}\boldsymbol{l}$，$B_{P_1} = B_{P_2}$

（C）$\oint_{L_1} \boldsymbol{B} \cdot \mathrm{d}\boldsymbol{l} = \oint_{L_2} \boldsymbol{B} \cdot \mathrm{d}\boldsymbol{l}$，$B_{P_1} \neq B_{P_2}$

（D）$\oint_{L_1} \boldsymbol{B} \cdot \mathrm{d}\boldsymbol{l} \neq \oint_{L_2} \boldsymbol{B} \cdot \mathrm{d}\boldsymbol{l}$，$B_{P_1} \neq B_{P_2}$

3-19　安培环路定理 $\oint_L \boldsymbol{B} \cdot \mathrm{d}\boldsymbol{l} = \mu_0 \sum \boldsymbol{I}$ 说明了磁场的哪些性质（　　）。

（1）磁感应线是闭合曲线；　　（2）磁场力是耗散力；

（3）磁场是无源场；　　（4）磁场是非保守场。

（A）（1）、（3）　　（B）（2）、（4）　　（C）（2）、（3）　　（D）（1）、（4）

填空题

3-20　如图 3-43 所示，L_1, L_2, L_3 为三个闭合回路，电流分别为 $3I$（流出纸面）和 I（流入纸面），则 $\boldsymbol{B}$ 对这三个回路的环流分别是：

$\oint_{L_1} \boldsymbol{B} \cdot \mathrm{d}\boldsymbol{l} =$ ________；$\oint_{L_2} \boldsymbol{B} \cdot \mathrm{d}\boldsymbol{l} =$ ________；$\oint_{L_3} \boldsymbol{B} \cdot \mathrm{d}\boldsymbol{l} =$ ________。

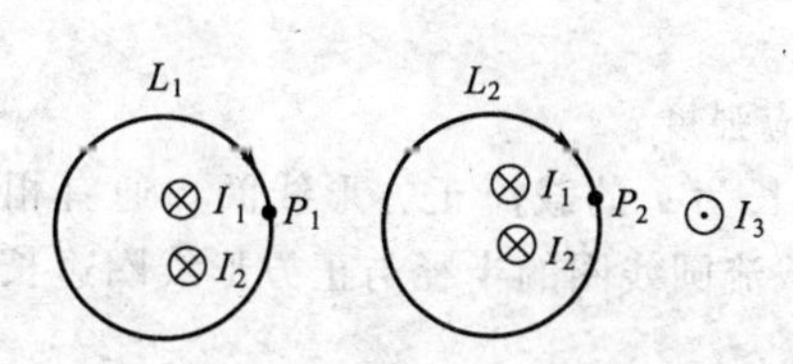

图 3-42　3-18 题图

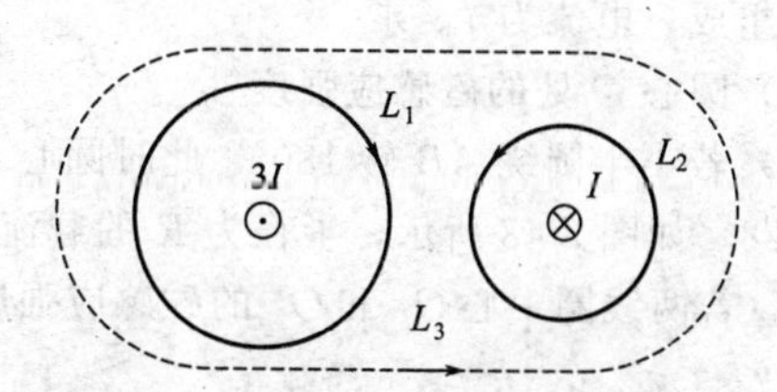

图 3-43　3-20 题图

3-21　一根导线通有电流 I，弯成半径为 R 的圆线圈，现将该导线弯成匝数 $N=2$ 的平面圆线圈，电流不变，则线圈中心的磁感应强度是原来的________，线圈的磁矩是原来的________。

3-22　一个电子动能为 5000eV，垂直于磁场方向进入 $\boldsymbol{B}$ 的值为 0.02T 匀强磁场，电子在该磁场中做________的运动，轨道半径为________。

3-23　如图 3-44 所示，一半径为 a 载有电流 I 的无限长直载流导线，在载流导线外作一个半径为 $R=5a$、高为 l 的柱形曲面，则磁感应强度在圆柱侧面 S 上的积分 $\int_S \boldsymbol{B}\cdot d\boldsymbol{S}=$________。

3-24　如图 3-45 所示，一无限长均匀金属丝弯成如图所示形状，通有电流 I，电流通过直导线 1 从 a 点流入圆环，再由 b 点通过直导线 2 流出圆环。设导线 1、导线 2 与圆环共面，则环心 O 点的磁感应强度 $\boldsymbol{B}$ 的大小为________，方向为________。

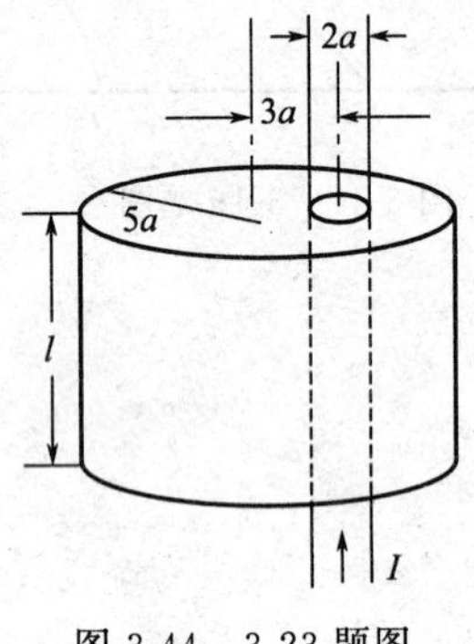

图 3-44　3-23 题图

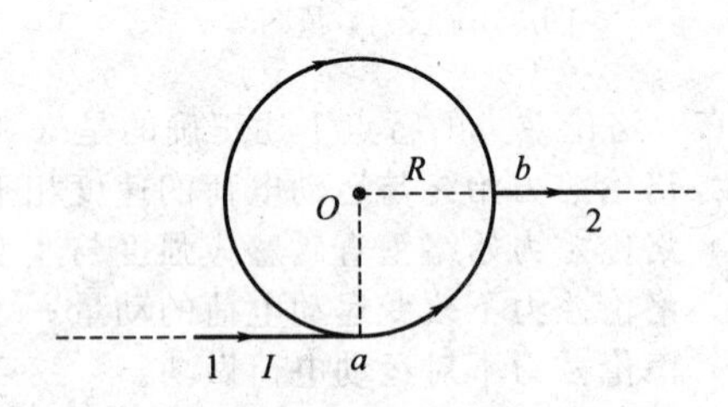

图 3-45　3-24 题图

3-25　一电子以速率 v 绕原子核旋转，若电子旋转的等效轨道半径为 r_0，则在等效轨道中心处产生的磁感应强度大小 $B=$__________。如果将电子绕原子核运动等效为一圆电流，则等效电流 $I=$__________，其磁矩大小 $P_m=$__________。

3-26　一个动量为 $\boldsymbol{P}$ 的电子，沿图 3-46 中所示的方向入射并能穿过一个宽度为 D、磁感应强度为 $\boldsymbol{B}$（方向垂直纸面向外）的均匀磁场区域，则该电子出射方向和入射方向间的夹角 $\alpha=$__________。

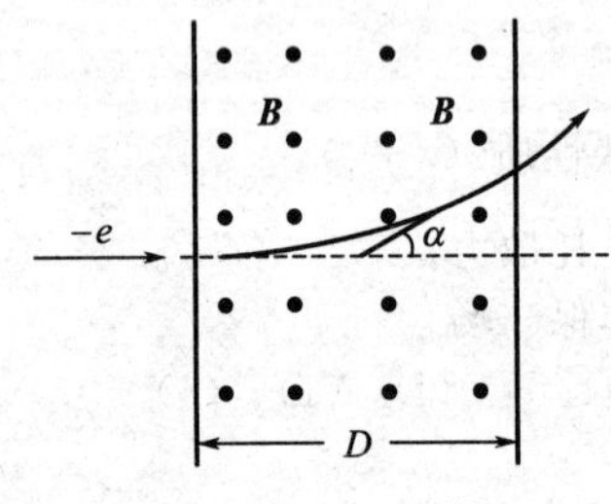

图 3-46　3-26 题图

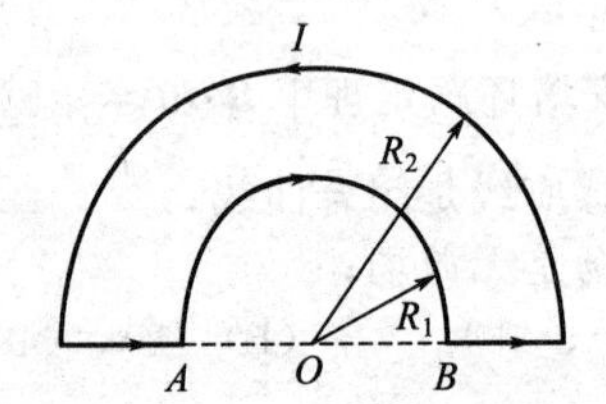

图 3-47　3-27 题图

计算题

3-27　如图 3-47 所示，在纸面上有一闭合回路，它由半径为 R_1、R_2 的半圆及在直径上的二直线段组成，电流为 I。求

(1) 圆心 O 处的磁感应强度？

(2) 若小半圆绕 AB 转 180°，此时圆心 O 处的磁感应强度？

3-28　如图 3-48 所示，半径为 R 的载流圆线圈与边长为 a 的载流正方形线圈，通有相同的电流 I，若两线圈中心 O_1 和 O_2 的磁感应强度相同，则载流圆线圈的半径与正方形线圈边长之比为多少？

3-29　如图 3-49 所示，有一半径为 R 的均匀带正电荷的薄圆盘，电荷面密度为 σ，当圆盘以

角速度 ω 顺时针旋转时，求圆盘中心 O 点的磁感应强度$\boldsymbol{B}$的值及方向。

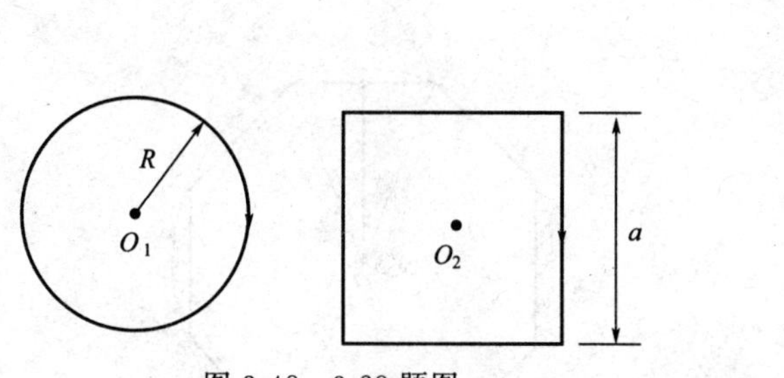

图 3-48　3-28 题图

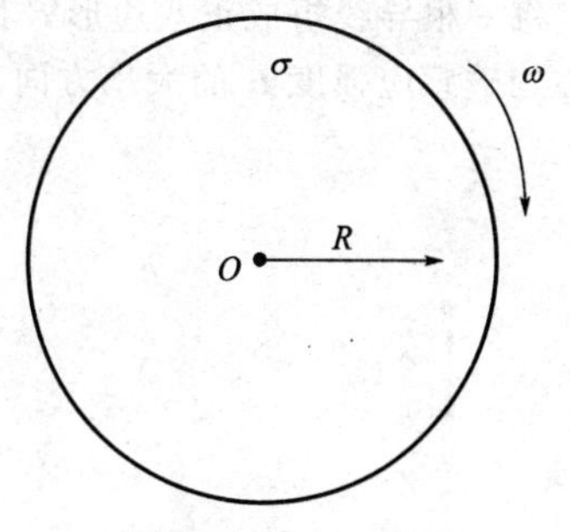

图 3-49　3-29 题图

3-30　如图 3-50 所示，一根通有电流 I 的导线弯成图示的圆形形状，半径 R_1 和 R_2 之间共密排了 N 根，且均为顺时针流向，求圆心 O 点的磁感应强度的值及方向。

3-31　如图 3-51 所示，一根长直导线通有电流 I_1，附近平行放置一通有电流 I_2 的矩形线圈，长直导线与矩形线圈在同一平面内，a,b,d 为已知，求矩形线圈受到的合力的大小及方向。

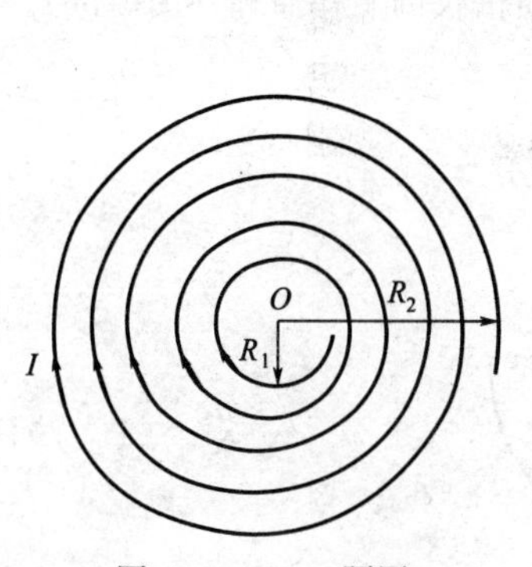

图 3-50　3-30 题图

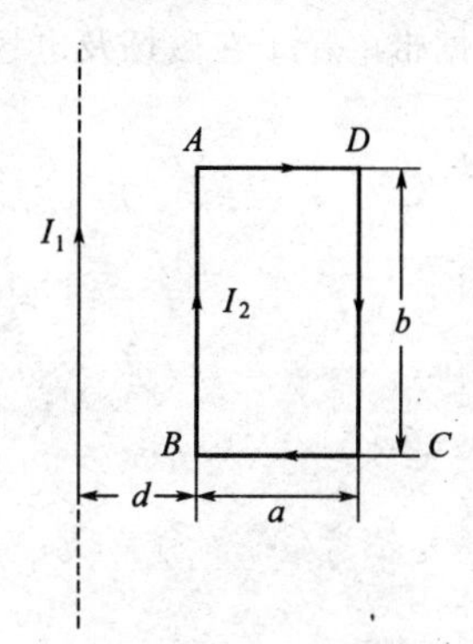

图 3-51　3-31 题图

3-32　如图 3-52 所示，细棒长为 l，电荷线密度为 λ，可绕 O 点以角速度为 ω 做逆时针旋转，转动过程中 O、A 的距离保持不变，试求带电直棒在 O 点产生的磁感应强度的大小及方向。

3-33　如图 3-53 所示，无限长载流直导线通有电流 I_1，一段直导线通有电流 I_2，求直线电流 I_2 受到的安培力的大小及方向。

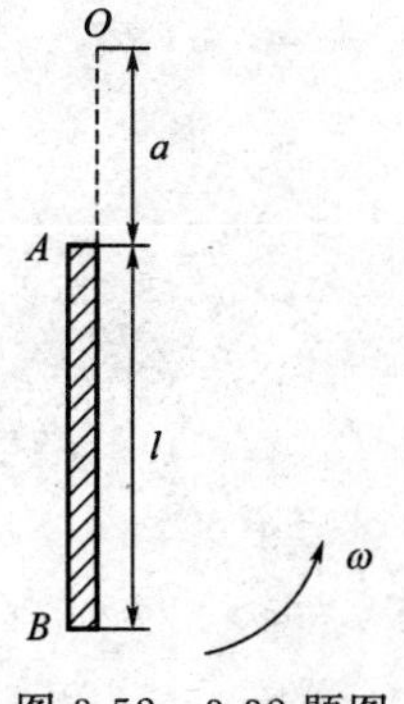

图 3-52　3-32 题图

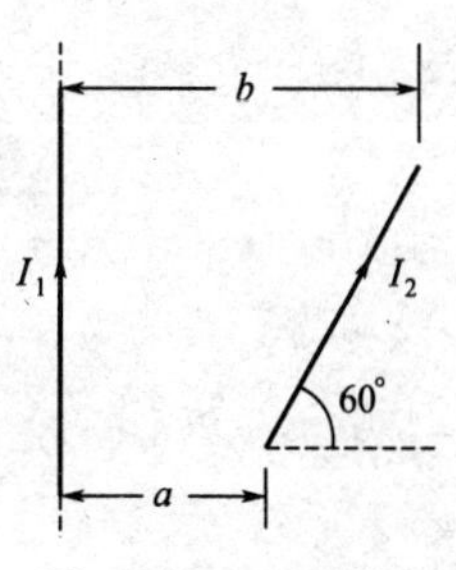

图 3-53　3-33 题图

3-34　在 $B=0.2\text{T}$ 的均匀磁场中，有一个速度大小为 $v=2.0\times10^4\,\text{m/s}$ 的电子沿垂直于$\boldsymbol{B}$的方向（如图 3-54 所示）射入磁场，求电子的轨道半径和旋转频率。（基本电荷 $e=1.60\times10^{-19}\,\text{C}$，电子质量 $m_e=9.11\times10^{-31}\,\text{kg}$）

3-35　半径为 R 的均匀带电薄圆盘，带电量为 q，当圆盘以角速度 ω 绕过盘心且垂直于盘的轴逆时针转动时，求此圆盘的磁矩 $\boldsymbol{P}_{\mathrm{m}}$ 的大小及方向。

3-36　将一根导线折成正八边形，其外接圆半径为 a，设导线载有电流 I，如图 3-55 所示。外接圆中心处磁感应强度 $\boldsymbol{B}$ 的大小方向。

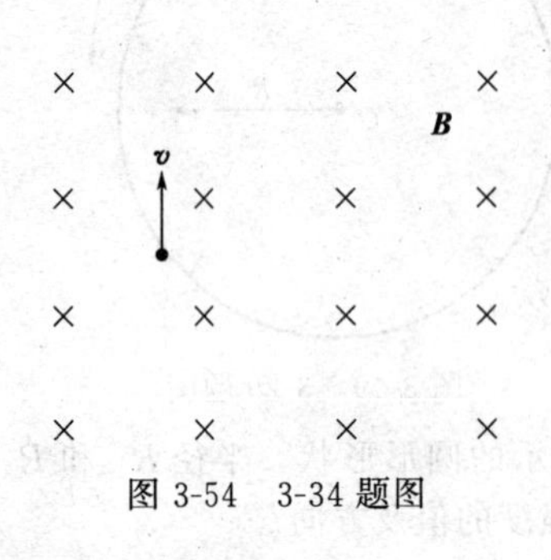

图 3-54　3-34 题图

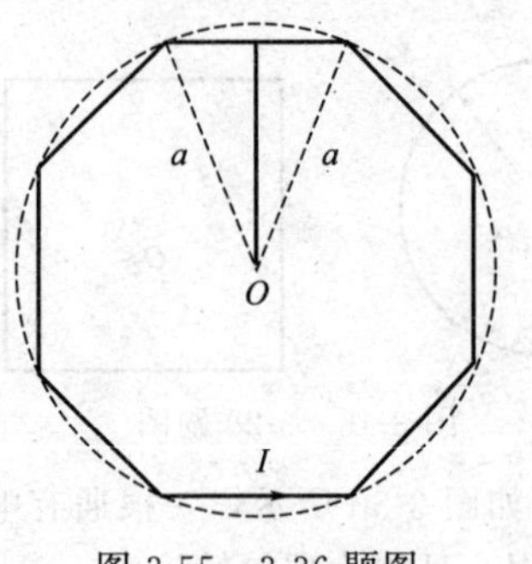

图 3-55　3-36 题图

思考题

3-37　对比稳恒磁场和静电场的高斯定理和安培环路定理，分别说明电场和磁场是什么场。

3-38　根据带电粒子在磁场及电场中受力及运动分析质谱仪的工作原理（图 3-56）。

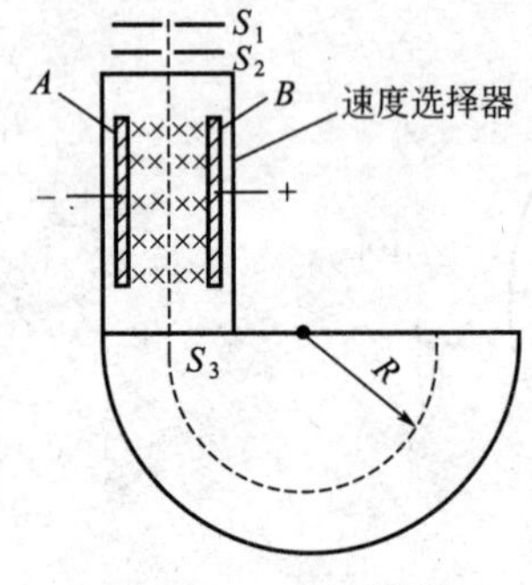

图 3-56　3-38 题图

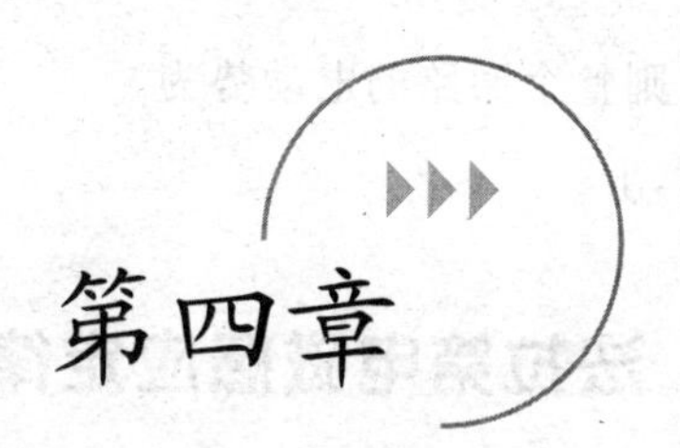

第四章 电磁感应

1820 年奥斯特发现了电流的磁效应，人们又进一步想到能否使磁效应产生电流。直到 1831 年法拉第在多次试验中发现了电磁感应现象，即利用磁效应产生了电流。这个具有划时代意义的发现深刻地阐述了电与磁的内在关系，推动了整个电磁理论的发展，为麦克斯韦电磁场理论奠定了坚实的基础。

第一节 电源电动势

我们知道，要使电路中形成持续、稳定的电流，需要满足两个条件：(1) 电路必须闭合；(2) 电路中必须存在电源。电源的作用是能及时把从电源负极经过导线流到电源正极的自由电子通过电源内部搬运回电源负极。使电源正负极上的电荷保持一定，从而维持导线两端电势差不变，使电路中有持续、稳定不变的电流流过。

静电力不可能使自由电子从电源正极（高电势）回到电源负极（低电势），那么在电源内部必然存在着某种非静电力。该非静电力将自由电子从电势高的电源正极移动到电势低的负极，与静电力正相反。那么相当于在电源内部存在一非静电场$\boldsymbol{E}_k$。

根据静电场强的定义，非静电场强$\boldsymbol{E}_k$可定义为单位正电荷所受的非静电力，即

$$\boldsymbol{E}_k=\frac{\boldsymbol{F}_k}{q} \tag{4.1}$$

式中，$\boldsymbol{F}_k$表示非静电力；q 表示电荷。

而在内电路中，人们把单位正电荷从负极移至正极非静电力所做的功定义为**电源电动势**表示为 ε。即

$$\varepsilon=\frac{A_{\text{非}}}{q}$$

按功的定义在电源内部

$$A_{\text{非}}=\int_{-}^{+}\boldsymbol{F}_k\cdot \mathrm{d}\boldsymbol{l}=\int_{-}^{+}q\,\boldsymbol{E}_k\cdot \mathrm{d}\boldsymbol{l}$$

$$\varepsilon=\frac{A_{\text{非}}}{q}=\int_{-}^{+}\boldsymbol{E}_k\cdot \mathrm{d}\boldsymbol{l} \tag{4.2}$$

非静电场强$\boldsymbol{E}_k$仅仅存在于电源内部，在电源外$\boldsymbol{E}_k=0$。电源电动势 ε 是表征电源特性的物理量，是标量，但为了便于描述电流流通时非静电力是做正功还是负功，通常规定电源内部 ε 的方向为电势升高的方向，即由负极到正极的方向。在国际单位制中，其单位与电势的单位相同为伏特（V）。

若一个闭合回路中处处都有非静电力存在，则整个回路的电动势为

$$\varepsilon=\oint \boldsymbol{E}_k \cdot \mathrm{d}\boldsymbol{l} \tag{4.3}$$

第二节　电磁感应现象　法拉第电磁感应定律

一、 电磁感应现象

如图 4-1 所示，当条形磁铁靠近或远离线圈 A；或者磁铁不动，线圈靠近或远离磁铁时，总之，当两者发生相对运动时，检流计的指针都发生偏转，表明回路中有电流产生。检流计的指针发生偏转方向与线圈和磁铁的相对运动有关。

如图 4-2 所示，绕在同一铁芯上的两组线圈 A、B，当线圈 B 中电键闭合或断开的瞬间；或改变线圈 B 中电流强度的大小，线圈 A 中的检流计指针都会发生偏转，表明回路中有电流产生。检流计的指针发生偏转方向与线圈 B 中电流强度有、无、增大或减少有关。另外，闭合线圈在磁场中转动或闭合回路的一部分导线在磁场中运动等，也都会在回路中引起电流。

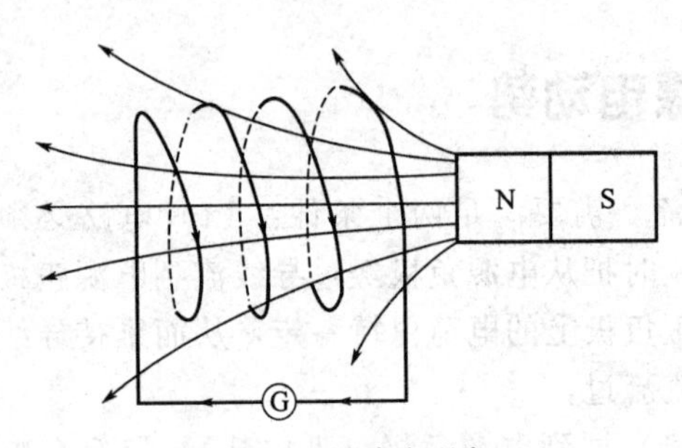

图 4-1　电磁感应现象一

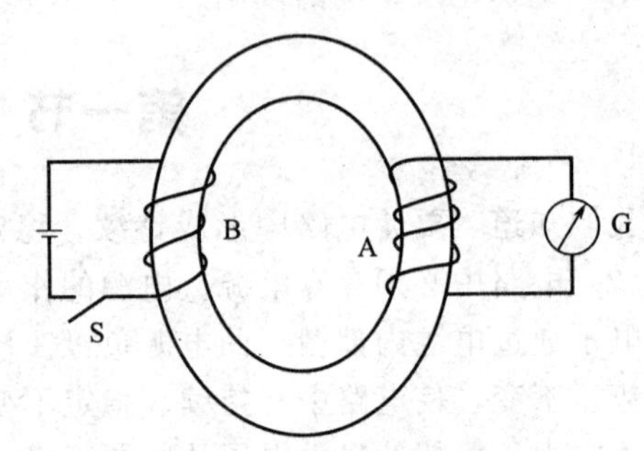

图 4-2　电磁感应现象二

从上述各类实验可以看出，当穿过一个闭合的导体回路所围面积的磁通量 Φ_m 发生变化时，不论这种变化是由何种原因引起的，都会在导体回路中引起电流，法拉第将此现象与静电感应现象作类比，称为“电磁感应”现象。回路中产生的电流称为**感应电流**，表示为 I_i。

导体回路中有电流，表明回路中必须有电动势，是电动势驱使回路中电荷做定向运动形成电流。因此电磁感应现象在回路首先引起的应是电动势，称为**感应电动势**，表示为 ε_i。

二、 法拉第电磁感应定律

法拉第在实验中归纳出感应电动势与磁通量变化之间的关系，称为法拉第电磁感应定律：当穿过一闭合回路所围面积的磁通量 Φ_m 发生变化时，不论这种变化由何种原因引起的，在此回路中都会产生感应电动势 ε_i。感应电动势与磁通量对时间的变化率的负值成正比。即

$$\varepsilon_i=-k\frac{\mathrm{d}\Phi_m}{\mathrm{d}t}$$

式中，k 为比例系数，其量值取决于式中各量的单位。在国际单位制中，则 $k=1$，上式可得

$$\varepsilon_i=-\frac{\mathrm{d}\Phi_m}{\mathrm{d}t} \tag{4.4}$$

国际单位制中 ε_i 单位为 V，Φ_m 单位为 Wb，t 单位为 s。式中“－”表示感应电动势的方向与磁通量变化的关系。

磁通量及其对时间的变化率都是标量，要判断电动势的方向（实际是正负），应先确定回路 L 的正方向。利用右手螺旋关系，使伸出的右手拇指指向磁场$\boldsymbol{B}$的方向，则弯曲的四指为导体回路的正方向。如果穿过回路 L 所围面积的磁通量增大，即$\frac{d\Phi_m}{dt}>0$，$\varepsilon_i=-\frac{d\Phi_m}{dt}<0$，则 ε_i 的方向与所确定的 L 正方向相反。如图 4-3 所示。

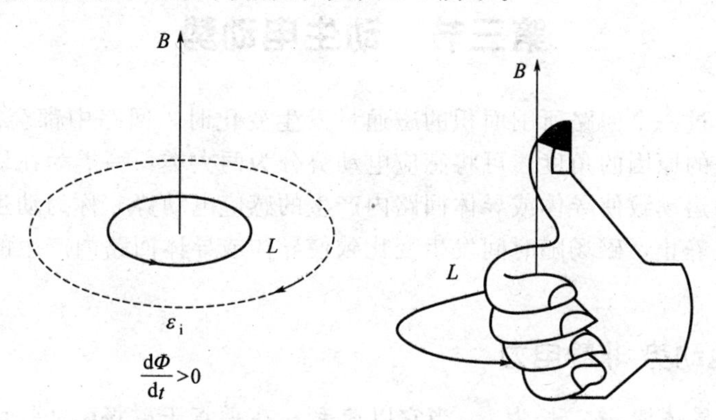

图 4-3　右手螺旋关系规定回路法线方向和绕行方向

反之，如果 Φ_m 减小，即$\frac{d\Phi_m}{dt}<0$，$\varepsilon_i=-\frac{d\Phi_m}{dt}>0$，则 ε_i 的方向与所确定的 L 正方向相同。

如果导体回路是由 N 匝线圈串联组成的，整个回路的总磁通量应是各匝线圈磁通量的和，即 $\Phi_m=\sum_{i=1}^{N}\phi_{mi}$ 。Φ_m 为总磁通量，当各匝线圈的磁通量都相等，这时总磁通量 $\Phi_m=N\phi_m$，通常称为磁通链数。

总电动势

$$\varepsilon_i=-\frac{d\Phi_m}{dt}=-\frac{d}{dt}\left(\sum_{i=1}^{N}\phi_{mi}\right) \tag{4.5}$$

或

$$\varepsilon_i=-\frac{d\Phi_m}{dt}=-N\frac{d\phi_m}{dt} \tag{4.6}$$

若导体回路中的总电阻为 R 时，回路中的感应电流为

$$I_i=-\frac{\varepsilon_i}{R}=-\frac{1}{R}\frac{d}{dt}\left(\sum_{i=1}^{N}\phi_{mi}\right) \tag{4.7}$$

或

$$I_i=-\frac{\varepsilon_i}{R}=-\frac{N}{R}\frac{d\phi_m}{dt} \tag{4.8}$$

回路中感应电流的方向可由其电动势方向判断，也可由楞次定律判断。

三、 楞次定律

1833 年楞次从实验结果中总结出如下结论：闭合回路中的感应电流总是使它本身所激发的磁场穿过闭合回路所围面积的磁通量去阻碍引起感应电流的原磁通量的变化，称为**楞次定律**。

在图 4-1 所示的实验中，当条形磁铁的 N 极靠近线圈；或磁铁不动，线圈靠近条形磁铁的 N 极时，穿过回路所围面积的磁通量增加。由楞次定律可知，感应电流所激发的磁场穿

过闭合回路所围面积的磁通量应与原磁通量正负相反，即感应电流所激发的磁场与原磁场方向相反。右手螺旋关系可知，此时回路中的感应电流方向为图中所示。

反之，当条形磁铁的N极远离线圈；或磁铁不动，线圈远离条形磁铁的N极时，穿过回路所围面积的磁通量减少。感应电流所激发的磁场穿过闭合回路所围面积的磁通量应与原磁通量正负相同，感应电流所激发的磁场与原磁场方向同向，此时回路中的感应电流方向为图中所示反方向。

第三节　动生电动势

由上节知，穿过一个回路所围面积的磁通量发生变化时，回路中都会产生感应电动势。从引起磁通量变化的原因的角度，可将感应电动势分为两大类：一类为在稳恒磁场中，由于导体或导体回路的运动致使导体或导体回路内产生的感应电动势，称为**动生电动势**；另一类为导体或导体回路静止，磁场随时间发生变化致使导体或导体回路内产生的感应电动势，称为**感生电动势**。

一、动生电动势 非静电力

如图4-4所示导体棒 ab，长为 l，当它以速率 v 在垂直于磁场$\boldsymbol{B}$的平面内，沿垂直于导体棒自身 x 轴方向运动，某时刻穿过导体棒 ab 所扫过面积的磁通量为 $\Phi_m=\boldsymbol{B}\cdot\boldsymbol{S}=Blx$，$x$ 随棒 ab 的运动而变大，Φ_m变大，因此，围成此面积的回路中产生动生电动势，其大小为

$$|\varepsilon_i|=\frac{|\mathrm{d}\Phi_m|}{\mathrm{d}t}=\frac{\mathrm{d}}{\mathrm{d}t}(Blx)=Blv \tag{4.9}$$

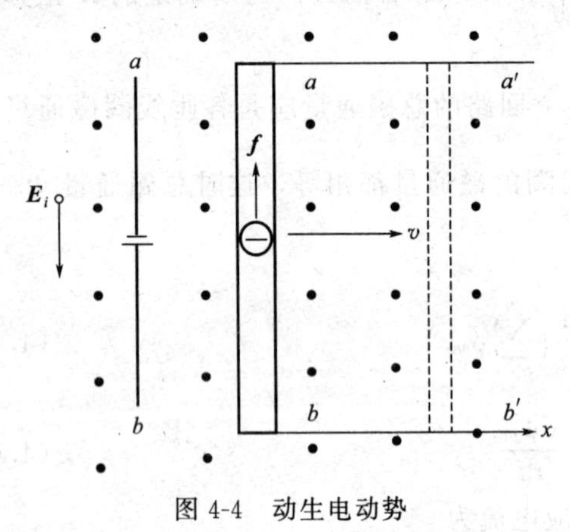

图 4-4　动生电动势

由楞次定律判定回路中电动势方向为逆时针方向。此回路中电动势集中于 ab 段内，ab 棒内的电动势为由 a 到 b 的方向。

这一段可等效为回路的电源部分。由于电源内电动势的方向是由低电势指向高电势，所以棒 ab 上 b 点电势高于 a 点电势。由分析知导体棒 ab 内部的非静电力为洛伦兹力。

图4-4中，导体棒 ab 垂直磁场及自身向右运动时，棒内的自由电子随棒一起以速率 v 向右运动，因此每个自由电子受到洛伦兹力 f 的作用为

$$\boldsymbol{f}=(-e)\boldsymbol{v}\times\boldsymbol{B}$$

则单位电荷所受的非静电力为

$$\frac{\boldsymbol{f}}{-e}=\boldsymbol{v}\times\boldsymbol{B} \tag{4.10}$$

由电场强度定义知

$$\boldsymbol{E}_i=\frac{\boldsymbol{f}}{-e}=\boldsymbol{v}\times\boldsymbol{B} \tag{4.11}$$

导体棒 ab 中产生的电动势为

$$\varepsilon_i=\int_a^b\boldsymbol{E}_i\cdot\mathrm{d}\boldsymbol{l}=\int_a^b(\boldsymbol{v}\times\boldsymbol{B})\cdot\mathrm{d}\boldsymbol{l}=\int_a^b vB\sin\phi\,\mathrm{d}l\cos\theta \tag{4.12}$$

式中，ϕ 为$\boldsymbol{v}$与$\boldsymbol{B}$的夹角；θ 为$\boldsymbol{v}\times\boldsymbol{B}$与 $\mathrm{d}\boldsymbol{l}$ 的夹角；$\mathrm{d}\boldsymbol{l}$ 方向为积分路径的方向。

式（4.12）中，当 $0\leqslant\theta\leqslant\frac{\pi}{2}$ 时，$\varepsilon_i\geqslant0$；当 $\frac{\pi}{2}<\theta<\pi$ 时，$\varepsilon_i<0$。ε_i 正负取决于 $\cos\theta$ 正负，而 $\cos\theta$ 正负取决于 $\mathrm{d}\boldsymbol{l}$ 的取向，即积分路径的方向。也就是积分路径的方向决定 ε_i 的正负。由楞次定律可判断：当 $\varepsilon_i>0$ 时，ε_i 方向为积分路径的方向。当 $\varepsilon_i<0$ 时，ε_i 方向为积分路径的反方向。

二、 动生电动势的计算

动生电动势的计算一般有两种算法。

（1）利用动生电动势 $\varepsilon_i=\int_a^b(\boldsymbol{v}\times\boldsymbol{B})\cdot\mathrm{d}\boldsymbol{l}$ 来计算一段导体在磁场中运动时产生的电动势

$$\varepsilon_i=\int_a^b(\boldsymbol{v}\times\boldsymbol{B})\cdot\mathrm{d}\boldsymbol{l}=\int_a^b vB\sin\phi\,\mathrm{d}l\cos\theta$$

当 $\varepsilon_i>0$ 时，方向为 $a\rightarrow b$（或称 b 端电势高）；$\varepsilon_i<0$ 方向为 $b\rightarrow a$（或称 a 端电势高）。

（2）利用法拉第电磁感应定律 $\varepsilon_i=-\frac{\mathrm{d}\Phi_m}{\mathrm{d}t}$ 来计算，将 $\mathrm{d}\Phi_m$ 理解为磁场穿过导体棒在 $\mathrm{d}t$ 时间间隔内扫过的面积的磁通量。此时，设沿 $a\rightarrow b$ 方向为回路正方向，因此当 $\varepsilon_i>0$ 方向为 $a\rightarrow b$（或 b 端电势高）；$\varepsilon_i<0$ 方向为 $b\rightarrow a$（或 a 端电势高）。

【例 4-1】 如图 4-5 所示，在匀强磁场 $\boldsymbol{B}$ 中，有一长为 L 的导体棒 AB，绕杆的 A 端以角速度 ω 在垂直于磁场平面内顺时针旋转，试求棒 AB 两端的感应电动势。

【解】 方法一 由动生电动势定义 $\varepsilon_i=\int_A^B(\boldsymbol{v}\times\boldsymbol{B})\cdot\mathrm{d}\boldsymbol{l}$，在导体棒上距 A 点 l 处取线元 $\mathrm{d}\boldsymbol{l}$，由积分方向可知 $\mathrm{d}\boldsymbol{l}$ 方向为 $A\rightarrow B$，

$$\varepsilon_i=\int_A^B(\boldsymbol{v}\times\boldsymbol{B})\cdot\mathrm{d}\boldsymbol{l}=\int_0^L vB\sin90^\circ\,\mathrm{d}l\cos0^\circ=\int_0^L B\omega l\,\mathrm{d}l=\frac{1}{2}B\omega L^2$$

积分结果 $\varepsilon_i>0$，动生电动势的方向为 $A\rightarrow B$（或 B 点电势高于 A 点电势）。

方法二 棒 AB 在 $0\rightarrow t$ 时间内扫过的面积大小为 $s=\frac{1}{2}\omega tL^2$，设此面积所围回路的正方向为逆时针。则 $\Phi_m=\boldsymbol{B}\cdot\boldsymbol{S}=-\frac{1}{2}B\omega L^2t$

$$\varepsilon_i=-\frac{\mathrm{d}\Phi_m}{\mathrm{d}t}=\frac{1}{2}B\omega L^2$$

计算结果 $\varepsilon_i>0$，动生电动势的方向与积分路径的方向一致，铜棒上为 $A\rightarrow B$，即 B 点电势高于 A 点电势。

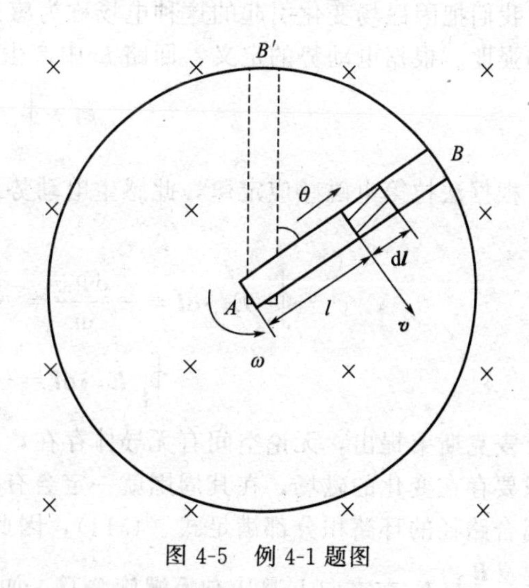

图 4-5 例 4-1 题图

计算导体回路在磁场中运动时，可用法拉第电磁感应定律 $\varepsilon_i=-\frac{\mathrm{d}\Phi_m}{\mathrm{d}t}$ 来计算电动势。

【例 4-2】 两相互平行的直线电流（其电流方向相反）与金属杆 CD 共面，CD 杆的长度为 b，相对位置如图 4-6 所示。CD 杆以速度 $\boldsymbol{v}$ 运动，求 CD 杆中的感应电动势，并判断

C,D 两端哪端电势高？

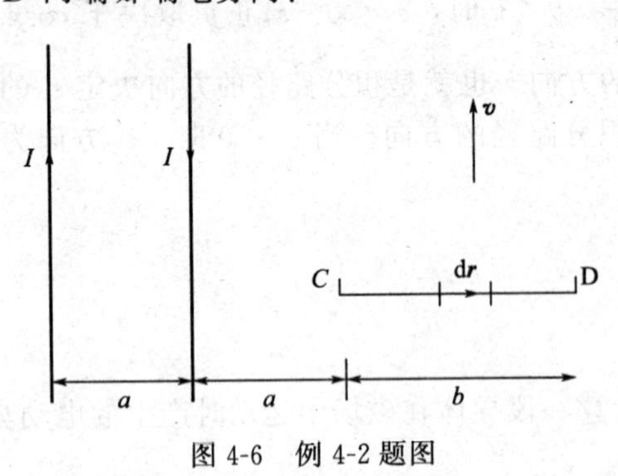

图 4-6　例 4-2 题图

【解】 在 CD 上距左侧直线电流的距离为 r 处，截取线元 $\mathrm{d}\boldsymbol{r}$，$\mathrm{d}\boldsymbol{r}$ 处的磁感应强度大小为

$$B=B_1-B_2=\frac{\mu_0 I}{2\pi\ (r-a)}-\frac{\mu_0 I}{2\pi r}$$

方向垂直于纸面向外

$\mathrm{d}r$ 上的动生电动势为

$$\mathrm{d}\varepsilon=(\boldsymbol{v}\times\boldsymbol{B})\cdot\mathrm{d}\boldsymbol{r}=(vB\sin 90°)\mathrm{d}r\cos 0°=vB\,\mathrm{d}r$$

CD 杆上的动生电动势为

$$\varepsilon_{CD}=\int\mathrm{d}\varepsilon=\int_{\mathrm{C}}^{\mathrm{D}}vB\,\mathrm{d}r=\int_{2a}^{2a+b}\frac{\mu_0 I v}{2\pi}\left(\frac{1}{r-a}-\frac{1}{r}\right)\mathrm{d}r$$
$$=\frac{\mu_0 I v}{2\pi}\ln\frac{2(a+b)}{2a+b}$$

因为 $\varepsilon>0$，所以电动势方向与积分方向相同，即 $C\to D$ 方向，因此，D 点电势高。

第四节　感生电动势

一、 感生电动势　涡旋电场

感应电动势的另一类为感生电动势，由于导体或导体回路没动，磁场随时间发生变化致使导体或导体回路内产生的电动势，所以感生电动势的非静电力不可能像在动生电动势中那样是洛伦兹力，那么宏观静止的电荷所受的非静电力只能是电场力，引起电场力的这种电场也只能是由磁场变化引起的。

我们把因磁场变化引起的这种电场称为**感生电场**。感生电场是非静电场。以 $\boldsymbol{E}_k$ 表示其电场强度。根据电动势的定义，回路 L 中产生的感生电动势应为

$$\varepsilon_i=\oint_L \boldsymbol{E}_k\cdot\mathrm{d}\boldsymbol{l} \tag{4.13}$$

根据法拉第电磁感应定律，此感生电动势还应为 $\varepsilon_i=-\dfrac{\mathrm{d}\Phi_{\mathrm{m}}}{\mathrm{d}t}$，因此

$$\varepsilon_i=\oint_L \boldsymbol{E}_k\cdot\mathrm{d}\boldsymbol{l}=-\frac{\mathrm{d}\Phi_{\mathrm{m}}}{\mathrm{d}t}=-\frac{\mathrm{d}\int_S \boldsymbol{B}\cdot\mathrm{d}\boldsymbol{S}}{\mathrm{d}t}=-\int_S\frac{\partial\boldsymbol{B}}{\partial t}\cdot\mathrm{d}\boldsymbol{S}$$

$$\oint_L \boldsymbol{E}_k\cdot\mathrm{d}\boldsymbol{l}=-\int_S\frac{\partial\boldsymbol{B}}{\partial t}\cdot\mathrm{d}\boldsymbol{S} \tag{4.14}$$

麦克斯韦提出，无论空间有无导体存在，变化的磁场总是在其周围激发出电场，也就是说只要存在变化的磁场，在其周围就一定会有感生电场。感生电场与静电场不同，场强沿任何闭合路径的环路积分都满足式（4.14），因此感生电场具有涡旋性，也称为涡旋电场。式中 $-\dfrac{\partial\boldsymbol{B}}{\partial t}$ 与 $\boldsymbol{E}_i$ 在方向上遵从右手螺旋关系，如图 4-7 所示。

二、 涡旋电场的性质

感生电场与静电场的相同之处是它们都能对放入场中的电荷产生电场力的作用，都可以

用电场线来描述。感生电场与静电场的差别如下。

(1) 静电场由静止的电荷激发，是一种有源场，其电场线始于正电荷止于负电荷，因此静电场中，高斯定理为$\oint_S \boldsymbol{E}\cdot\mathrm{d}\boldsymbol{S}=\frac{\sum q_i}{\varepsilon_0}$；而涡旋电场由变化的磁场激发，是无源场，由电场线的概念可知其电场线应是无头无尾的闭合曲线，因此涡旋电场的高斯定理为$\oint_S \boldsymbol{E}\cdot\mathrm{d}\boldsymbol{S}=0$。

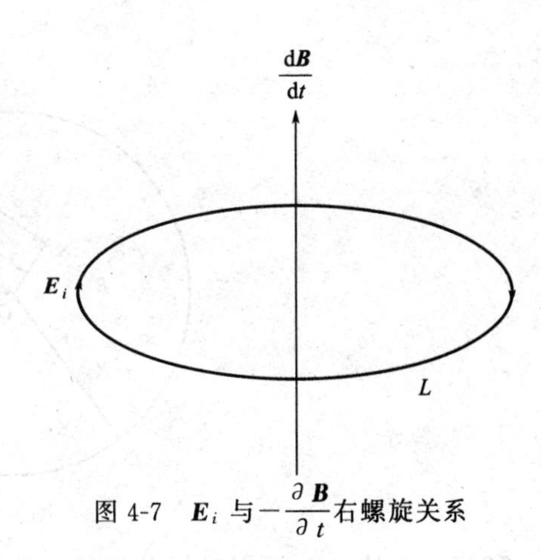

图 4-7 $\boldsymbol{E}_i$ 与$-\frac{\partial \boldsymbol{B}}{\partial t}$右螺旋关系

(2) 静电场的环流为零，即$\oint_L \boldsymbol{E}\cdot\mathrm{d}\boldsymbol{l}=0$，它是保守场，因而可以引入电势的概念；而涡旋电场的环流不为零，$\oint_L \boldsymbol{E}_k\cdot\mathrm{d}\boldsymbol{l}=-\int_S \frac{\partial \boldsymbol{B}}{\partial t}\cdot\mathrm{d}\boldsymbol{S}$，它不是保守场，因而不能引入电势的概念。

三、 感生电动势的计算

对于求闭合回路中的感生电动势，可利用法拉第电磁感应定律来计算，方法与计算步骤与用该定律计算动生电动势相同。

【例 4-3】 如图 4-8 所示，两个半径分别为 R 和 r ($R\gg r$) 的单匝圆线圈 A 和 N 匝圆线圈 B，两者同心共面放置，圆线圈 A 通有电流 $I=I_0\mathrm{e}^{-at}$，并且 $a>0$，线圈 B 内的磁场可视为均匀的且与线圈 A 中心处的磁感应强度相同，计算 t 时刻线圈 B 中的感应电动势 ε_i。

【解】 线圈 A 在 O 点产生的磁感应强度的大小为

$$B=\frac{\mu_0 I}{2R}=\frac{\mu_0 I_0\mathrm{e}^{-at}}{2R},\qquad \text{方向垂直于纸面向里}$$

由于 r 很小，线圈 B 内的磁场可视为均匀场且可用 O 点的磁场来表征。所以，线圈 B 的全磁通为

$$\Phi_m=N\boldsymbol{B}\cdot\boldsymbol{S}=NBS=N\cdot\frac{\mu_0 I_0\mathrm{e}^{-at}}{2R}\cdot\pi r^2$$

由法拉第电磁感应定律得

$$\varepsilon_i=-\frac{\mathrm{d}\Phi_m}{\mathrm{d}t}=-\frac{\mathrm{d}}{\mathrm{d}t}\left(\frac{N\mu_0 I_0\pi r^2\mathrm{e}^{-at}}{2R}\right)=\frac{N\mu_0 I_0\pi r^2 a\,\mathrm{e}^{-at}}{2R}$$

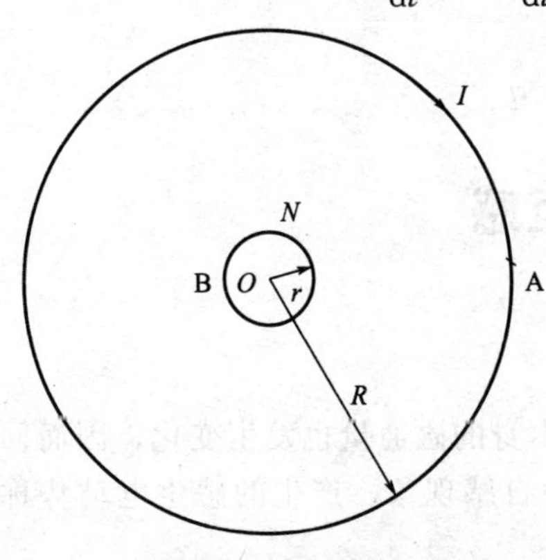

图 4-8 例 4-3 题图

因为 $\varepsilon_i>0$，所以 ε_i 的方向为顺时针方向（或由楞次定律判断也可知，ε_i 的方向为顺时针方向）。

若磁场分布具有对称性，可利用式 (4.14) 给出磁场变化率$\frac{\mathrm{d}\boldsymbol{B}}{\mathrm{d}t}$，求出涡旋电场$\boldsymbol{E}_k$在空间的分布，由 $\varepsilon_i=\oint_L \boldsymbol{E}_k\cdot\mathrm{d}\boldsymbol{l}$ 求出一段导体 ab 上的感生电动势。

【例 4-4】 如图 4-9 所示，均匀磁场$\boldsymbol{B}$被限制在半径为R 的圆筒内，$\boldsymbol{B}$与筒轴平行，$\frac{\mathrm{d}B}{\mathrm{d}t}>0$。回路 $abcda$ 中 ad，bc 均在半径方向上，ab，dc 均为圆弧，半径分别为 r，r'，θ 已知。求该回路感生电动势。

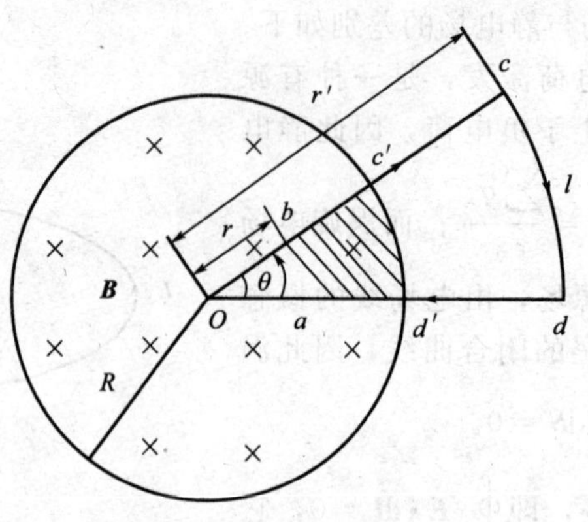

图 4-9 例 4-4 题图

【解】 方法一 根据磁场分布的对称性，可知，变化磁场产生的涡旋电场的电场线是圆心为 O 的一系列同心圆。用 $\varepsilon_i=\oint_l \boldsymbol{E}_k\cdot \mathrm{d}\boldsymbol{l}$ 解。

取 $abcda$ 为回路绕行方向，则

$$\begin{aligned}\varepsilon_i&=\oint_l \boldsymbol{E}_k\cdot \mathrm{d}\boldsymbol{l}\\&=\int_{ab}\boldsymbol{E}_k\cdot \mathrm{d}\boldsymbol{l}+\int_{bc}\boldsymbol{E}_k\cdot \mathrm{d}\boldsymbol{l}+\int_{cd}\boldsymbol{E}_k\cdot \mathrm{d}\boldsymbol{l}+\int_{da}\boldsymbol{E}_k\cdot \mathrm{d}\boldsymbol{l}\end{aligned}$$

因为在 bc，da 上，$\mathrm{d}\boldsymbol{l}$ 垂直于$\boldsymbol{E}_k$，所以

$$\boldsymbol{E}_k\cdot \mathrm{d}\boldsymbol{l}=0$$

$$\begin{aligned}\varepsilon_i&=\int_{ab}\boldsymbol{E}_k\cdot \mathrm{d}\boldsymbol{l}+\int_{cd}\boldsymbol{E}_k\cdot \mathrm{d}\boldsymbol{l}=\int_{ab}|\boldsymbol{E}_k|\cdot|\mathrm{d}\boldsymbol{l}|\cos 0^\circ+\int_{cd}|\boldsymbol{E}_k|\cdot|\mathrm{d}\boldsymbol{l}|\cos\pi\\&=\frac{1}{2}r\ \frac{\mathrm{d}B}{\mathrm{d}t}\cdot\theta r-\frac{R^2}{2r'}\cdot\frac{\mathrm{d}B}{\mathrm{d}t}\theta r'=\frac{1}{2}\theta(r^2-R^2)\frac{\mathrm{d}B}{\mathrm{d}t}\end{aligned}$$

因为 $\varepsilon_i<0$，所以 ε_i 为逆时针方向。

方法二 用 $\varepsilon_i=-\dfrac{\mathrm{d}\Phi_m}{\mathrm{d}t}$解，通过回路 l 的磁通量等于阴影面积磁通量

$$\Phi_m=\boldsymbol{B}\cdot\boldsymbol{S}=BS=B\left(\frac{1}{2}\theta R^2-\frac{1}{2}\theta r^2\right)$$

$$\varepsilon_i=-\frac{\mathrm{d}\Phi_m}{\mathrm{d}t}=\frac{1}{2}\theta(r^2-R^2)\frac{\mathrm{d}B}{\mathrm{d}t}$$

因为 $\varepsilon_i<0$，所以 ε_i 为逆时针方向。

说明：在半径方位上不产生电动势，所以$\boldsymbol{E}_k$垂直于 $\mathrm{d}\boldsymbol{l}$。

第五节 自感与互感

一、 自感现象 自感系数

当一个导体回路的电流 i 随时间变化时，通过回路本身的磁通量也发生变化，因而回路自身也会产生感生电动势。如图 4-10 所示，这种现象为自感现象，产生的感生电动势称为**自感电动势**。

根据毕奥-萨伐尔定律可知载流回路在空间任意一点产生的磁感应强度$\boldsymbol{B}$的大小都与回路中的

电流强度 I 成正比，因此，穿过回路的磁通量也与回路中的电流强度 I 成正比，即

$$\Phi_m = LI \tag{4.15}$$

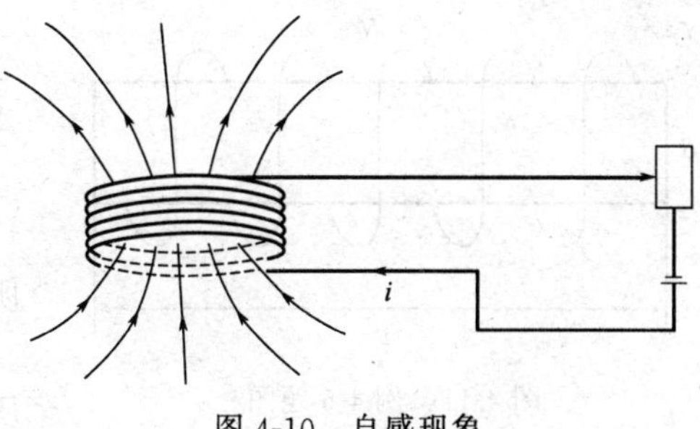

图 4-10 自感现象

式(4.15)中，L 是比例系数，称为线圈的**自感系数**，简称自感。它的大小取决于回路的大小，形状，线圈的匝数以及它周围的磁介质的分布。当式中 $I=1$，则 $L=\Phi_m$。可见，一个回路的自感系数在数值上等于该回路中的电流强度为 1 安培时，通过回路所围面积的磁通量。

根据法拉第电磁感应定律，回路中的自感电动势为

$$\varepsilon_i = -\frac{\mathrm{d}\Phi_m}{\mathrm{d}t} = -\frac{\mathrm{d}(LI)}{\mathrm{d}t} = -\left(L\frac{\mathrm{d}I}{\mathrm{d}t} + I\frac{\mathrm{d}L}{\mathrm{d}t}\right) \tag{4.16}$$

当回路的几何形状和磁介质的磁导率都不变时，L 保持不变，则 $\frac{\mathrm{d}L}{\mathrm{d}t}=0$，式（4.16）为 $\varepsilon_i = -L\frac{\mathrm{d}I}{\mathrm{d}t}$，则

$$L = -\frac{\varepsilon_i}{\mathrm{d}I/\mathrm{d}t} \tag{4.17}$$

式（4.17）表示一个线圈的自感系数在数值上也等于该回路中的电流 I 随时间 t 的变化率为 1 时的线圈的自感电动势。

国际单位制中，自感的单位定义为亨利，用符号 H 表示，且 1H＝V·s/A。自感还可以用更小的单位毫亨（mH）、微亨（μH）表示，相互关系为

$$1\mathrm{H} = 10^3\,\mathrm{mH} = 10^6\,\mu\mathrm{H}$$

式（4.17）中“－”表示线圈中自感电动势的方向与电流变化的关系，当线圈中电流 I 随时间增加，即 $\frac{\mathrm{d}I}{\mathrm{d}t}>0$ 时，$\varepsilon_i = -L\frac{\mathrm{d}I}{\mathrm{d}t}<0$，表示 ε_i 的方向与原电流方向相反；当线圈中电流 I 随时间减小，即 $\frac{\mathrm{d}I}{\mathrm{d}t}<0$ 时，$\varepsilon_i = -L\frac{\mathrm{d}I}{\mathrm{d}t}>0$，表示 ε_i 的方向与原电流方向相同。由此可见，回路中电流发生变化时，就一定会在自身回路中引起自感电动势来反抗回路自身的电流的改变。因此，线圈中的自感是线圈自身的一个特性，是使回路保持原有电流不变的性质，也可以说自感系数是线圈的“电磁惯性”的量度。

当回路是一个有 N 匝的线圈时，通过每匝线圈的磁通量都是 Φ_m，上式可写成

$$\varepsilon_i = -\frac{\mathrm{d}(N\Phi_m)}{\mathrm{d}t} = -L\frac{\mathrm{d}I}{\mathrm{d}t}$$

$$N\Phi_m = LI \tag{4.18}$$

此时，线圈的自感系数 L 在数值上等于通过单位电流时线圈的磁通链数。

【例 4-5】 如图 4-11 所示，长直螺线管长为 l，横截面积为 S，共 N 匝，置于真空中。求 L 的大小。

【解】 设线圈电流为 I，通过一匝线圈磁通量大小为

$$\Phi_m = BS = \mu_0 nIS$$

通过 N 匝线圈磁通链数为

$$N\Phi_m = N\mu_0 nIS$$

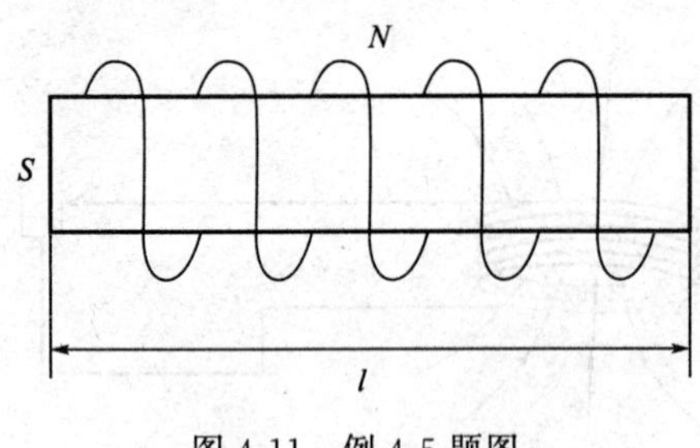

图 4-11 例 4-5 题图

由 $\Phi_m = LI$ 有

$$L = N\mu_0 nS = \frac{N}{l}\mu_0 n(lS) = \mu_0 n^2 V$$

式中，V 为螺线管的体积。

说明：(1) 由于计算中忽略了边缘效应，所以计算值是近似的，实际测量值比它小些；

(2) L 只与线圈大小、形状、匝数、磁介质有关。

二、 互感现象 互感系数

当两个线圈处于彼此的磁场中，一个线圈回路的电流 i 随时间变化时，另一个线圈中的磁通量也将发生变化，因而在另一个线圈中会产生感生电动势，如图 4-12 所示。这种由于相邻的其他线圈的电流变化而在自身线圈中产生的感生电动势的现象称为互感现象，产生的感生电动势称为**互感电动势**。

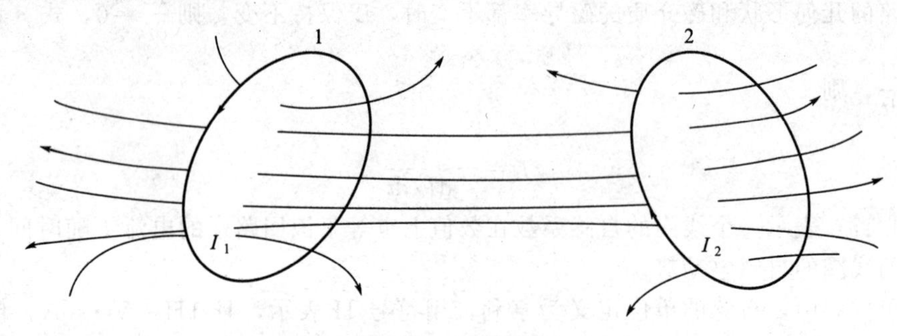

图 4-12 互感现象

图 4-12 中，两相邻线圈 1 和线圈 2 中的电流强度分别为 I_1 和 I_2，I_1 产生的磁场的磁感应线穿过线圈 2 所围面积的磁通量为 Φ_{21}，而 I_2 产生的磁场的磁感应线穿过线圈 1 所围面积的磁通量为 Φ_{12}。

当两回路的形状、相对位置和磁介质的磁导率都保持不变时，根据毕奥-萨伐尔定律，由 I_1 产生的磁场的磁感强度都与 I_1 成正比，那么 I_1 产生的磁场的磁感应线穿过线圈 2 的磁通量 Φ_{21} 也必然与 I_1 成正比。即 $\Phi_{21} = M_{21} I_1$。

同理

$$\Phi_{12} = M_{12} I_2 \tag{4.19}$$

式 (4.19) 中 M_{21} 和 M_{12} 是两个比例系数，称为**互感系数**，简称互感。其大小与两个线圈各自的大小、匝数、几何形状、相对位置及周围磁介质的磁导率有关。

理论及实验都证明 $M_{21} = M_{12}$，则令 $M = M_{21} = M_{12}$，M 表示共同互感，其单位与 L 相同，单位为亨利 H。

如果两个线圈的大小、匝数、几何形状、相对位置及周围磁介质的磁导率保持不变，则 M 为常数，根据法拉第电磁感应定律，当线圈 1 中的电流 I_1 变化时，在线圈 2 中产生的互感电动势为

$$\varepsilon_{21} = -\frac{d\Phi_{21}}{dt} = -M\frac{dI_1}{dt} \quad [4.20\text{(a)}]$$

同理，线圈 2 中的电流 I_2 变化时，在线圈 1 中产生的互感电动势为

$$\varepsilon_{12} = -\frac{d\Phi_{12}}{dt} = -M\frac{dI_2}{dt} \quad [4.20\text{(b)}]$$

从式 (4.20) 可看出，当一个线圈中的电流对时间的变化率不变时，M 越大，在另一

个线圈中产生的电动势就越大，因此，M 的大小反映了两个线圈相互影响的能力。

【例 4-6】 如图 4-13 所示，一螺线管长为 l，横截面积为 S，密绕的两组导线分别为 N_1 和 N_2 匝。管内为真空，磁导率为 μ_0，求此二线圈互感 M 的大小

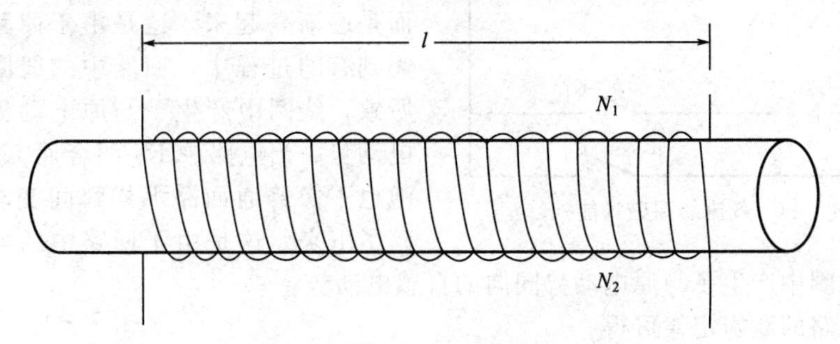

图 4-13 例 4-6 题图

【解】 设长螺线管导线 N_1 中电流为 I_1，它产生$\boldsymbol{B}_1$的大小为

$$B_1=\mu_0\frac{N_1}{l}I_1$$

I_1产生的磁场通过第二个线圈磁通链数为

$$\Phi_m=N_2\Phi_{21}=N_2\boldsymbol{B}_1\cdot\boldsymbol{S}=N_2B_1S=N_2\mu_0\frac{N_1}{l}I_1S$$

根据互感定义 $M=\frac{\Phi_m}{I_1}$，有

$$M=\mu_0\frac{N_1N_2}{l}S$$

三、 自感系数与互感系数

实验证明，两个线圈的互感 M 与它们各自的自感 L 有一定的联系，如果两线圈中任意一个的电流所产生的磁感应线都能无遗漏地穿过另一个线圈，那么两个线圈的互感 M 与它们各自的自感 L 有如下关系

$$M=\sqrt{L_1L_2}$$

若只有部分磁感应线穿过对方线圈，则

$$M=K\sqrt{L_1L_2}$$

式中，K 为耦合系数，其值由两线圈的相对位置决定，取值范围为 $0\leqslant K\leqslant 1$；当两线圈垂直放置时，$K\approx 0$。

互感原理在无线电及电工学中有广泛的应用，常见的变压器、感应发电机、感应线圈等都应用了互感原理。

互感系数不易通过计算求得，一般通过实验测得，对于简单的可以通过计算求得。

第六节 磁场能

一、 磁场能量

在图 4-14 所示的电路中，R 为一电灯泡，电阻为 R，自感系数可忽略，线圈 L 为粗导

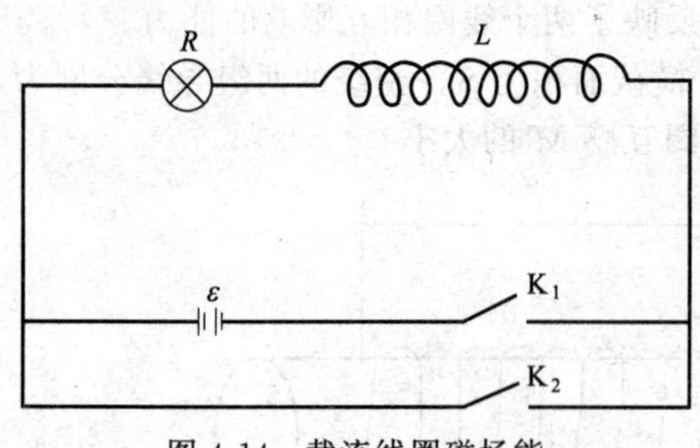

图 4-14 载流线圈磁场能

线绕成的 N 匝线圈，自感为 L，电阻可忽略，当电路中 K_1 闭合而 K_2 断开时，我们会观察到电灯泡不像普通回路那样瞬间变亮，而是逐渐亮起来。这是由于回路中的电流由无到有的过程中，回路中的线圈的自感现象所致，线圈中产生了与原电动势相反的自感电动势。当电路中 K_2 闭合而 K_1 断开时，灯泡也不像普通回路那样瞬间变暗，而是逐渐暗了下来。这是由于回路中的电流由有到无的过程中，线圈中产生了与原电动势同向的自感电动势。

由闭合回路的欧姆定律可得

$$\varepsilon - L\frac{\mathrm{d}I}{\mathrm{d}t} = IR \text{（充电时）}$$

上式两边同时乘以 $I\mathrm{d}t$，有

$$\varepsilon I\mathrm{d}t - LI\mathrm{d}I = I^2R\mathrm{d}t$$

设 $t=0$，$I=0$；$t=t_0$，$I=I_0$。有

$$\int_0^{t_0}\varepsilon I\mathrm{d}t - \int_0^{I_0}LI\mathrm{d}I = \int_0^{t_0}I^2R\mathrm{d}t$$

$$\int_0^{t_0}\varepsilon I\mathrm{d}t = \frac{1}{2}LI_0^2 + \int_0^{t_0}I^2R\mathrm{d}t \tag{4.21}$$

式 (4.21) 中 $\int_0^{t_0}\varepsilon I\mathrm{d}t$ 表示电源在 $0\to t_0$ 这段时间所做的功，也就是电源所供给的能量；$\int_0^{t_0}I^2R\mathrm{d}t$ 表示灯泡在 $0\to t_0$ 这段时间所放出的焦耳-楞次热；$\frac{1}{2}LI_0^2$表示 $0\to t_0$ 这段时间电源反抗自感电动势所做的功。在电路中电流从 $0\to I_0$ 时，电路附近空间只是逐渐建立了线圈中磁场而没有其他变化，因此，可判断电源反抗自感电动势做功所消耗的能量是在磁场的建立过程中转换成了线圈中的磁场能量。所以对自感为 L 的线圈来说，当其电流为 I 时磁场的能量为

$$W_m = \frac{1}{2}LI^2 \tag{4.22}$$

式 (4.22) 中磁能用自感系数和电流表示，实质上磁场能与电场能一样存在于场中，磁能 W_m 可以用表征磁场本身性质的物理量来描述。下面我们以一载流长直螺线管为例来说明。螺线管的自感系数为

$L=\mu\frac{N^2S}{l}$ 当通有电流 I 时，管内磁场 $B=\frac{\mu NI}{l}$（管外磁场，B 为零），因此磁场能量的大小为

$$W_m = \frac{1}{2}LI^2 = \frac{1}{2}\mu\frac{N^2S}{l}\left(\frac{B^2l^2}{\mu^2N^2}\right) = \frac{1}{2}\frac{B^2}{\mu}(Sl) = \frac{1}{2}\frac{B^2}{\mu}V$$

式中，V 为长直螺线管的体积。这一结果也验证了磁能储存在磁场所能达到的空间的说法。

二、 磁场的能量密度

载流长直螺线管通有电流 I 时磁场内储存的能量为 $W_m=\frac{1}{2}\frac{B^2}{\mu}V$。则单位体积内的磁

能，即磁能密度为

$$w_m=\frac{W_m}{V}=\frac{1}{2}\frac{\boldsymbol{B}^2}{\mu}=\frac{1}{2}\boldsymbol{B}\cdot\boldsymbol{H}\quad(B=\mu H)\tag{4.23}$$

式（4.23）虽从特例中导出，但适用于一切磁场，对于非匀强磁场可将磁场空间划分为无数体积元，在体积元 $\mathrm{d}V$ 中，磁场可近似为匀强磁场，则 $\mathrm{d}V$ 内的磁能为

$$\mathrm{d}W_m=w_m\mathrm{d}V=\frac{1}{2}\boldsymbol{B}\cdot\boldsymbol{H}\mathrm{d}V$$

在有限的体积 V 内的磁能为

$$W_m=\int\mathrm{d}W_m=\int\frac{1}{2}\boldsymbol{B}\cdot\boldsymbol{H}\mathrm{d}V\tag{4.24}$$

【例 4-7】 如图 4-15 所示，同轴电缆半径分别为 a，b，电流从内筒面流入，经外筒面流出，筒间为真空磁导率为 μ_0，电流为 I。求长度为 h 同轴电缆的磁场能及单位长度上的自感 L_0 的大小为多少。

【解】 由安培环路定律知，

$$B=\begin{cases}0, & r<a\\ \mu_0 I/2\pi r, & a\leqslant r\leqslant b\\ 0, & r>b\end{cases}$$

除两筒间外无磁场能量。在筒间距轴线为 r 处，ω_m 为

$$\omega_m=\frac{1}{2\mu_0}B^2=\frac{\mu_0 I^2}{8\pi^2 r^2}$$

在半径为 r 处、宽为 $\mathrm{d}r$、高为 h 的薄圆筒内的能量为

$$\mathrm{d}W_m=w_m\mathrm{d}V=\frac{\mu_0 I^2}{8\pi^2 r^2}\cdot 2\pi r\cdot\mathrm{d}r\cdot h=\frac{\mu_0 h I^2}{4\pi r}\mathrm{d}r$$

在筒间能量为

$$W_m=\int\mathrm{d}W_m=\int\frac{\mu_0 h I^2}{4\pi r}\cdot\mathrm{d}r=\frac{\mu_0 h I^2}{4\pi}\ln\frac{b}{a}$$

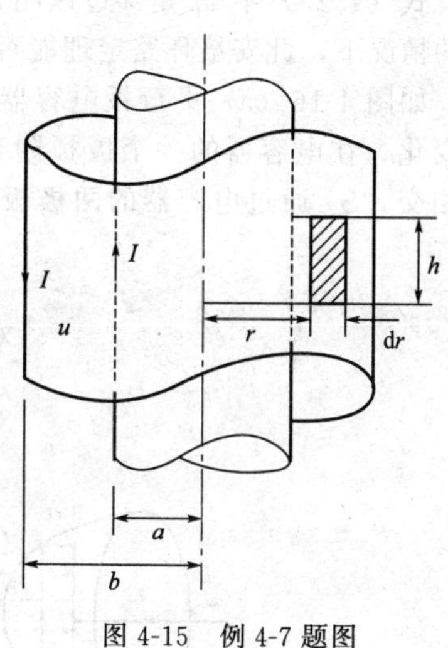

图 4-15 例 4-7 题图

因为 $W_m=\frac{1}{2}LI^2$，所以

$$L=\frac{\mu_0 h}{2\pi}\ln\frac{b}{a}$$

同轴电缆单位长度的自感 L_0 为

$$L_0=\frac{L}{h}=\frac{\mu_0}{2\pi}\ln\frac{b}{a}$$

第七节 位移电流

一、麦克斯韦电磁场理论

麦克斯韦是经典电磁理论的奠基人。1873 年他在自己的《电磁学通论》中总结了从库仑、安培、法拉第以来的电磁学的全部成就，发展了法拉第的电磁感应理论，并创造性地提出变化的磁场能够激发涡旋电场，以及变化的电场激发磁场和位移电流的假设。如果空间中有变化的电场，那么它就要激发磁场，如果产生的磁场也是变化的，则这一变化的磁场又将

激发电场。由此可见，变化的电场和磁场相互依存，不可分割，这种共存的变化的电场和磁场形成统一的电磁场。麦克斯韦深刻地揭示了电和磁之间的内在联系，建立了麦克斯韦方程组，它是麦克斯韦电磁理论的基本概念。

二、 位移电流及全电流

由第四章第四节感生电动势一节可知，变化的磁场能够激发感生电场，通过法拉第电磁感应定律给出了其定量关系 $\varepsilon_i=\oint_L \boldsymbol{E}_k\cdot\mathrm{d}\boldsymbol{l}=-\int_S \dfrac{\partial \boldsymbol{B}}{\partial t}\cdot\mathrm{d}\boldsymbol{S}$，从麦克斯韦电磁理论中可知变化的电场也能激发磁场。

我们在第三章的第四节中讨论了真空中稳恒电流的磁场中的安培环路定理为

$$\oint_L \boldsymbol{B}\cdot\mathrm{d}\boldsymbol{l}=\mu_0\Sigma I_i \tag{4.25}$$

式（4.25）中 I_i 是穿过以闭合回路 L 为边界的任意曲面的传导电流。那么在非稳恒电流的情况下，此安培环路定理能否同样成立呢？下面我们以电容器充放电过程为例来分析。

如图 4-16（a）平行板电容器正在充电，此时电路中的电流为非稳恒电流，它随时间而变化，在电容器的一个极板附近取一个回路 L，并以它为边界作面 S_1 和 S_2，S_1 与导线相交，S_2 通过电容器的两极板之间，不与导线相交。对 S_1 面和 S_2 面运用安培环路定理有

$$\text{对 } S_1 \text{ 面}\quad \oint_L \boldsymbol{B}\cdot\mathrm{d}\boldsymbol{l}=\mu_0 I \tag{4.26 (a)}$$

$$\text{对 } S_2 \text{ 面}\quad \oint_L \boldsymbol{B}\cdot\mathrm{d}\boldsymbol{l}=0 \tag{4.26 (b)}$$

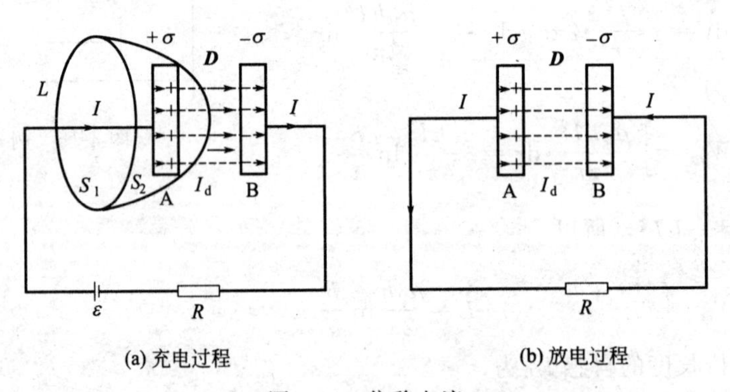

图 4-16 位移电流

式（4.26）中两式都是$\boldsymbol{B}$对同一闭合曲线 L 的环路积分，却得到了不同的结果。这是矛盾的。此现象说明了非稳恒电流条件下，式（4.25）安培环路定理并不成立。而这种矛盾的产生是由于在有电容器的回路中，传导电流在电容器的两极板间不连续引起的。但是在电路电流非稳恒情况下，电容器两极板都在充电或放电过程。电容器充电（或放电）时电容器极板上的电荷 q 或电荷密度 σ 都随时间变化。设电容器极板面积为 S，通过两极板外侧的传导电流强度为

$$I=\frac{\mathrm{d}q}{\mathrm{d}t}=S\,\frac{\mathrm{d}\sigma}{\mathrm{d}t}$$

传导电流的密度为

$$j=\frac{\mathrm{d}\sigma}{\mathrm{d}t}$$

而此时，极板上积累的自由电荷虽不能跨越极板而形成传导电流，但在极板间建立了电场，该电场的电位移$\boldsymbol{D}$和电位移通量Φ_D大小分别$D=\sigma$，$\Phi_D=\boldsymbol{D}\cdot\boldsymbol{S}$，则$\Phi_D$和$D$对时间的变化率为

$$\frac{\mathrm{d}\Phi_D}{\mathrm{d}t}=S\,\frac{\mathrm{d}\sigma}{\mathrm{d}t},\quad \frac{\mathrm{d}D}{\mathrm{d}t}=\frac{\mathrm{d}\sigma}{\mathrm{d}t}$$

将上式与极板外侧的传导电流I和传导电流密度j表达式对比可知，数值上$I=\frac{\mathrm{d}q}{\mathrm{d}t}=\frac{\mathrm{d}\Phi_D}{\mathrm{d}t}$，$j=\frac{\mathrm{d}\sigma}{\mathrm{d}t}=\frac{\mathrm{d}D}{\mathrm{d}t}$。方向上，充电时极板间场强增强，$\frac{\mathrm{d}\boldsymbol{D}}{\mathrm{d}t}$的方向与$\boldsymbol{D}$的方向相同，也与传导电流密度$\boldsymbol{j}$的方向一致；放电时，电场减弱，$\frac{\mathrm{d}\boldsymbol{D}}{\mathrm{d}t}$的方向与$\boldsymbol{D}$的方向相反，但仍然与传导电流密度$\boldsymbol{j}$的方向一致。

由上述分析可知，在平行板电容器两极板间，虽然传导电流中断了，但却存在着与传导电流等价的$\frac{\mathrm{d}\Phi_D}{\mathrm{d}t}$。麦克斯韦把$\frac{\mathrm{d}\Phi_D}{\mathrm{d}t}$视为一种电流，称为**位移电流**。则整个回路中电流就保持了连续性。麦克斯韦由此定义了位移电流密度$\boldsymbol{j}_d$和位移电流强度I_d即

$$\boldsymbol{j}_d=\frac{\mathrm{d}\boldsymbol{D}}{\mathrm{d}t} \tag{4.27}$$

$$I_d=\frac{\mathrm{d}\Phi_D}{\mathrm{d}t}=\frac{\mathrm{d}}{\mathrm{d}t}\int_s \boldsymbol{D}\cdot\mathrm{d}\boldsymbol{S}=\int_s\frac{\partial \boldsymbol{D}}{\partial t}\cdot\mathrm{d}\boldsymbol{S} \tag{4.28}$$

通过电场中某点的**位移电流密度$\boldsymbol{j}_d$**等于该点电位移对时间的变化率。通过电场中某截面的**位移电流强度**等于通过该截面的电位移通量对时间的变化率，位移电流的方向规定为电位移增量的方向。

在一般情况下，传导电流和位移电流可能同时通过某一截面，因此麦克斯韦又引入了全电流的概念，并定义为

$$I_{全}=I+I_d \tag{4.29}$$

$$\boldsymbol{j}_{全}=\boldsymbol{j}+\boldsymbol{j}_d \tag{4.30}$$

引入位移电流和全电流的概念后，电流的连续性具有了更普遍意义，即全电流在任何情况下都是连续的。上例在电容器充放电过程中，传导电流虽然在电容器极板间中断，但有位移电流接续，使通过回路中各截面的全电流强度始终相等。由此可见，要使安培环路定理适用于任何情况，将式（4.25）右端的传导电流修改为全电流即可。即

$$\oint_L \boldsymbol{B}\cdot\mathrm{d}\boldsymbol{l}=\mu_0\left(\sum I+\int_s\frac{\partial \boldsymbol{D}}{\partial t}\cdot\mathrm{d}\boldsymbol{S}\right) \tag{4.31}$$

上式是适用于普遍情况的安培环路定理，称为全电流安培环路定理。

三、 位移电流的本质

将式（4.31）应用于无传导电流情况时，变为

$$\oint_L \boldsymbol{B}\cdot\mathrm{d}\boldsymbol{l}=\mu_0\int_S \frac{\partial \boldsymbol{D}}{\partial t}\cdot\mathrm{d}\boldsymbol{S}$$

此式表明位移电流也会在它的周围空间里激发磁场，该磁场和与它等价的传导电流所激发的磁场完全相同。由于位移电流的本质是变化的电场，可见变化的电场能激发磁场。

传导电流和位移电流只有在激发磁场方面是等效的，都叫作电流。传导电流是电荷的定向运动形成的，位移电流是变化的电场形成的；另外，传导电流只存在于导体中，而且当它通过金属导体时会产生焦耳热；位移电流却可以存在于导体中、介质中，甚至于真空中，它存在于变化电场存在的一切地方，它不会产生焦耳热。

第八节 麦克斯韦方程组 电磁波

在前面电场和磁场部分，我们讨论静止的电荷和稳恒电流的电磁现象时，得出了关于静电场和稳恒电流磁场的基本规律，可归纳为以下四个基本方程。

静电场的高斯定理 $\oint_S \boldsymbol{D}\cdot\mathrm{d}\boldsymbol{S}=\sum q_i$

静电场的环路电流 $\oint_S \boldsymbol{E}\cdot\mathrm{d}\boldsymbol{l}=0$

稳恒磁场的高斯定理 $\oint_S \boldsymbol{B}\cdot\mathrm{d}\boldsymbol{S}=0$

稳恒磁场的安培环路定理 $\oint_L \boldsymbol{H}\cdot\mathrm{d}\boldsymbol{l}=\sum I_i$

这些规律有很大的局限性，只能孤立的说明静电场和稳恒磁场的性质，对于变化的电场或变化的磁场都不适用。麦克斯韦在提出电磁场理论并引入涡旋电场和位移电流两个重要概念后，对描述静电场和稳恒磁场的方程加以修正和补充，形成麦克斯韦方程组。

一、 麦克斯韦方程组的积分形式

$$\oint_S \boldsymbol{D}\cdot\mathrm{d}\boldsymbol{S}=\sum q_i \tag{4.32}$$

$$\oint_L \boldsymbol{E}_i\cdot\mathrm{d}\boldsymbol{l}=-\int_S \frac{\partial \boldsymbol{B}}{\partial t}\cdot\mathrm{d}\boldsymbol{S} \tag{4.33}$$

$$\oint_S \boldsymbol{B}\cdot\mathrm{d}\boldsymbol{S}=0 \tag{4.34}$$

$$\oint_L \boldsymbol{H}\cdot\mathrm{d}\boldsymbol{l}=\sum I+\int_S \frac{\partial \boldsymbol{D}}{\partial t}\cdot\mathrm{d}\boldsymbol{S} \tag{4.35}$$

麦克斯韦方程组中各场量$\boldsymbol{D}$和$\boldsymbol{E}$是电荷激发的电场和变化的磁场激发的涡旋场的总电场；$\boldsymbol{B}$和$\boldsymbol{H}$是传导电流和位移电流激发的总磁场。$\boldsymbol{D}$和$\boldsymbol{E}$，$\boldsymbol{B}$和$\boldsymbol{H}$有一定的关系，对于各向同性的均匀介质有

$$\boldsymbol{D}=\varepsilon \boldsymbol{E},\ \boldsymbol{B}=\mu \boldsymbol{H},\ \boldsymbol{j}=\gamma \boldsymbol{E} \tag{4.36}$$

二、 麦克斯韦方程组的微分形式

在电磁场的实际应用中，经常要知道空间逐点的电磁场量和电荷、电流之间的关系。从数学形式上，就是将麦克斯韦方程组的积分形式化为微分形式。

$$\begin{cases}\nabla\cdot\boldsymbol{D}=\rho\\ \nabla\times\boldsymbol{E}=-\dfrac{\partial\boldsymbol{B}}{\partial t}\\ \nabla\cdot\boldsymbol{B}=0\\ \nabla\times\boldsymbol{H}=\boldsymbol{j}+\dfrac{\partial\boldsymbol{D}}{\partial t}\end{cases}\tag{4.37}$$

式中，$\nabla=\boldsymbol{i}\frac{\partial}{\partial x}+\boldsymbol{j}\frac{\partial}{\partial y}+\boldsymbol{k}\frac{\partial}{\partial z}$，称之为微分算符。

三、 电磁波

麦克斯韦方程不仅概括了电磁场的基本规律，它还揭示了电磁场的基本性质。电场和磁场是一个统一的整体存在于同一空间中，变化的磁场会产生感生电场，变化的电场也会产生感生磁场。一般情况这种感生电场和感生磁场也是随时间变化的，因此变化的电场和变化的磁场之间互相激发、交替产生，并以一定的速度由近及远地在空间传播出去。这种变化的电场和磁场交替激发，以一定的速率在空间的传播过程，叫做**电磁波**。

电磁波在传播过程中不需要依赖任何弹性介质，它只靠“变化的磁场产生电场，变化的电场产生磁场”向前传播，所以电磁波在真空中也能传播。

理论和实验都证明电磁波有如下基本特性。

（1）电磁波是横波。如果$\boldsymbol{K}$为电磁波传播方向的单位矢量，则有

$$\boldsymbol{E}\perp\boldsymbol{K}，\boldsymbol{H}\perp\boldsymbol{K}$$

（2）$\boldsymbol{E}$与$\boldsymbol{H}$相互垂直，并且与$\boldsymbol{K}$组成右手螺旋关系，即（$\boldsymbol{E}\times\boldsymbol{H}$）的方向总是沿着波的传播方向，如图 4-17 所示。

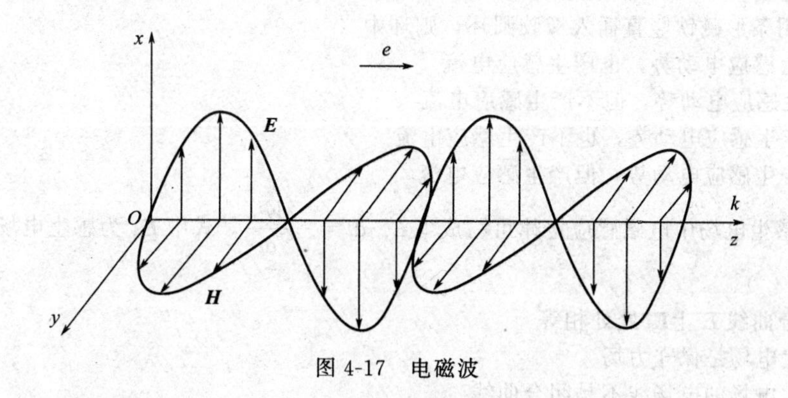

图 4-17 电磁波

（3）在空间的任何地点、任何时刻，$\boldsymbol{E}$与$\boldsymbol{H}$始终同相位，即两者的变化步调一致，如图 4-17 所示。

（4）$\boldsymbol{E}$与$\boldsymbol{H}$的量值有确定的数量关系。令 E_0 和 H_0 分别代表$\boldsymbol{E}$与$\boldsymbol{H}$的幅值，其关系为

$$\frac{E}{H}=\frac{E_0}{H_0}=\frac{\sqrt{\mu}}{\sqrt{\varepsilon}} \tag{4.38}$$

(5) 电磁波在真空中的传播速度为

$$c=\frac{1}{\sqrt{\mu_0\varepsilon_0}}=3.0\times10^8\,\mathrm{m/s}$$

在均匀介质中传播的波速为

$$v=\frac{1}{\sqrt{\mu\varepsilon}}=\frac{c}{\sqrt{\mu_r\varepsilon_r}} \tag{4.39}$$

电磁波是变化的电磁场在空间的传播，电场和磁场都具有能量，所以随着电磁波的传播，将有相应的电磁能传播。电磁波所携带的电磁能称为辐射能。在各向同性的介质中，辐射能的传播速度和方向与电磁波的传播速度和方向相同。在波动光学中，我们用能流密度来描述波的能量。在电磁波中将单位时间通过垂直于传播方向的单位面积的辐射能称作电磁波的**能流密度**或**辐射强度**，用 S 表示。由于辐射能的传播方向就是电磁波的传播方向，因此，能流密度是一个沿传播方向的矢量 $\boldsymbol{S}$。通常人们把矢量 $\boldsymbol{S}$ 称为坡印廷矢量。

可以证明

$$\boldsymbol{S}=\boldsymbol{E}\times\boldsymbol{H} \tag{4.40}$$

平均能流密度为

$$\overline{S}=\frac{1}{2}E_0H_0 \tag{4.41}$$

按照电磁波产生的方式和探测方法的不同，通常把电磁波分成不同的波段，分别称为无线电波、红外线、可见光、紫外线、X 射线、γ 射线。不同的电磁波有不同的性质和应用。

练习题

选择题

4-1 在半径均为 R 的铁圆环与铜圆环所包围的面积中，均匀磁场以相同的变化率变化，则环中( )。

(A) 感应电动势不同，感应电流不同 (B) 感应电动势不同，感应电流相同

(C) 感应电动势相同，感应电流相同 (D) 感应电动势相同，感应电流不同

4-2 在以下矢量场中，属于保守力场的是( )。

(A) 静电场 (B) 涡旋电场 (C) 稳恒磁场 (D) 变化磁场

4-3 若用条形磁铁竖直插入橡胶圆环，则环中( )。

(A) 产生感应电动势，也产生感应电流

(B) 产生感应电动势，但不产生感应电流

(C) 不产生感应电动势，也不产生感应电流

(D) 不产生感应电动势，但产生感应电流

4-4 在感生电场中电磁感应定律可写成 $\oint_L \boldsymbol{E}_k\cdot d\boldsymbol{l}=-\frac{d\Phi_m}{dt}$，式中 $\boldsymbol{E}_k$ 为感生电场的电场强度。此式表明( )。

(A) 闭合曲线 L 上 $\boldsymbol{E}_k$ 处处相等

(B) 感生电场是保守力场

(C) 感生电场的电场线不是闭合曲线

(D) 在感生电场中不能像对静电场那样引入电势的概念

4-5 面积为 S 和 $3S$ 的两圆线圈 a，b 如图 4-18 放置，通有相同的电流 I。线圈 a 产生的磁场通过线圈 b 的磁通为 Φ_{ba}，线圈 b 所产生的磁场通过线圈 a 的磁通为 Φ_{ab}，则 Φ_{ba} 和 Φ_{ab} 的关系为( )。

(A) $\Phi_{ba}=3\Phi_{ab}$　(B) $\Phi_{ba}=\frac{1}{3}\Phi_{ab}$　(C) $\Phi_{ba}=\Phi_{ab}$　(D) $\Phi_{ba}>\Phi_{ab}$

4-6 在圆柱形空间内有一磁感应强度为$\boldsymbol{B}$的均匀磁场，如图 4-19 所示。$\boldsymbol{B}$的大小以速率 $\mathrm{d}B/\mathrm{d}t$ 变化，在磁场中有 A, B 两点，其间可放直导线$\overline{AB}$和弯曲导线$\overset{\frown}{AB}$则（　　）。

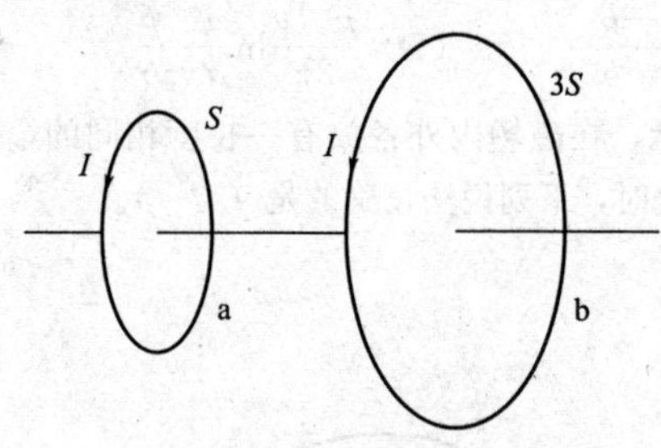

图 4-18　4-5 题图

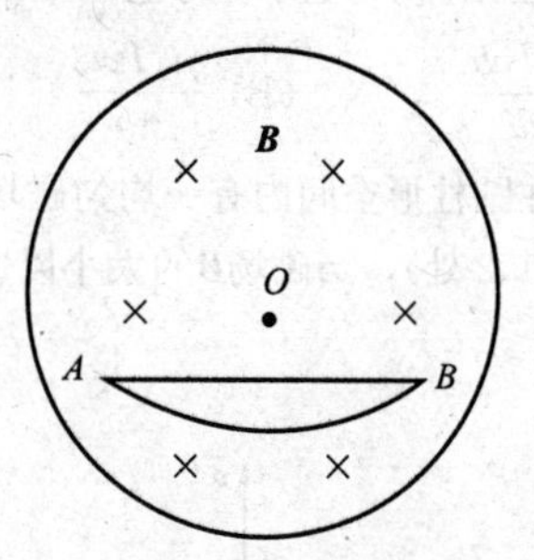

图 4-19　4-6 题图

(A) 电动势只在$\overline{AB}$导线中产生

(B) 电动势只$\overset{\frown}{AB}$在导线中产生

(C) 电动势在$\overline{AB}$中和$\overset{\frown}{AB}$都产生，且两者大小相等

(D) $\overline{AB}$导线中的电动势小于$\overset{\frown}{AB}$导线中的电动势

4-7 $\boldsymbol{E}$和$\boldsymbol{E}_k$分别表示静电场和感生电场的电场强度，有关两种电场的性质，在下列关系式中正确的是（　　）。

(A) $\oint_L \boldsymbol{E}\cdot\mathrm{d}\boldsymbol{l}\neq 0$；$\oint_L \boldsymbol{E}_k\cdot\mathrm{d}\boldsymbol{l}=0$　(B) $\oint_L \boldsymbol{E}\cdot\mathrm{d}\boldsymbol{l}\neq 0$；$\oint_L \boldsymbol{E}_k\cdot\mathrm{d}\boldsymbol{l}\neq 0$

(C) $\oint_L \boldsymbol{E}\cdot\mathrm{d}\boldsymbol{l}=0$；$\oint_L \boldsymbol{E}_k\cdot\mathrm{d}\boldsymbol{l}=0$　(D) $\oint_L \boldsymbol{E}\cdot\mathrm{d}\boldsymbol{l}=0$；$\oint_L \boldsymbol{E}_k\cdot\mathrm{d}\boldsymbol{l}\neq 0$

4-8 一长直导线载有电流 I，旁边有一正方形线圈与它共面。线圈边长为 $2a$，其几何中心到直导线的距离为 b，如图 4-20 所示，如果线圈以速率 v 离开直导线，那么线圈中感应电动势是（　　）。

(A) $\frac{2\mu_0 Ivab}{\pi(b^2-a^2)}$，顺时针方向　(B) $\frac{2\mu_0 Ivab}{\pi(b^2-a^2)}$，逆时针方向

(C) $\frac{2\mu_0 Iva^2}{\pi(b^2-a^2)}$，顺时针方向　(D) $\frac{2\mu_0 Ia^2 v}{\pi(b^2-a^2)}$，逆时针方向

4-9 如图 4-21 所示，半径为 R 的圆弧 abc 在磁感应强度为$\boldsymbol{B}$的均匀磁场中沿 x 轴向右移动，已知$\angle aoX=\angle coX=150°$若移动速率为 v，则在圆弧 abc 中的动生电动势为（　　）。

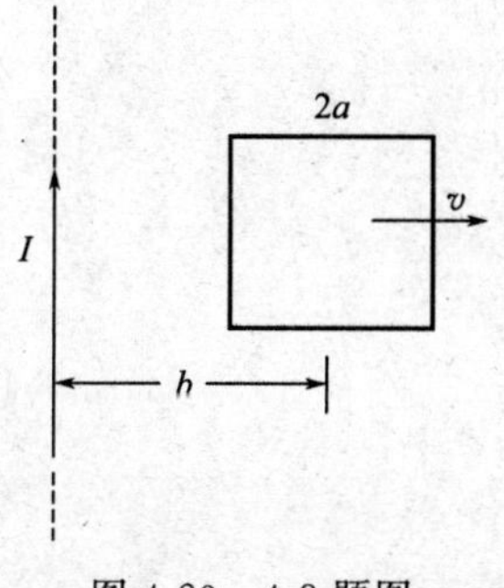

图 4-20　4-8 题图

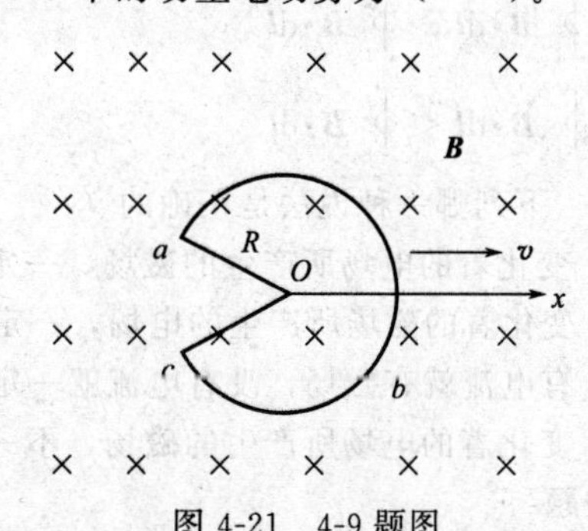

图 4-21　4-9 题图

(A) $(2\pi-1)RvB$　　(B) $(2\pi-\frac{\pi}{3})RvB$　　(C) RvB　　(D) 0

4-10　如图 4-22 所示，一载有电流 I 的长直导线附近有一段导线 MN。导线被弯成直径为 2b 的半圆环，半圆面与直导线共面，半圆中心到直导线的距离为 a。当半圆环以速率 v 平行于直导线向上运动时，其两端的电压 U_{MN} 为（　　）。

(A) $\frac{\mu_0 Ivb}{\pi a}$　　(B) $\frac{\mu_0 Iva}{\pi b}$　　(C) $\frac{\mu_0 Iv}{2\pi}\ln\frac{a+b}{a-b}$　　(D) $\frac{\mu_0 Iv}{2\pi}\ln\frac{a-b}{a+b}$

4-11　在圆柱形空间内有一均匀磁场区，如图 4-23 所示，在磁场内外各放有一长度相同的金属棒(在图中位置 1,2 处)，当磁场$\boldsymbol{B}$的大小以速率 dB/dt 均匀变化时，下列说法正确的是（　　）。

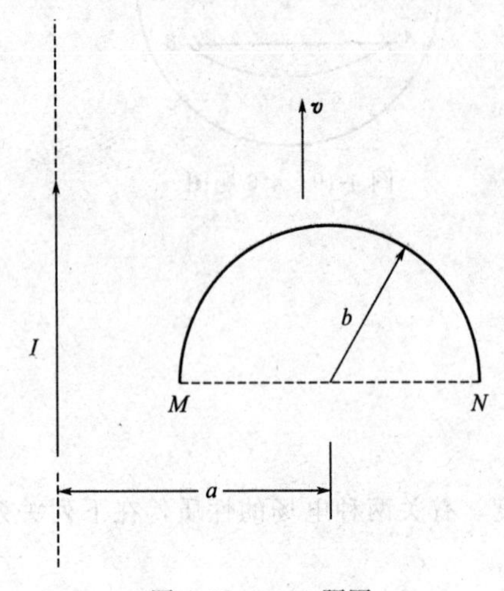

图 4-22　4-10 题图

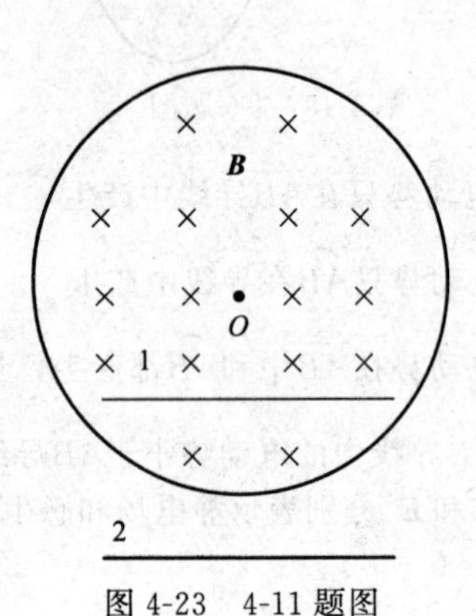

图 4-23　4-11 题图

(1) 1 处的棒相对磁场静止，故 $\varepsilon_1=0$；
(2) 1 处的棒处在变化的磁场中，故 $\varepsilon_1\neq0$；
(3) 2 处的棒处在磁场以外的空间，故 $\varepsilon_2=0$；
(4) 2 处的棒虽处在 $\boldsymbol{B}=0$ 的空间，但 $\boldsymbol{E}_{涡}\neq0$，故 $\varepsilon_2\neq0$。

(A) (2)、(4)　　(B) (2)、(3)　　(C) (1)、(4)　　(D) (1)、(3)

4-12　下列情况中，哪种情况的位移电流为零（　　）。

(A) 电场不随时间变化　　(B) 电场随时间变化
(C) 交流电路　　(D) 在接通直流电路的瞬间

4-13　如图 4-24 所示，平行板电容器（忽略边缘效应）充电时，沿环路 L_1,L_2 磁感应强度的环流中，必有（　　）。

(A) $\oint_{L_1}\boldsymbol{B}\cdot d\boldsymbol{l}>\oint_{L_2}\boldsymbol{B}\cdot d\boldsymbol{l}$　　(B) $\oint_{L_1}\boldsymbol{B}\cdot d\boldsymbol{l}=\oint_{L_2}\boldsymbol{B}\cdot d\boldsymbol{l}$

(C) $\oint_{L_1}\boldsymbol{B}\cdot d\boldsymbol{l}<\oint_{L_2}\boldsymbol{B}\cdot d\boldsymbol{l}$　　(D) $\oint_{L_1}\boldsymbol{B}\cdot d\boldsymbol{l}=0$

4-14　下列哪一种说法是正确的（　　）。

(A) 变化着的电场所产生的磁场，一定随时间而变化
(B) 变化着的磁场所产生的电场，一定随时间而变化
(C) 有电流就有磁场，没有电流就一定没有磁场
(D) 变化着的电场所产生的磁场，不一定随时间而变化

填空题

4-15　一自感线圈中，电流强度在 0.002s 内均匀地由 10A 增加到 12A，此过程中线圈内自

感电动势为 400V，则线圈的自感系数为 $L=$________。

4-16 无限长密绕直螺线管通以电流 I，内部充满均匀、各向同性的磁介质，磁导率为 μ，管上单位长度绕有 n 匝导线，则管内部的磁感应强度为________，内部的磁能密度为________。

计算题

4-17 一金属棒 ab 长为 L，绕 OO' 轴在水平面内旋转，外磁场方向与轴平行，如图 4-25 所示，已知，$\overline{bc}=2\overline{ac}$，则金属棒 ab 两端的电位 U_a____U_b。（填"<""="">"）

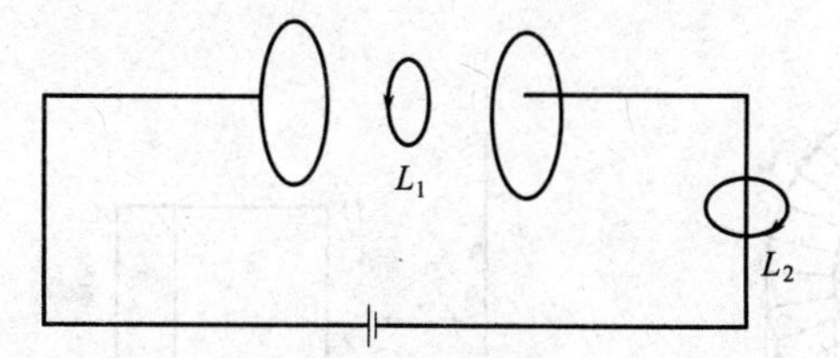

图 4-24 4-13 题图

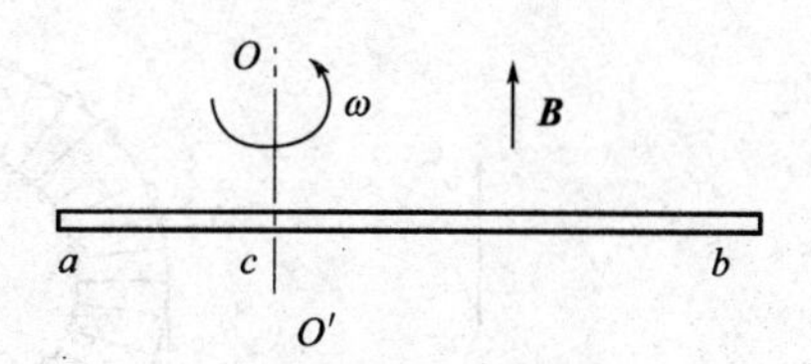

图 4-25 4-17 题图

4-18 无限长直线电流 I 与三角形金属框架 OMN 共面，相对位置如图 4-26 所示，并且已知 $ON=a$，$MN=b$，金属框以速度 $\boldsymbol{v}$ 平行于直线电流向上运动。求

(1) OM 中感应电动势的大小及方向；

(2) 三角形金属框架中的总感应电动势。

4-19 如图 4-27 所示，一长直导线载有电流 I，旁边有 N 匝矩形线圈，边长分别为 a、l，边 l 与导线平行，线圈以速度 $\boldsymbol{v}$ 垂直于长直导线向右运动，当线圈左边距长直导线为 d 时，求线圈中的感应电动势。

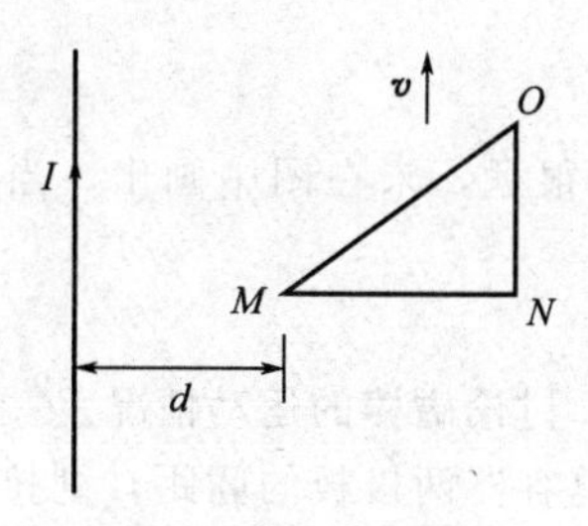

图 4-26 4-18 题图

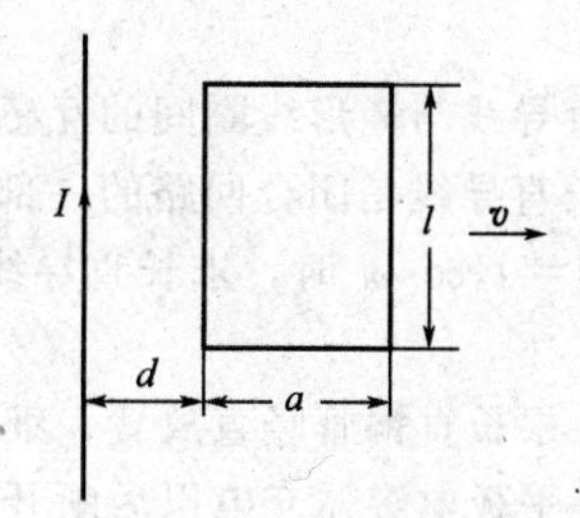

图 4-27 4-19 题图

4-20 如图 4-28 所示，一长为 L 的金属棒 OA 与载有电流 I 的无限长直导线共面，金属棒可绕端点 O 在平面内以角速度 ω 匀速转动。当金属棒转至图示位置时（即棒垂直于长直导线），棒内的感应电动势应为多少？哪点电势高？

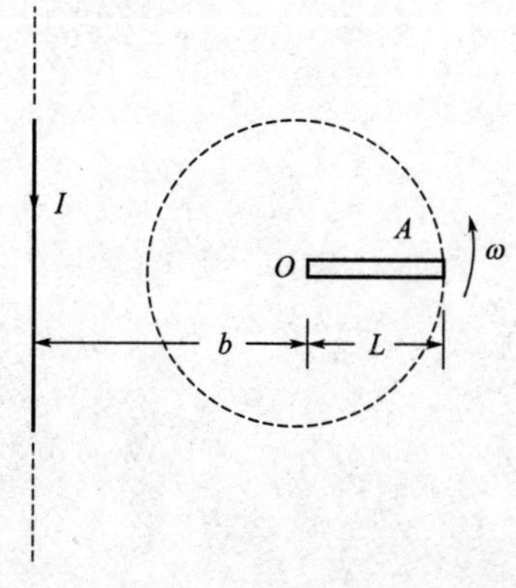

图 4-28 4-20 题图

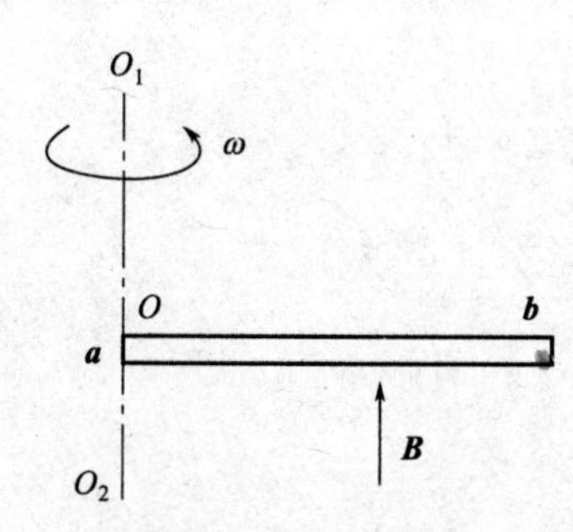

图 4-29 4-21 题图

4-21　如图 4-29 所示，一根长为 L 的金属细杆 ab 绕竖直轴 O_1O_2 以角速度 ω 在水平面内旋转，O_1O_2 在细杆 a 端处，若已知地磁场在竖直方向的分量为$\boldsymbol{B}$，求 ab 两端间的电势差 U_a-U_b。

4-22　一无限长直导线载有电流 I，长度为 b 的金属杆 CD 与导线共面且垂直，相对位置如图 4-30 所示。CD 杆以速度$\boldsymbol{v}$平行直线电流运动，求 CD 杆中的感应电动势，并判断 C，D 两端哪端电势较高？

4-23　横截面积为矩形的螺绕环尺寸如图 4-31 所示，总匝数为 N，求螺绕环的自感系数。

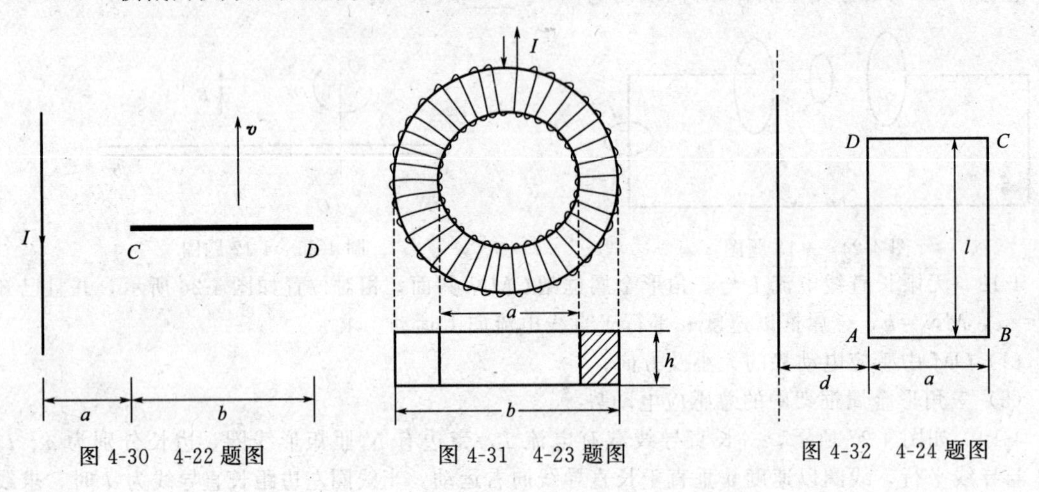

图 4-30　4-22 题图　　图 4-31　4-23 题图　　图 4-32　4-24 题图

4-24　一矩形线圈 $ABCD$，长为 l，宽为 a，放在一长直导线旁边与之共面，如图 4-32 所示。求

(1) 长直导线与矩形线圈间的互感系数；

(2) 设长直导线是闭合回路的一部分，其他部分离线圈很远，未在图中画出，当矩形线圈中通有电流 $I=I_0\cos\omega t$ 时，求长直导线中的互感电动势。

思考题

4-25　一根长直铜管竖直放置，细磁棒由管中铅直下落，讨论磁棒的运动情况。

4-26　一平板电容器充电以后断开电源，然后缓慢拉开电容器两极板的间距，则拉开过程中两极板间的位移电流为多大？若电容器两端始终维持恒定电压，则在缓慢拉开电容器两极板间距的过程中两极板间有无位移电流？若有位移电流，则它的方向怎样？

第五章 光的干涉

光是粒子性与波动性两种性质的结合体，自惠更斯提出了波动性原理，杨氏双缝实验更是验证了波的叠加原理，光的相干性也到了验证。劈尖、牛顿环等仪器更是定量地测量了干涉条纹，以及实验光波的波长，都为人们认识光学作出了铺垫，本章重点介绍相干光，及光的干涉原理。

第一节 光源 相干光

一、 光源

1. 光源的发光机制

任何能发射光波的物体统称为**光源**。从光的激发形式来说，可以分为热光源和冷光源。热光源是指利用热能激发的光源，如太阳、白炽灯。任何有温度的物体都会有热辐射，光源的温度越高，辐射光的频率越高，温度较低时辐射红外线，温度较高时，辐射可见光、紫外线等。除了热辐射之外，其他的利用电能、光能、化学能激发的光源称为冷光源。冷光源发光时与周围的环境温度几乎相同，没有热辐射，所以发出的光称为冷光。稀薄气体在通电时发出的辉光，就是一种电致发光；某些金属物质的氧化物和硫化物，在可见光或是紫外线的照射下可以被激发发光，是光致发光；磷的发光是化学能发光，有些来自生物化学反应的化学能发光如萤火虫发光是生物发光。

2. 光的单色性

由各种频率复合的光称为复色光（如太阳光、白炽灯光），具有单一频率的光称为**单色光**，有些单色光总有波长一定的宽度范围，并不是严格单色性的。能够引起视觉的可见光的波长在 390～760nm，其中包括由紫到红的七种单色光，各色可见光的波长与频率范围见表 5-1。

表 5-1 可见光的波长、频率对照表

光的颜色	波长范围/nm	频率范围/Hz
紫	390～435	6.9×10^{14}～7.7×10^{14}
蓝	435～450	6.7×10^{14}～6.9×10^{14}
青	450～492	6.3×10^{14}～6.7×10^{14}
绿	492～577	5.5×10^{14}～6.3×10^{14}
黄	577～597	5.0×10^{14}～5.5×10^{14}
橙	597～622	4.7×10^{14}～5.0×10^{14}
红	622～760	3.9×10^{14}～4.7×10^{14}

二、 光的相干性

光的本质是电磁波，是变化的电场和变化的磁场在空间的传播。在光波中能够引起人的视觉或使材料感光的是电场强度矢量$\boldsymbol{E}$，通常称为**光矢量**，设矢量$\boldsymbol{E}$做余弦变化，空间某一点 P 参与下述两个光振动

$$\begin{cases}\boldsymbol{E}_1=\boldsymbol{E}_{10}\cos(\omega t+\varphi_1)\\ \boldsymbol{E}_2=\boldsymbol{E}_{20}\cos(\omega t+\varphi_2)\end{cases} \tag{5.1}$$

设二者振动方向相同，则有

$$E_0=\sqrt{E_{10}^2+E_{20}^2+2E_{10}E_{20}\cos(\varphi_2-\varphi_1)} \tag{5.2}$$

在波场中，波的强度正比于振幅的平方。由于我们只对光强的相对分布感兴趣，因此把光强 I 与振幅 E_0 的关系表示为

$$I=E_0^2\ \left(I=\frac{1}{2}\rho A^2\omega^2 u，\text{能流密度}\right) \tag{5.3}$$

对于给定光源，相位差$(\varphi_2-\varphi_1)$只与 P 点的位置有关，因此合光强不再简单地分为两个分光强之和，而是随场点 P 的空间位置变化。在某些地方，$\overline{I}>I_1+I_2$；在另一些地方，$\overline{I}<I_1+I_2$。这时光波的叠加称为相干叠加，相应的两束光为相干光，光源为相干光源。

若 $I_1=I_2$，则有

$$\overline{I}=I_1+I_2+2\sqrt{I_1I_2}\cos(\varphi_2-\varphi_1) \tag{5.4}$$

$$\overline{I}=2I_1(1+\cos\Delta\varphi)=4I_1\cos^2\frac{\Delta\varphi}{2}$$

干涉相长：当 $\Delta\varphi=\pm 2k\pi$，$(k=0,1,2,\cdots)$ 时，合光强最大，其值 $I_{\max}=4I_1$。

干涉相消：当 $\Delta\varphi=\pm(2k+1)\pi$，$(k=0,1,2,\cdots)$ 时，合光强最小，其值 $I_{\min}=0$。

这就是光的干涉：两列相干光叠加时，在空间一定范围内形成稳定的光强非均匀分布，一些区域呈现明暗相间条纹。

三、 获得相干光的方法

两束光相干涉的条件：频率相同，振动方向相同，相位相同或相位差恒定。

两个独立的光源，因发光机制不能构成相干光源。不仅如此，即使是同一光源上的不同部分发出的光，也不能构成相干光源。因此只有将同一波列的分成两个波列，这样就可以得到相干光，具体的方法有振幅分割法和波阵面分割法两种。

1. 振幅分割法

利用反射和折射把波面上某处的振幅分割成两部分，从而产生了新的相干波。如图 5-1 所示，A,B 分别为一薄膜的两个表面，入射光 I 中某一波列 W 在界面 A 上反射形成波列 W_1，在界面 B 上反射形成波列 W_2，则子波列 W_1,W_2 具有相同的频率、振动方向和恒定的相位差，即在 A,B 上形成的两束反射光 I_1,I_2 是相干光，称为**振幅分割法**。薄膜干涉实验多采用这种方法，如劈尖、牛顿环、迈克耳逊干涉仪等。

2. 波阵面分割法

在光源 S 发出的某一波阵面上，取出两部分面元 S_1、S_2 作为相干光源的方法，称为**波阵面分割法**，如图 5-2 所示。通过波阵面分割法获得相干光的实验有杨氏双缝实验、菲涅耳双镜实验、劳埃德镜实验。

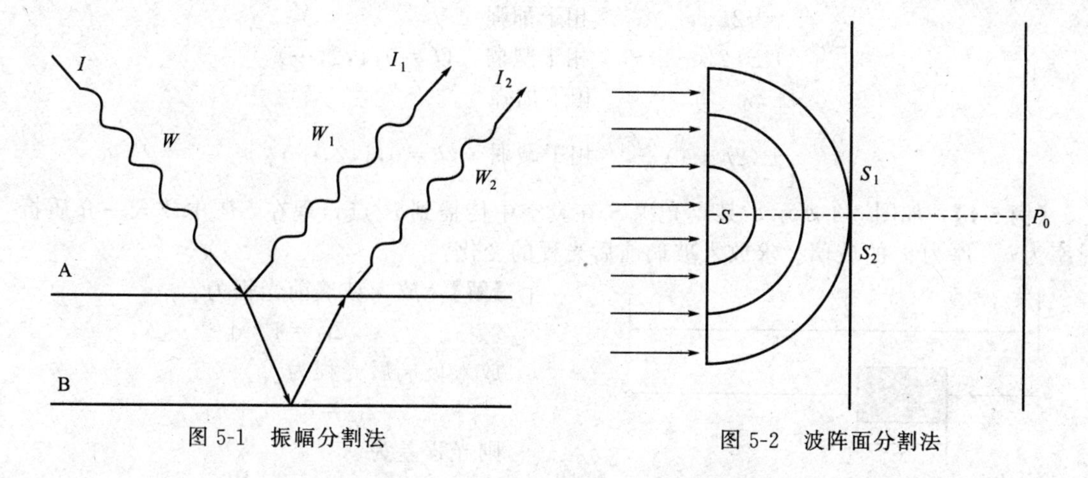

图 5-1 振幅分割法

图 5-2 波阵面分割法

第二节 光程 光程差

一、光程

当两相干光在同一均匀介质中传播时，它们在相遇时的相位差，决定于两相干光源的几何路程之差，但是如果在不同介质中传播时，两相干光源相遇时的相位差，不能仅由两相干光源的几何路程之差决定，为此我们要引入光程这一新的物理量。

如图 5-3 所示，相干光源 S_1，S_2 分别在 n_1 和 n_2 两种介质中传播，在两种介质中传播的波长分别为 $\lambda_1=\dfrac{\lambda}{n_1}$ 和 $\lambda_2=\dfrac{\lambda}{n_2}$，$S_1$，$S_2$ 在 P 点相遇时走过的路程分别为 r_1，r_2，则两光源在 P 点的相位差为 $\Delta\varphi=\dfrac{2\pi r_1}{\lambda_1}-\dfrac{2\pi r_2}{\lambda_2}=\dfrac{2\pi}{\lambda}(n_2r_2-n_1r_1)$。显而易见，两相干光源通过不同介质时，决定相位差的因素不只是光走过的几何路程，还与介质的折射率 n 有关，因此我们定义光在媒质中通过的几何路程 r 与该媒质折射率 n 的乘积 nr 为**光程**，光在同一介质中传播时光程为 nr，当光在几种介质中传播时光程为 $\sum\limits_i n_ir_i$。

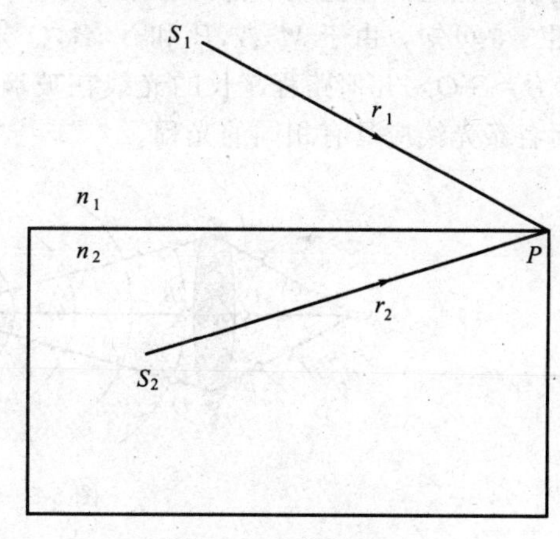

图 5-3 光程度

二、光程差

引进光程的概念后，如图 5-3 所示相干光源 S_1，S_2 传播到 P 点的光程差值为 $\delta=n_2r_2-n_1r_1$，相位差与光程差的关系为

$$\Delta\varphi=\frac{2\pi}{\lambda}\delta$$

式中，λ 为真空中的波长。

再由干涉相长与干涉相消可知光程差与干涉加强与干涉减弱的关系如下

$$\Delta\varphi=\begin{cases}\pm 2k\pi, & \text{相干加强}\\ \pm(2k+1)\pi, & \text{相干减弱}\quad (k=0,1,2,\cdots)\end{cases} \tag{5.5}$$

$$\delta=\begin{cases}\pm k\lambda, & \text{相干加强}\\ \pm(2k+1)\dfrac{\lambda}{2}, & \text{相干减弱}\quad (k=0,1,2,\cdots)\end{cases} \tag{5.6}$$

【例 5-1】 如图 5-4 所示，某点光源 S 在真空中传播到 P 点，现在 SP 中放入一介质折射率为 n，厚为 x 的玻璃。求放入玻璃前后光程的变化？

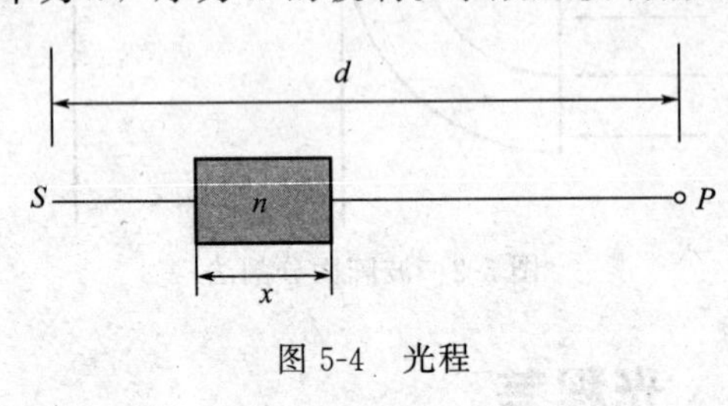

图 5-4 光程

【解】 放入玻璃前光程为

$$\Delta_1=1\times \mathrm{d}$$

放入玻璃后光程为

$$\Delta_2=\mathrm{d}-x+nx$$

则光程差为

$$\delta=\Delta_2-\Delta_1=(n-1)x$$

可见在原光路中放入介质后光程的改变等于介质厚度的（$n-1$）倍。

三、 透镜的等光程性

平行光经过透镜后，将会聚于焦平面上一点，理论和实验表明，透镜只改变光线的传播方向，并不产生附加的光程差。如图 5-5 所示虽然从 S 到像 S' 的各条光线，具有不同的几何路程，但它们在透镜中传播的路程也不同，光程为光线传播的路程与介质折射率的乘积，由图 5-5 可知，由于 M,A,P 和 N,B,Q 分别在同一波振面上，所以 $SM=SA=SP$；$S'N=S'B=S'Q$，几何路程越长的光线在玻璃中的传播的路程较短，$\Delta_{MN}=\Delta_{AB}=\Delta_{PQ}$ 算成光程后各条光线应具有相同的光程。

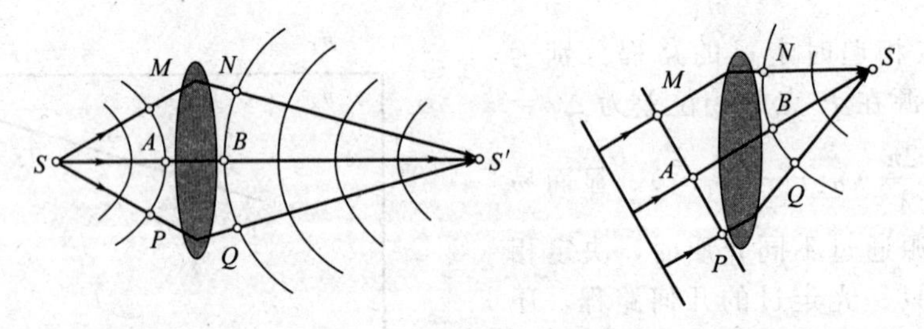

图 5-5 透镜的等光程性

四、 反射光的半波损失

对于光波来说，和机械波一样存在着半波损失，让我们一起回顾发生半波损失的条件。两种介质相互比较时，折射率 n 较大的介质称为光密介质，折射率 n 较小的介质称为光疏介质。光密介质和光疏介质是相对而言的，比如说水和空气比较时，水是光密介质；水和玻璃比较时，水是光疏介质。当光从光疏介质到光密介质的界面上反射时，反射光的相位有 π 的突变，相当于有半个波长的附加光程差，称为光的**半波损失**。

如图 5-6 所示，薄膜的介质折射率为 n_2，上下两侧的介质折射率分别为 n_1,n_3. 当 $n_1<n_2<n_3$ 时，光线 a 在 A 点反射和光线 b 在 B 点反射时均有半波损失，所以两光线的附加光程差正好相互抵消，即光线 a,b 之间没有附加光程差。当 $n_1>n_2>n_3$ 时，光线 a 在 A 点反射和光线 b 在 B 点反射时均没有半波损失，即光线 a,b 之间没有附加光程差。

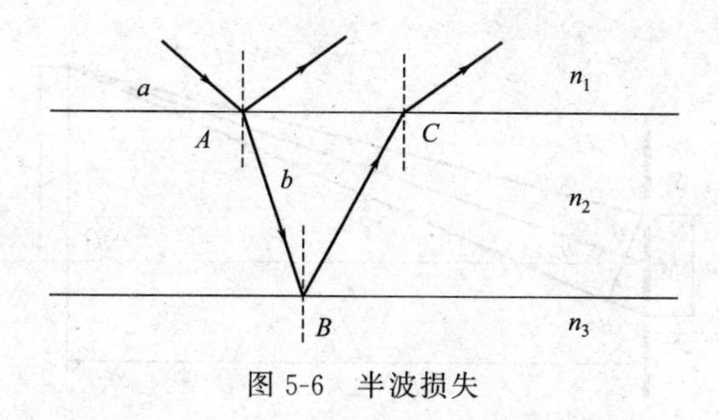

图 5-6 半波损失

第三节 杨氏双缝干涉

一、 杨氏双缝干涉实验

托马斯·杨与1801年利用波阵面分割法获得相干光，并用相干光的干涉实验为光的波动理论建立了实验基础。为了纪念这一件事，将托马斯·杨的实验称为**杨氏双缝干涉**。

1. 实验装置分析

如图5-7所示，在单色平行光前放一狭缝 S，S 前又放有两条平行狭缝 S_1，S_2，它们与 S 平行并等距，这时 S_1，S_2 构成一对相干光源。从 S 发出的光波波阵面到达 S_1 和 S_2 处时，再从 S_1，S_2 传出的光是从同一波阵面分出的两相干光。它们在相遇点将形成相干现象。可知，相干光是来自同一列波面的两部分，这种方法产生的干涉称为**波阵面分割法**。实验证明，不仅观察到了干涉现象，且明暗条纹与狭缝平行，条纹间距彼此相等。

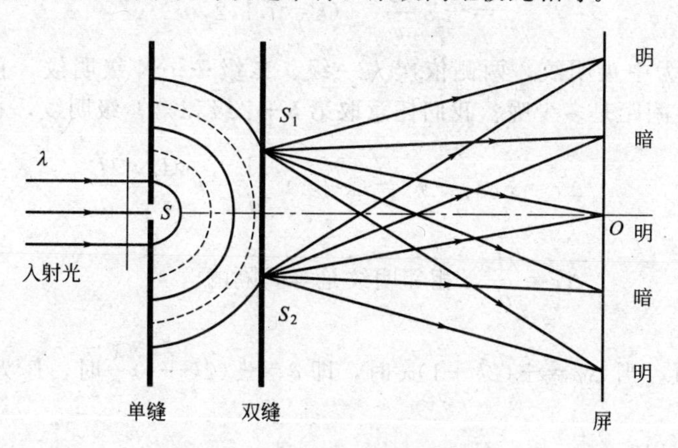

图 5-7 杨氏双缝干涉实验装置

2. 干涉条纹的位置

如图5-8所示，S_1，S_2 为两缝，相距 d，中点为 M，E 为屏，距缝为 L，O 为 S_1，S_2 中垂线与 E 交点，P 为 E 上的一点，距 O 为 x，距 S_1，S_2 为 r_1，r_2，真空中的介质折射率 $n=1$，由 S_1，S_2 发出的光波到达 P 点处的光程差为

$$\delta=r_2-r_1,$$

产生的相位差为

$$\Delta\varphi=2\pi\frac{\delta}{\lambda}$$

在 S_2P 上作 $BP=S_1P$，由于 $d\ll L$，所以 $S_1B<d\ll L<S_1P$，则等腰三角形 ΔS_1PB

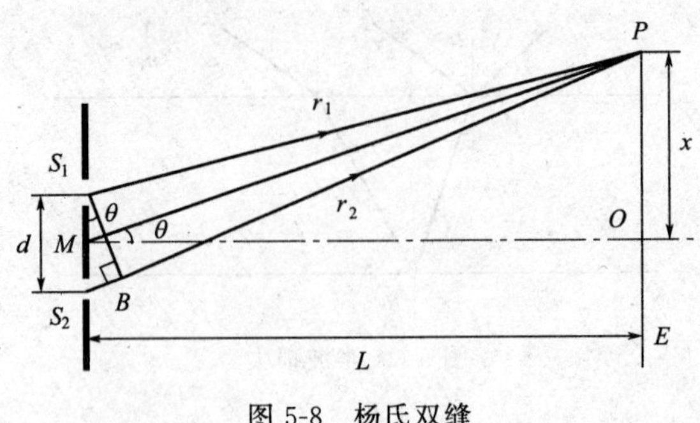

图 5-8 杨氏双缝

的顶角$\angle S_1PB\approx 0$，则ΔS_1PB的底角$\angle S_1BP\approx\frac{\pi}{2}$，即$S_1B\perp S_2P$，由几何关系可知$\angle S_2S_1B=\angle OMP=\theta$，又因$\theta$角很小，所以

$$\theta\approx\sin\theta\approx\tan\theta=\frac{x}{L}$$

光程差 $$\delta=r_2-r_1=S_2B=d\sin\theta=d\tan\theta=d\ \frac{x}{L}$$

(1) 明纹位置。当$\Delta\varphi=\pm 2k\pi$时，即$\delta=\pm k\lambda$（$k=0,1,2,\cdots$）时，P为明纹，有$d\ \frac{x}{L}=\pm k\lambda$，

$$x=\pm k\ \frac{\lambda L}{d}\quad (k=0,1,2,\cdots)\tag{5.7}$$

$k=0$对应O点，为中央明纹，两侧依次为一级、二级……N 级明纹，且关于中央明纹对称，那么相邻明纹间距是多少呢？我们任意取第$k+1$级和第k级明纹，相邻明纹间距为

$$\Delta x=x_{k+1}-x_k=(k+1)\ \frac{\lambda L}{d}-k\ \frac{\lambda L}{d}=\frac{\lambda L}{d}\tag{5.8}$$

$\Delta x=\frac{\lambda L}{d}$，相邻明纹是等间隔的

(2) 暗纹位置。当$\Delta\varphi=\pm(2k+1)\pi$时，即$\delta=\pm(2k+1)\frac{\lambda}{2}$时，$P$为暗纹，有

$$d\ \frac{x}{L}=\pm(2k+1)\frac{\lambda}{2}$$

$$x=\pm(2k+1)\frac{\lambda L}{2d}\quad (k=0,1,2,\cdots)\tag{5.9}$$

暗纹关于对称中心O点成对称分布，相邻暗纹间距为

$$\Delta x=x_{k+1}-x_k=[2(k+1)+1]\frac{\lambda L}{2d}-(2k+1)\frac{\lambda L}{2d}=\frac{\lambda L}{d}\tag{5.10}$$

$\Delta x=\frac{\lambda L}{d}$，相邻暗纹是等间隔的

两条第一级暗纹所夹的是中央明纹，它的宽度与其他明纹宽度相同，且相邻明纹间距

（相邻暗纹间距）为$\frac{\lambda L}{d}$。整体上杨氏双缝实验的干涉条纹是关于中央亮纹对称分布的明暗相间等间隔的干涉条纹。对给定装置，$\lambda\uparrow\rightarrow\Delta x\uparrow$，$\lambda\downarrow\leftarrow\Delta x\downarrow$，用白光照射双缝时，则中央明纹（白色）的两侧将出现各级彩色明条纹。同一级条纹中，波长短的离中央明纹近，波长大的离中央明纹远。

【例 5-2】 如图 5-9 所示，两个同相位的相干点光源 S_1，S_2，发出波长为 λ 的相干光，A 是它们连线中垂线上的一点，在 S_1 与 A 之间垂直插入厚度为 e、折射率为 n 的玻璃片。

（1）求两光源发出的光在 A 点的相位差；

（2）若已知 $\lambda=500\text{nm}$，$n=1.5$，A 点恰为第四级明条纹中心，求玻璃片的厚度 e。

【解】 设 S_1，S_2 到 A 点的几何路程为 r，则

（1）两光源到 A 点的光程差

$$\delta=(r-e)+ne-r=(n-1)e$$

相位差为$\Delta\varphi=2\pi\frac{\delta}{\lambda}=2\pi(n-1)\frac{e}{\lambda}$

（2）由题意，$k=4$，则

$$\delta=(n-1)e=4\lambda$$

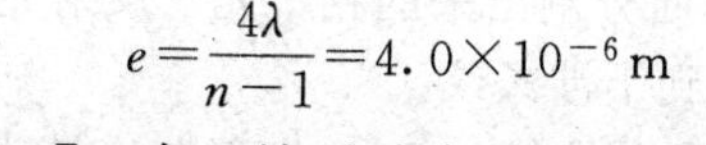

$$e=\frac{4\lambda}{n-1}=4.0\times10^{-6}\text{m}$$

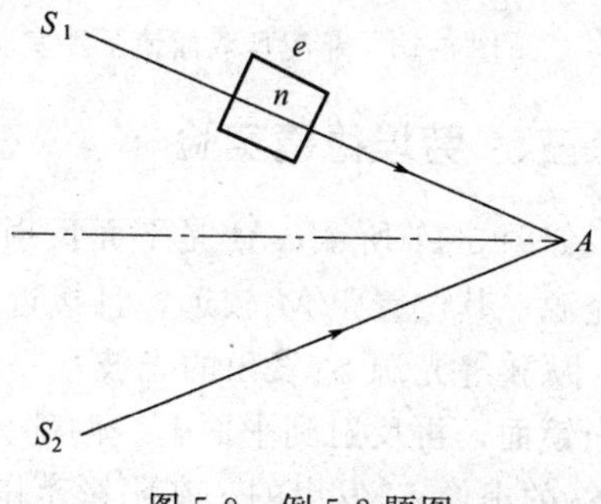

图 5-9 例 5-2 题图

【例 5-3】 在双缝干涉实验中，用钠灯作光源，其波长 $\lambda=0.5893\mu\text{m}$，屏与双缝的距离 $L=500\text{mm}$。求

（1）$e_1=1.2\text{mm}$ 和 $e_2=10\text{mm}$ 两种情况下，相邻明条纹间距为多大？

（2）若相邻明条纹的最小分辨率距离为 0.065mm，能分清干涉条纹的双缝间距 e 最大为多少？

【解】 （1）$e_1=1.2\text{mm}$ 时，

$$\Delta x=\frac{L\lambda}{ne_1}=\frac{500\times10^{-3}\times5893\times10^{-10}}{1\times1.2\times10^{-3}}=2.5\times10^{-4}\text{m}=0.25\text{mm}$$

$e_2=10\text{mm}$ 时，

$$\Delta x=\frac{L\lambda}{ne_2}=0.03\text{mm}$$

（2）$\Delta x=0.065\text{mm}$ 时，干涉条纹恰可分辨，两缝间距最大为

$$e=\frac{L\lambda}{n\Delta x}=\frac{500\times10^{-3}\times5893\times10^{-10}}{1\times6.5\times10^{-5}}=4.5\text{mm}$$

双缝间距必须小于 4.5mm，才能看到干涉条纹，因此 $e=10\text{mm}$ 时实际上看不到干涉条纹。

二、菲涅耳双镜实验

除了杨氏双缝干涉实验之外，菲涅耳双面镜也能发生干涉现象，如图 5-10 所示，M_1，M_2 是两个平面镜，它们的夹角很小，为使光源 S 发出的光不直接照射在屏幕上，用遮光板将光源 S 和屏幕隔开。S 发出的光，一部分在 M_1 上反射，另一部分在 M_2 上反射，分别形成虚像 S_1 和 S_2，于是经过 M_1 和 M_2 反射到达屏幕的两束光可以看成是由 S_1 和 S_2 发出的，它们来直同一点光源，是相干光，在相遇的阴影 AB 区域内将产生相应的明暗相间干涉

条纹。

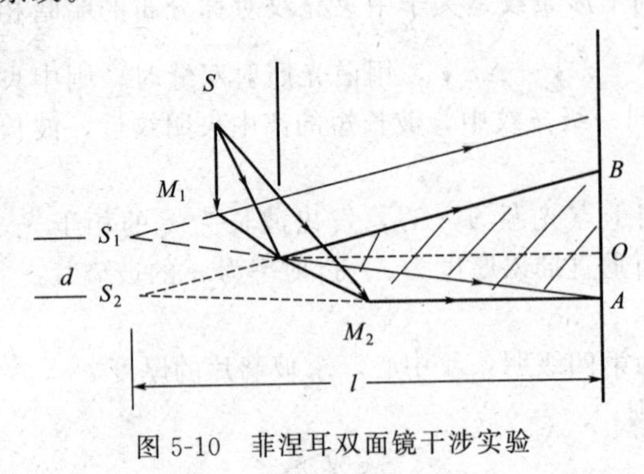

图 5-10 菲涅耳双面镜干涉实验

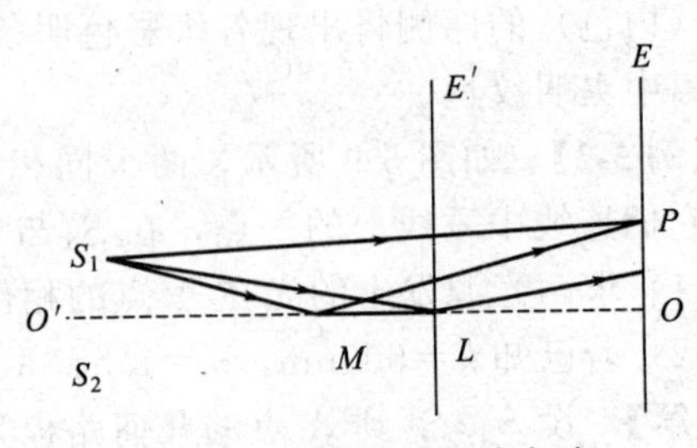

图 5-11 劳埃德镜干涉实验

三、 劳埃德镜实验

如图 5-11 所示，M 是平面反射镜，镜面向上，E 为接收屏，与 M 所在平面垂直，S_1 是光源，其位置距 M 较远，且接近 M 所在的平面，而与屏幕 E 平行。

从狭缝光源 S_1 发出的光波，一部分直接射到屏幕 E 上；另一部分以接近 90°的入射角射向镜面，再反射到平面上。两部分光则为同一波阵面分割出来的相干光，反射光可以看成是 S_1 的虚像 S_2 发出的，在阴影范围内的屏幕上将看到干涉条纹。

把屏幕 E 移到 E' 位置，按杨氏双缝实验，两束光在接触处 L 的光程差应该为 0，此处应为明条纹，但劳埃德镜实验结果却是暗条纹，这表明两束光在 L 处的光程差为 $\frac{\lambda}{2}$，相位差为 π，原因是反射光在 M 处发生了相位的跃变 π。

实验再次证明了光从光疏介质（折射率 n 小）射到光密介质（折射率 n 大）时，在界面处的反射光相位将跃变，即反射光光程改变了半个波长 $\frac{\lambda}{2}$。

第四节 薄膜干涉

一、 薄膜干涉

光在油膜、肥皂膜等表面产生的干涉现象称为薄膜干涉，如图 5-12 所示，在折射率为 n_1 的介质中，有一薄膜，薄膜的介质折射率 $n_2>n_1$，ab、cd 是薄膜的上下界面，光源 S 发射的任一束光 1，经薄膜上下界面反射后得到平行光 2 和 3，在 A 点处的发射光线 2 有半波损失，光线 3 没有，它们被 L 会聚于焦平面上一点 P，显然 2 和 3 满足相干光条件，将产生干涉。由几何关系可知 2、3 两光线的光程差为

$$\delta=n_2(AB+BC)-n_1AD+\frac{\lambda}{2}$$

$$AB=BC=e/\cos\gamma,\quad AD=AC\sin i=2e\tan\gamma\sin i$$

所以

$$\delta=2n_2\frac{e}{\cos\gamma}-2n_1e\tan\gamma\sin i+\frac{\lambda}{2}$$

$$=2n_2e\cos\gamma+\frac{\lambda}{2}=2e\sqrt{n_2^2-n_1^2\sin^2 i}+\frac{\lambda}{2}$$

对于光垂直入射这种特殊情况，入射角 $i=0$，有

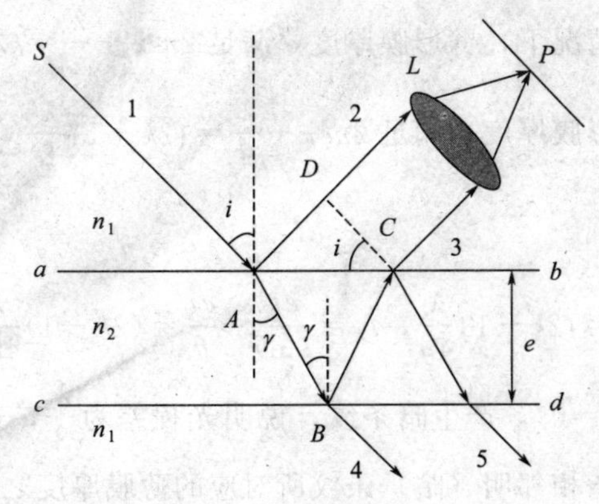

图 5-12 薄膜干涉

$$\delta=2n_2e+\frac{\lambda}{2}=\begin{cases}k\lambda, & \text{加强}\ (k=1,2,\cdots) \\ (2k+1)\dfrac{\lambda}{2}, & \text{减弱}\ (k=0,1,2,\cdots)\end{cases} \tag{5.11}$$

反射光 2,3 有干涉现象，透射光 4 和 5 同样也有干涉现象，透射光 4 和 5 的光程差为

$$\delta'=2e\sqrt{n_2^2-n_1^2\sin^2 i} \tag{5.12}$$

通过比较可知 δ 与 δ' 相差 $\frac{\lambda}{2}$，即它们的干涉图样将与 2 和 3 正好相反，当反射光的干涉相互加强时，透射光的干涉相互减弱，符合能量守恒定律。一束光从面光源上 S 点射到薄膜表面时，产生反射、折射光，这两列光波的振幅都小于入射光的振幅，可形象地说："振幅被分割了"。

二、 劈尖

当平行光以相同的入射角 i 射到薄膜表面上时，在薄膜厚度 e 相同的地方将出现相同的干涉条纹，称为**等厚干涉**。之前我们讨论的是厚度均匀的薄膜干涉，下面我们将主要讨论薄膜厚度不均匀的劈尖和牛顿环。

如图 5-13 所示，两块平面镜玻璃板，一端互相接触；另一端夹一薄纸片。在两玻璃板之间就形成一夹角 θ 很小的劈形膜，两玻璃板的交线称为棱边，在平行于棱边的线上，膜的厚度相等。

设玻璃片的折射率为 n_1，劈形膜的折射率为 n，$n<n_1$。当波长为 λ 的平行光垂直入射到劈形膜上时，在其表面形成干涉条纹。考察任一点 A，入射光①到达 A 点时，一部分在 A 点反射，形成光线②，另一部分进入薄膜内，从下表面反射，在 A 点透射出来，形成光线③，因为光线②,③是从同一入射光①分出来的，所以是相干光，它们的能量也是从同一束入射光分出来的，而能量与振幅的平方成正比，所以这种获得相干光的方法称为振幅分割法。

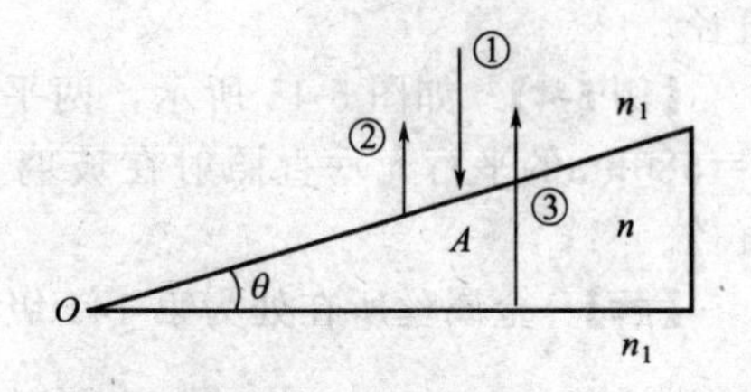

图 5-13 劈尖剖面图

设入射点 A 处劈形膜的厚度为 e，则光线②,③在点相遇时的光程差为

$$\delta=2ne+\frac{\lambda}{2}$$

在入射光波长一定的情况下，劈形膜厚度 e 满足 $2ne_k+\frac{\lambda}{2}=k\lambda$（$k=1,2,\cdots$）时为干涉相长，为明条纹中心；劈形膜厚度 e 满足 $2ne_k+\frac{\lambda}{2}=(2k+1)\frac{\lambda}{2}$（$k=0,1,2,\cdots$）时为干涉相消，为暗条纹中心。

以明纹为例，有

$$e_k=(2k-1)\frac{\lambda}{4n},\ l_k=\frac{e_k}{\sin\theta}\approx\frac{e_k}{\theta}=(2k-1)\frac{\lambda}{4n\theta}$$

在劈形膜的棱边处（$e=0$），产生暗条纹，说明光程差为$\frac{\lambda}{2}$，这再一次证明了半波损失的存在。可以求出任意两条相邻明（暗）条纹所对应的薄膜厚度之差，即

$$\Delta e=e_{k+1}-e_k=\frac{\lambda}{2n} \tag{5.13}$$

可见，当薄膜厚度增加（或减小）$\frac{\lambda}{2n}$时，等厚干涉条纹就要移动一个条纹。

由图 5-14 可知，任意两条相邻明（暗）条纹的间距 Δl，劈尖的夹角 θ 很小，$\theta\approx\sin\theta$，有

$$\Delta l=\frac{\Delta e}{\sin\theta}=\frac{\lambda}{2n\sin\theta}=\frac{\lambda}{2n\theta} \tag{5.14}$$

所以劈尖的干涉条纹是明暗相间等间隔的干涉条纹，劈尖角 θ 越小，条纹间距越大，劈尖角 θ 越大，条纹间距越小，当 θ 大到一定程度，干涉条纹就密不可分了，因此劈尖干涉只能在 θ 很小时才能看到。

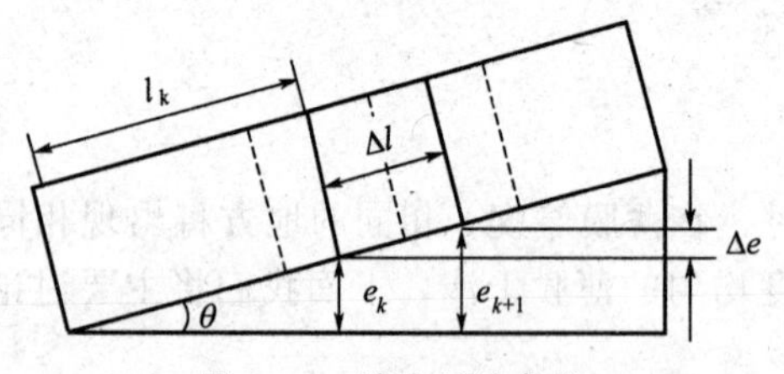

图 5-14 劈尖干涉条纹

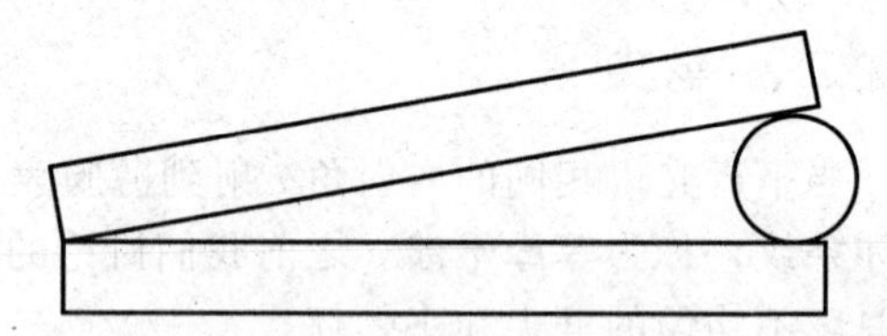
图 5-15 例 5-4 题图

在生活中可利用劈尖干涉检查工件的平整度，在一工件的表面放置一平板玻璃，根据显示的等厚条纹的形状和间距，就能预测工件表面的平整程度，同时劈尖也可测量金属丝的直径。

【例 5-4】 如图 5-15 所示，两平板玻璃一端接触，另一端接夹着一个金属丝，用波长 $\lambda=680\text{nm}$的平行光垂直照射在玻璃上，由棱边到金属丝共出现 141 条明纹，求金属丝的直径。

【解】 金属丝所在处为第 141 级明纹，有劈尖的明纹公式

$$2ne+\frac{\lambda}{2}=k\lambda$$

代入已知条件得

$$d=(k-\frac{1}{2})\lambda/2=(141-\frac{1}{2})\times 6.8\times 10^{-7}\times\frac{1}{2}=4.8\times 10^{-5}\text{m}$$

三、 牛顿环

如图 5-16 所示，在一块平面玻璃上，放一曲率半径很大的平凸透镜 A，在 A,B 之间形

成一厚度由接触点向外逐渐增加的空气薄膜。这种薄膜与劈形膜类似，只是上表面是弯曲的。设平凸透镜中心与平面玻璃的接触点为O，当平行单色光垂直照射向平凸透镜时，由透镜下表面反射的光线和平面玻璃上表面反射的光线发生干涉，将在平凸透镜下表面呈现以O点为圆心的一组明暗相间的同心圆环，这种等厚干涉条纹称为**牛顿环**，如图 5-17 所示。

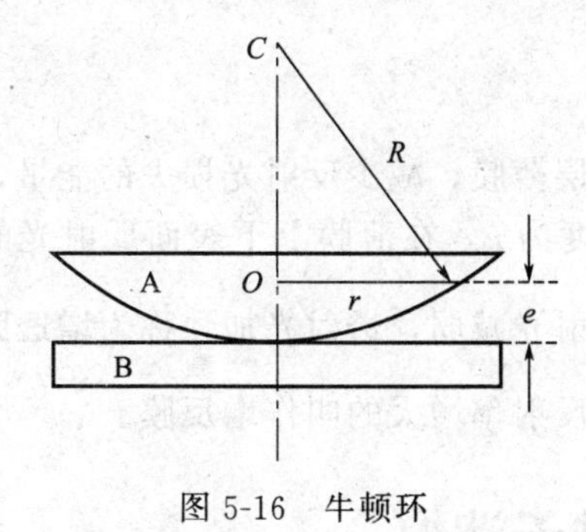

图 5-16 牛顿环

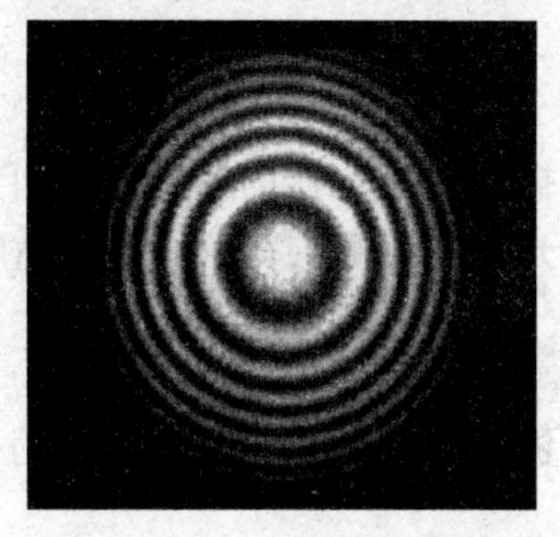
图 5-17 牛顿环图样

习惯上把产生牛顿环的光学器件也称为牛顿环。

设空气薄膜厚度为e，则从空气薄膜（$n=1$）上、下表面反射的相干光的光程差为

$$\delta=2e+\frac{\lambda}{2}$$

当$2e+\frac{\lambda}{2}=k\lambda$（$k=1,2,\cdots$）时，为明环中心线位置；

当$2e+\frac{\lambda}{2}=(2k+1)\frac{\lambda}{2}$（$k=0,1,2,\cdots$）时，为暗环中心线位置。

在中心处，$e=0$，$\delta=\frac{\lambda}{2}$，形成暗点。由于平凸透镜与平面玻璃的接触点实际上是一个圆面，所以反射光牛顿环中心处是一个暗斑。设平凸透镜的曲率半径为R，考察点到中心距离为r，则有

$$r^2=R^2-(R-e)^2=2Re-e^2$$

由于$e\ll R$，$e^2\ll 2Re$，可略去e^2，有

$$e=\frac{r^2}{2R}$$

式中，e与r^2成正比，所以离开中心越远，光程差增加越快，牛顿环也变得越来越密。

由以上各式，可求得明环中心线半径为

$$r_k=\sqrt{\frac{2k-1}{2}R\lambda}\qquad(k=1,2,\cdots)\tag{5.15}$$

暗环中心线半径为

$$r_k=\sqrt{kR\lambda}\qquad(k=0,1,2,\cdots)\tag{5.16}$$

则第$k+m$级半径与第k级半径的关系为

$$r_{k+\mathrm{m}}^2-r_k^2=\mathrm{m}\lambda R$$

【例 5-5】 用某光源观察牛顿环，平凸透镜的曲率半径$R=6.8\mathrm{m}$，测得第k级暗环的半径$r_k=4.00\mathrm{mm}$，第$k+5$级暗环的半径为$r_{k+5}=6\mathrm{mm}$，求所用光源的波长。

【解】 $r_k=\sqrt{kR\lambda}$，$r_{k+5}=\sqrt{(k+5)R\lambda}$

则 $r_{k+5}^2-r_k^2=5R\lambda$

$$\lambda=\frac{r_{k+5}^2-r_k^2}{5R}=589.3\text{nm}$$

四、 增透膜　增反膜

为了提高光学仪器的透射率，可以在镜头上镀一层薄膜，减少反射光损失的能量，增加透射光的光强，一般的镀膜材料为 MgF_2，设膜的厚度为 e，在薄膜上下表面反射光的光程差 $\delta=2ne=(2k+1)\dfrac{\lambda}{2}$，$k=0$ 时，$e=\dfrac{\lambda}{4n}=\dfrac{\lambda_n}{4}$时，反射光减弱，透射光加强称为**增透膜**。反之，如果镀的膜使透射光减弱，反射光加强，这种使反射率增大的叫作**增反膜**。

第五节　迈克耳逊干涉仪

如图 5-18 所示，是迈克耳逊干涉仪的结构示意图。M_1和 M_2是两块精密的平面反射镜，其中 M_1是固定的，M_2用螺旋测微计控制，可在支架上作微小移动，G_1,G_2是两块折射率、厚度均相同的平行玻璃板，分别称为分束器和补偿板。G_1的下表面镀有半透明的银膜，照射到 G_1上的光，一半反射，一半透射，M_1与 M_2相互垂直，G_1,G_2与 M_1,M_2之间均 45°成角。

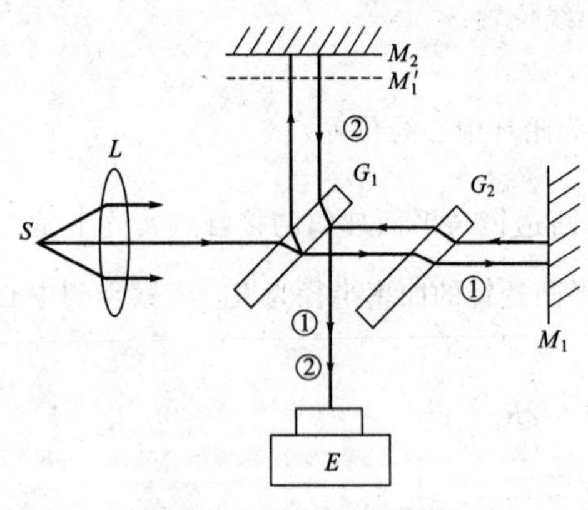

图 5-18　迈克耳逊干涉仪

从光源 S 发出的光经透镜 L 后成为平行光入射到 G_1上，被 G_1分成强度相等的透射光①和反射光②。光束①经过 G_2 射向 M_1，由 M_1反射后再次经过 G_2，再由 G_1反射，射向测微目镜 E，被银膜反射后的光线②透过 G_1 射向 M_2，由 M_2 发射后再经过 G_1，也射向 E，则到达 E 处的光线①,②是利用振幅分割法获得的两束相干光。G_2的作用是使两束光在玻璃板中的光程相等。这样，光线①，②的光程差就与在玻璃板中的光程差无关了。

迈克耳逊干涉仪的原理见图 5-18，M'_1为 M_1在 G_1中的虚像，来自 M_1的反射光可视为是从 M'_1处反射的。从 E 处观察的相干光①,②的干涉，与 M_2,M'_1所形成的空气薄膜所产生的干涉是等同的。

若 M_2与 M_1不严格垂直，那么 M_2与 M'_1之间将形成一空气劈形膜，这时从 E 处可观察到等厚条纹，移动 M_2，改变空气薄膜厚度，干涉条纹将发生移动。若入射单色光波长为 λ，由 $\Delta d=\dfrac{\lambda}{2n}$，当 M_2向后（或向前）平移$\dfrac{\lambda}{2}$的距离时，就可以在视场中看到一条明纹移过，数出视场中移过的明条纹的条数 ΔN，便可算出 M_2移动的距离

$$d=\frac{\lambda}{2}\Delta N$$

若 M_2与 M_1严格垂直，那么，M_2与 M'_1之间就形成一厚度均匀的空气平面薄膜，这时，从 E 处可观察到等倾条纹。当 M_2向后（或向前）平移$\dfrac{\lambda}{2}$距离时，干涉条纹将向外扩展

(或向内收缩),并在中心处产生(或消失)一个明条纹,数出产生(或消失)的明条纹数目 ΔN,仍可利用上式算出 M_2 移动的距离 d。

由于迈克耳逊干涉仪中两束相干光的光路完全分开,光程差可由 M_2 的移动来调节,因此可以用迈克耳逊干涉仪测量长度,且测量精度高。

【例 5-6】 在迈克耳逊干涉仪的可动反射镜平移一微小距离的过程中,观察到干涉条纹恰好移动 1848 条,所用单色光的波长为 546.1nm,由此可知反射镜平移的距离为多少?(给出四位有效数字)

【解】 迈克耳逊干涉仪每移动半个波长 $\frac{\lambda}{2}$,观察到干涉条纹恰好移动 1 条,有

$$1848\times\frac{5.461\times10^{-6}}{2}=5.046\times10^{-4}\,\mathrm{m}$$

练习题

选择题

5-1 在杨氏双缝干涉实验中,为使屏上的干涉条纹间距变大,可以采取的办法是( )。

(A) 使屏靠近双缝 (B) 使两缝的间距变大

(C) 使两缝的间距变小 (D) 改用波长较小的单色光源

5-2 在真空中波长为 λ 的单色光,在介质折射率为 n 的玻璃中从 A 点传播到 B 点,若 A、B 两点的相位差为 4π,则 AB 两点间的光程差为( )。

(A) 2λ (B) $2n\lambda$ (C) λ (D) $n\lambda$

5-3 光波从光疏介质垂直入射到光密介质,在界面发生反射时,以下叙述正确的是( )。

(A) 相位不变 (B) 频率变大 (C) 频率变小 (D) 相位突变 π

5-4 一束波长为 λ 的光线,经杨氏双缝在屏幕上形成明暗相间的干涉条纹,那么两个缝的光对于第一级暗纹的光程差为( )。

(A) $\frac{\lambda}{4}$ (B) $\frac{\lambda}{2}$ (C) λ (D) 2λ

5-5 在杨氏双缝实验中,若用一个纯紫色的滤光片遮盖一条缝,用一个纯红色的滤光片遮盖另一条缝,则( )。

(A) 干涉条纹的宽度将发生改变 (B) 产生红光和蓝光的两套彩色干涉条纹

(C) 干涉条纹的亮度将变亮 (D) 不产生干涉条纹

5-6 由玻璃球的一部分和一圆形玻璃板构成的牛顿环实验装置,从上方观察到的牛顿环条纹分布特点是( )。

(A) 接触点是暗的,等间距的同心圆环 (B) 接触点是暗的,不等间距的同心圆环

(C) 接触点是明的,等间距的同心圆环 (D) 接触点是明的,不等间距的同心圆环

5-7 在两玻璃板所夹的空气劈尖中充入介质折射率为 n 的液体,则充入液体后,相邻干涉明纹的间距将( )。

(A) 不变 (B) 增大 (C) 减小 (D) 无法确定

5-8 用 $\lambda=600\mathrm{nm}$ 的单色光垂直照射牛顿环装置时,从中央向外数第 4 个暗环对应的空气膜厚度是( )μm。

(A) 0.6 (B) 0.8 (C) 1.2 (D) 1.5

5-9 将牛顿环装置中的上半部分球体向上移动时,第 k 级明环将做怎么样的移动( )。

(A) 不动 (B) 向外移动 (C) 向内移动 (D) 无法确定

5-10 在迈克耳逊干涉实验中，当反射镜移动一个波长 2λ 时，干涉条纹将移动（ ）条。

(A) 1 (B) 2 (C) 3 (D) 4

填空题

5-11 波长为 λ 的平行单色光垂直照射到劈尖薄膜上，劈尖角为 θ，劈尖薄膜的折射率为 n，第 k 级明条纹与第 $k+9$ 级明纹的间距是________。

5-12 用白色光照射介质折射率为 1.4 的薄膜后，若 $\lambda=400\text{nm}$ 的紫光在反射中消失，则薄膜的最小厚度 $e=$________。

5-13 在折射率为 1.5 的镜头上，镀一层折射率为 1.38 的薄膜，当波长为 550nm 的黄绿光入射时，为了增加反射，则所镀的薄膜厚度至少为________，为了增加透射，则所镀的薄膜厚度至少为________。(结果保留一位有效数字。)

5-14 光强均为 I_0 的两束相干光在相遇区域发生干涉时，有可能出现的最大光强是________。

5-15 在双缝干涉实验中，波长 $\lambda=600\text{nm}$ 的单色平行光垂直入射到缝间距 $d=1.5\times10^{-4}\text{m}$ 的双缝上，屏到双缝的距离 $D=1.5\text{m}$，则明纹的宽度为________。

5-16 在双缝干涉实验装置中两个缝用厚度均为 e，折射率分别为 n_1 和 n_2 的透明介质膜覆盖（$n_1<n_2$），波长为 λ 的单色平行光垂直入射到间距为 d 双缝上，在屏幕中央 O 处两束相干光的相位差 $\Delta\varphi=$________。

5-17 在迈克耳逊干涉仪的可动反射镜平移一微小距离的过程中，观察到干涉条纹恰好移动 1848 条，所用单色光的波长为 546.1nm，由此可知反射镜平移的距离等于________。(给出四位有效数字)

5-18 用波长分别为 $\lambda_1=550\text{nm}$ 和 $\lambda_2=600\text{nm}$ 的两种光先后照射倾角为 $\theta=0.05\text{rad}$ 的空气劈尖上，则得到的两种干涉条纹第一级暗纹的间距为________。

5-19 用某光源观察牛顿环，平凸透镜的曲率半径 $R=8\text{m}$，测得第 k 级暗环的半径 $r_k=3\text{mm}$，第 $k+4$ 级暗环的半径为 $r_{k+4}=5\text{mm}$，则所用光源的波长为________。

5-20 在迈克耳逊干涉实验中，观察到干涉条纹恰好移动 1000 条，入射光的波长为 600nm，则可动反射镜平移的距离为________。

计算题

5-21 如图 5-19 所示，在双缝干涉实验中，若用薄玻璃片（折射率 $n_1=1.2$）覆盖缝 S_1，用同样厚度的玻璃片（折射率 $n_2=1.6$）覆盖缝 S_2，将使屏上原来未放玻璃时的中央明条纹所在处 O 点变为第六级明纹位置。设单色光波长 $\lambda=480\text{nm}$，求玻璃片的厚度 e（可认为光线垂直穿过玻璃片）。

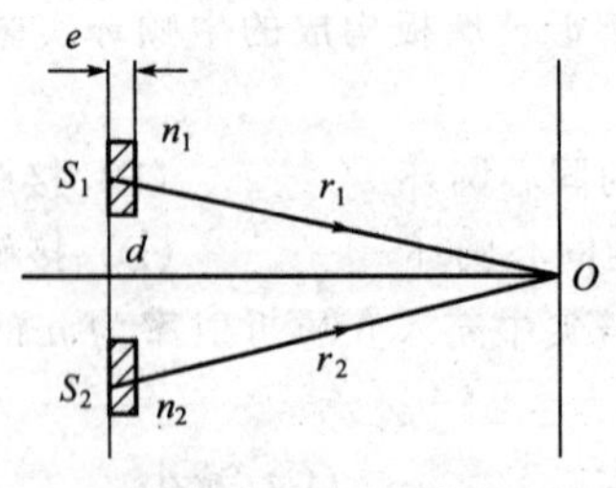

图 5-19 5-21 题图

5-22 波长为 λ 的单色平行光垂直入射到由两块平玻璃板构成的空气劈尖上，已知劈尖角为 θ，如果劈尖角变为 θ'，求从劈棱数起第五条明纹的位移 Δx 的值为多少？

5-23 空气劈尖的一端放置一根细钢丝，用一束波长为 550nm 的光照射时，细钢丝处恰为明纹，且细钢丝接触位置到劈棱处共有 300 条明条纹，求细钢丝的直径为多少？（小数点后保留

两位有效数字）

5-24 在牛顿环实验中，平凸透镜的曲率半径为3000mm，当用某种单色光垂直照射时，测得第 k 个暗环半径为4.24mm，第 $k+10$ 个暗环半径为6.00mm。求所用单色光的波长。

5-25 有一空气牛顿环装置，第十级明环的半径为1.5cm，现向透镜与玻璃板之间充以介质折射率为 n 的液体时，第十级明环的半径的半径变为1.2cm，则该液体的折射率为多少？（小数点后保留两位有效数字）

思考题

5-26 红光和紫光是相干光吗？两个不同红灯发出的光是相干光吗？

5-27 杨氏双缝实验的干涉图样是等间隔还是中间疏两边密的？

5-28 劈尖的干涉图样是等间隔还是中间疏两边密的？

5-29 牛顿环干涉图样是等间隔还是中间疏两边密的？

5-30 设计用劈尖测量一圆柱体直径的实验。

5-31 简单阐述增透膜的原理。

5-32 迈克耳逊干涉仪中为什么有补偿片的存在？

第六章 光的衍射

与干涉一样，衍射也是波的一个重要特征，衍射也为光的波动说提供了有力证据，当光遇到障碍物时，绕过障碍物的现象极好地证明了这一点。这一章中，我们将学习到单缝、圆孔、多缝（即光栅）等几种光学元件的衍射现象，而且干涉和衍射的差别是学习的重点，再如衍射光栅先衍射再干涉，更是验证了光的波动性.

第一节 惠更斯-菲涅耳原理

一、 光的衍射现象

在研究机械波的过程中我们知道，当波的波长与障碍物的尺寸接近时，才会发生明显的衍射现象，比如说水波遇到假山等障碍物时会绕过它们传播到后面，但是生活中我们见到的光多是直线传播，很少见到光绕过障碍物是产生的衍射现象，因为光波的波长很短，障碍物的尺寸多数大于光波波长，所以很难看到光的衍射现象。

如图 6-1 (a) 所示，当光通过较宽的狭缝时，在屏幕 E 上出现的是平行光斑，当狭缝减小时，开始我们看到的光斑也随之缩小，当狭缝继续缩小到一定程度时，光斑不但不继续缩小，反而逐渐增大，这种光绕过障碍物传播到障碍物后的现象称为**光的衍射现象**，如图 6-1（b）所示。

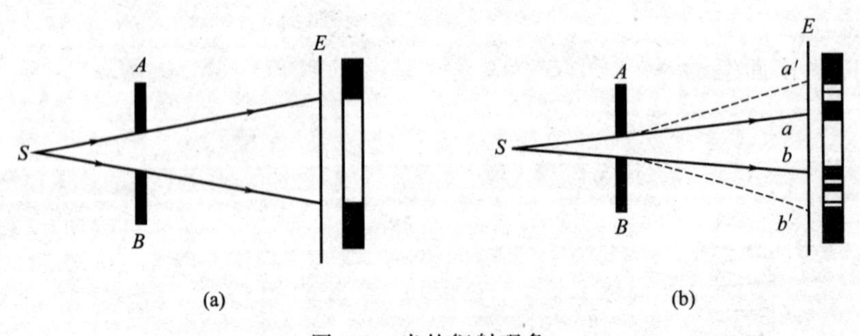

图 6-1 光的衍射现象

菲涅耳衍射：光源 S、接收屏 E 与衍射屏 K 之间的距离都是有限远的，如图 6-2 所示。

夫琅禾费衍射：光源 S、接收屏 E 与衍射屏 K 之间的距离都是无限远的，如图 6-3 所示。

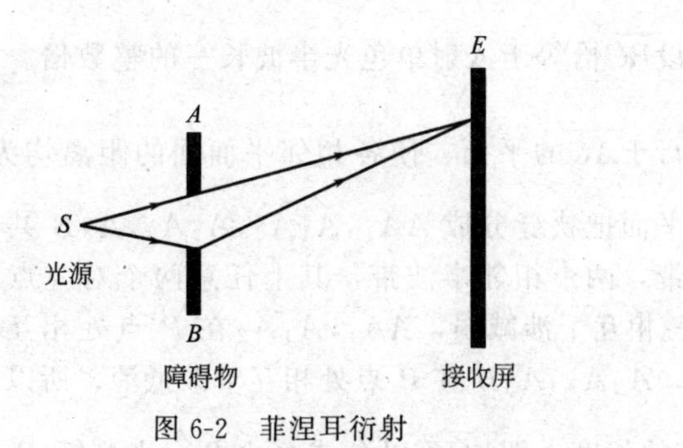

图 6-2 菲涅耳衍射

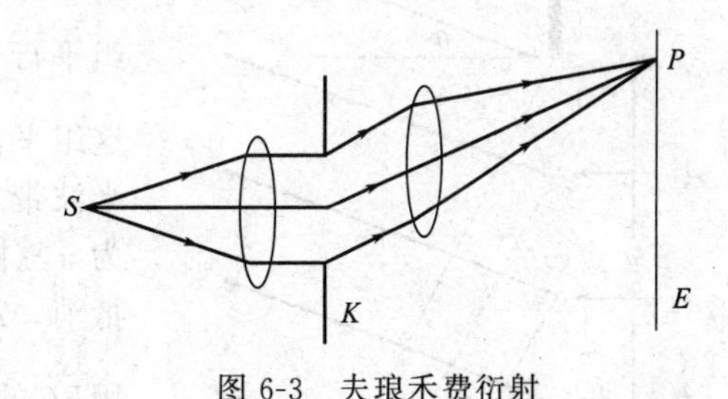

图 6-3 夫琅禾费衍射

二、 惠更斯-菲涅耳原理

惠更斯-菲涅耳原理：从同一波阵面上各点所发处的子波，经传播而在空间某点相遇时，可以相互叠加而产生干涉现象，空间某点波的强度，由各子波在该点的相干叠加所决定。

由惠更斯-菲涅耳原理可知，若某时刻光波的波阵面为 S，那么 S 上的各个面元 $\mathrm{d}S$ 都可以看成是子波源，如图 6-4 所示，它所发出的子波在 P 点引起的分振动的振幅正比于面元 $\mathrm{d}S$ 的大小，反比于面元到 P 点的距离 r；并且和面元法线方向$\boldsymbol{n}$与r之间的夹角 α 有关，θ 越大，分振幅越小，当 $\theta \geqslant \frac{\pi}{2}$时，分振动的振幅为零。应用积分的方法可以算出整个波阵面 S 发出的光传到 P 点时的合振动为

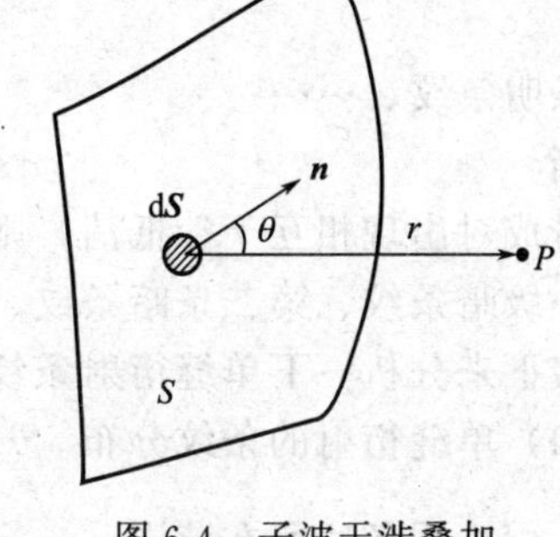

图 6-4 子波干涉叠加

$$E \propto \frac{\Delta s}{r} k(\theta) \qquad (6.1)$$

第二节 单缝夫琅禾费衍射

由图 6-5 可知，当一束平行光垂直照射宽度可与光的波长相比的狭缝时，会绕过狭缝的边缘在阴影部分衍射，衍射光经透镜 L 会聚到焦平面处的屏幕 P 上，形成与狭缝平行的明暗相间的条纹，称为**单缝夫琅禾费衍射**。

如图 6-6 所示，AB 为单缝的界面，宽度为 a。作 $AC \perp BC$，则 AC 上各点到 P 点的光程都相等，从 AB 面发出的各子波在 P 点的相位差，就等于从 AB 面到 AC 面的光程。由图可知，$\overline{BC}$为从狭缝两个端点 A，B 所发出的子波到达 P 点的光程差，$\overline{BC} = a\sin\theta$。

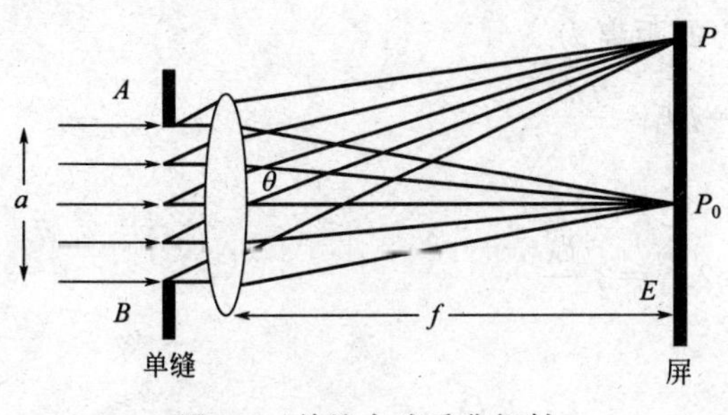

图 6-5 单缝夫琅禾费衍射

利用$\frac{\lambda}{2}$分割，过等分点作 BC 的平行线（实际上是平面），等分点将 AB 等分，即将单缝分割成数个半波带。

特点：这些波带的面积相等，可以认为各个波带上的子波数目彼此相等。

每个波带上下边缘发出的子波在 P 点光程差恰应为相位差$\frac{\lambda}{2}$。

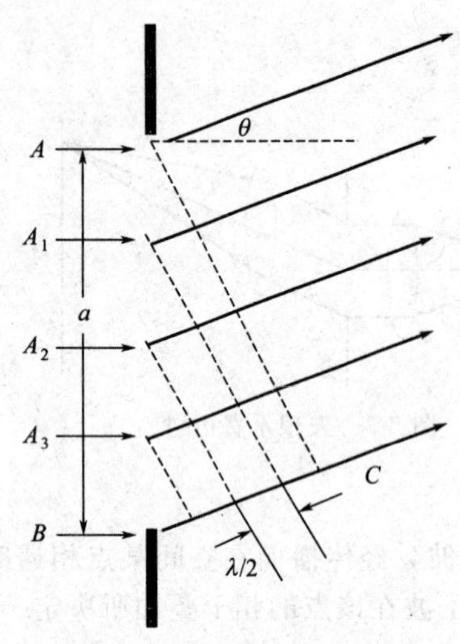

图 6-6 菲涅耳半波带法

设$\overline{BC}$恰等于入射单色光半波长$\frac{\lambda}{2}$的整数倍。作一组平行于$\overline{AC}$的平面，使各相邻平面间的距离均为$\frac{\lambda}{2}$，这组平面把狭缝分成AA_1，A_1A_2，A_2A_3，A_3B共4个半波带，两个相邻半波带，其上任意两个对应点相差为π，相互干涉减弱，AA_1，A_1A_2在P点处相互干涉抵消，A_2A_3，A_3B在P点处相互干涉抵消，所以可以用$\overline{BC}$的长度，即$\overline{BC}$可以分成多少个$\frac{\lambda}{2}$来判断P点干涉结果。

当 $$a\sin\theta=\pm(2k+1)\frac{\lambda}{2}\quad(k=1,2,\cdots)\tag{6.2}$$

剩下一个半波带未被抵消，它使P点所在的条纹是明条纹，（$k=1,2,\cdots$）的条纹分别称为第一级明条纹、第二条明条纹、……。

当 $$a\sin\theta=\pm k\lambda\quad(k=1,2,\cdots)\tag{6.3}$$

半波带成对出现相互干涉抵消，则P点所在的条纹是暗条纹，（$k=1,2,\cdots$）的条纹分别称为第一级暗条纹、第二条暗条纹、……。

接下来分析一下单缝衍射条纹的特点。

（1）单缝衍射的条纹分布。$\theta=0$处为中央明纹的中心，两条第一级暗纹所夹的是中央明纹。中央明条纹所在范围：$-\lambda<a\sin\theta<\lambda$。中央明纹的半角宽度$\theta_0=\arcsin\frac{\lambda}{a}$，中央明条纹两侧，对称地排列着其他各级明条纹，相邻明条纹之间有一条暗条纹中心，所有条纹都是与狭缝平行的直条纹。

（2）明条纹的光强。中央明条纹最亮，明条纹的光强随着条纹级数的增加而减弱。

（3）明条纹宽度。相邻暗条纹中心位置之间的距离即为明条纹宽度。

设屏上某级明纹中心与中央明条纹中心的距离为x，透镜L_2的焦距为f，则

$$x=f\tan\theta$$

当θ很小时，有
$$x=f\theta$$

对第一级暗条纹中心，有
$$a\sin\theta_1=k\lambda\Rightarrow\theta_1=\frac{\lambda}{a}$$

对第k级暗条纹中心，有
$$\theta_k=k\frac{\lambda}{a}$$

可知第一级暗条纹中心与中央明条纹中心的距离为

$$x_1=f\theta_1=\frac{f\lambda}{a}$$

则中央明条纹的宽度为

$$l_0=2x_1=2\frac{f\lambda}{a}$$

其他各级明条纹的宽度为

$$l=f\theta_{k+1}-f\theta_k=\frac{f\lambda}{a}\tag{6.4}$$

由以上各式可知，在θ很小的情况下，其他各级明条纹的宽度相同，中央明条纹宽度为其他明纹宽度的2倍。

(4) 条纹的疏密与狭缝宽度的关系。由式$l=\frac{f\lambda}{a}$可知，当λ一定，a越小，各级条纹越稀疏，光的衍射越明显，a越大，条纹越密。当狭缝很宽（$a\gg\lambda$）时，各级明条纹都集中在中央明条纹附近，人眼难以分辨，所看到的是一条光带，这时，光线就是沿着直线传播了。

【例 6-1】 在宽度$a=0.6\text{mm}$的狭缝后$d=40\text{cm}$处有一与狭缝平行的屏，平行单色光自左面垂直照射狭缝，在屏上形成衍射条纹，若在离屏幕的对称中心O点为$x=1.4\text{mm}$的p点，看到的是明纹。试求：

(1) 该入射光的波长；

(2) p点的条纹级数；

(3) 从p点来看，对该光波而言，狭缝的波振面可分半波带的数目。

【解】 (1) 因为$x\ll d$，所以$\frac{x}{d}\approx\tan\theta\approx\sin\theta$由单缝衍射加强条件得

$$a\sin\theta=\pm(2k+1)\lambda/2,\quad k=1,2,3$$

$$0.6\times0.0014/0.4=(2k+1)\lambda/2$$

可见光范围内，$k=3$，4

$$k=3,\ \lambda=600\text{nm}$$

$$k=4,\ \lambda=467\text{nm}$$

(2) 由上问知$k=3$或$k=4$。

(3) 由菲涅耳半波带法可知，可以分成$2k+1$个半波带，即可分为7或9个。

【例 6-2】 在单缝夫琅禾费衍射中，设缝宽$a=5\lambda$，缝后正薄透镜的焦距$f=40\text{cm}$，试求中央明条纹和第一级明条纹的宽度。

【解】 第一级和第二级暗条纹的中心满足

$$a\sin\theta_1=\lambda,\ a\sin\theta_2=2\lambda$$

第一级和第二级条纹的位置为

$$x_1=f\tan\theta_1\approx f\sin\theta_1=\frac{f\lambda}{a}=\frac{40\lambda}{5\lambda}=8\text{cm}$$

$$x_2=f\tan\theta_2\approx f\sin\theta_2=\frac{2f\lambda}{a}=\frac{2\times40\lambda}{5\lambda}=16\text{cm}$$

中央明条纹的宽度为

$$\Delta x_o=2x_1=16\text{cm}$$

第一级暗条纹与第二级暗条纹之间的距离为第一级明条纹的宽度，有

$$\Delta x_1=x_2-x_1=16-8=8\text{cm}$$

第三节　光栅衍射

利用单缝衍射现象可以测量单色光的波长，为提高测量的精度，应尽量减小单缝宽度。单缝宽度的减小，使通过单缝的光能量减小，结果使明暗条纹的界限分辨不清，条纹的位置就不易准确测得。光栅就是为了克服这一矛盾而设计制作的。

一、 光栅器件

光栅：许多等宽的狭缝等距离地排列起来形成的光学元件。按照种类分为透射式光栅和反射式光栅。

在一块平板玻璃上刻上一系列等宽度的刻痕，刻痕处因漫反射而不透光，未刻痕处相当于透光的狭缝，这样构成为**透射式光栅**。

在光洁度很高的金属表面刻出一系列等间距的平行细槽，就构成了**反射式光栅**。

光栅常数：$a+b=d$，a 为狭缝宽度，b 为狭缝间距。如图 6-7 所示。

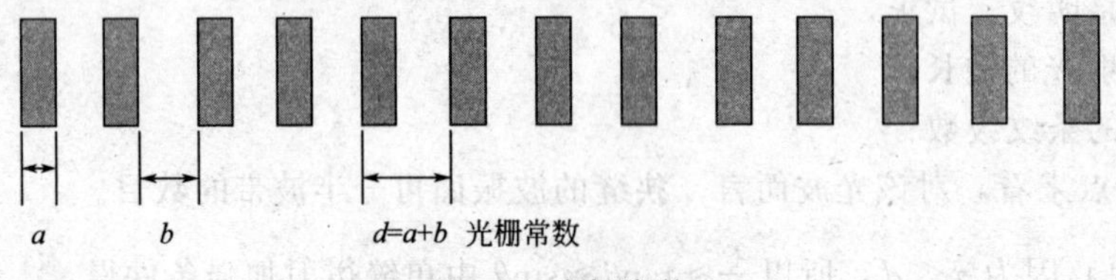

图 6-7 光栅常数

若每厘米刻有 5000 条刻痕，则光栅常数为

$$d=\frac{1\times10^{-2}}{5000}=2\times10^{-6}\,\mathrm{m}$$

二、 光栅的衍射条纹

图 6-8 为光栅衍射，将一束平行单色光垂直照射在透射光栅上，透射光经透镜 L 会聚后，在屏 E 上就呈现出各级条纹。光栅上的每一条缝都是一条单缝，产生衍射条纹，各单缝上的衍射光，在屏上还要产生多束光干涉。所以光栅的衍射条纹应当看成多光束干涉和单缝衍射的综合效果。

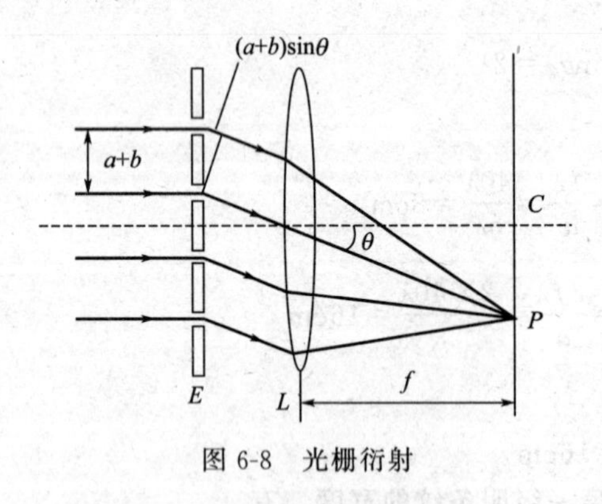

图 6-8 光栅衍射

1. 光栅方程

当各缝衍射光与透镜光轴间形成的衍射角为 φ 时，任意相邻两缝发出的光到达点 P 的光程差都是 $(a+b)\sin\theta$，当此光程差为入射光波长 λ 的整数倍时，各单缝的衍射加强，各缝发出的光会聚于屏上点 P，因干涉而得到加强，形成明条纹，因此，光栅衍射产生明条纹的条件是衍射角必须满足

$$(a+b)\sin\theta=\pm k\lambda \quad (k=0,1,2,\cdots) \tag{6.5}$$

式 (6-5) 称为光栅方程。满足光栅方程的明条纹称为主极大条纹，又叫光谱线，k 称为主极大的级次。

$k=0$ 时，$\theta=0$，称为中央主极大，中央明条纹。

$k=1,2,\cdots$，分别称为第一级、第二级……主极大条纹，式中正负号表示各级明条纹对称地分布于中央明条纹的两侧。

当

$$(a+b)\sin\theta=\pm(2k+1)\frac{\lambda}{2} \quad (k=0,1,2,\cdots) \tag{6.6}$$

形成光栅衍射的暗条纹。

说明：(1) 主极大条纹是先由单缝衍射，再由多缝干涉决定的；

(2) $|\theta|$ 应小于 $\frac{\pi}{2}$，$|\sin\theta|$ 必小于 1，则能观察到的主极大条纹的最大级数为 $k<\frac{a+b}{\lambda}$；

(3) 若光栅狭缝总条数为 N，则在 2 个主极大明条纹间有 $N-1$ 条暗纹。

2. 缺级现象

设想只让光栅的一个缝透光，其余全部遮住，这时屏上将产生单缝衍射条纹，不论留下哪一个缝，屏上的单缝衍射条纹分布都是一样的，条纹位置也完全重合，因为同一衍射角 θ 的平行光，经过透镜都会聚于同一点上。因此，若满足光栅方程

$$(a+b)\sin\theta=\pm k\lambda \quad (k=1,2,\cdots,)$$

的角 θ，又同时满足单缝衍射的暗条纹条件

$$a\sin\theta=\pm k'\lambda \quad (k'=1,2,\cdots)$$

由于各狭缝发出的衍射光各自满足暗条纹条件，当然也就不存在多光束干涉加强的问题了。因此，与满足光栅方程相应的角 θ 的主极大条纹就不再出现了，这称为衍射光谱线的缺级，有

$$k=\frac{a+b}{a}k' \tag{6.7}$$

例如，当 $a+b=2a$ 时，对应于（$k'=1,2,\cdots$）可得 $k=2,4,6$ 缺级。

三、 光栅光谱

若用白光入射光栅，除中央零级明条纹外，各种不同色光的同级明条纹将在不同的衍射角处出现，这种不同色光的主极大彼此分开的现象称为色散。各种不同波长的光经过光栅散射后，同一级主极大的亮条纹将按顺序排列成一个彩色光带。这些光带的整体称为光栅光谱。白光照射光栅时，形成连续光谱。

光栅光谱的特点如下。

(1) 同级光谱线中，波长短（紫光）的离中央明条纹近，波长长（红光）的离中央明条纹远，当衍射角很小时，$\sin\theta\approx\theta$，光栅方程可写为

$$\theta_k=\frac{k}{a+b}\lambda$$

若透镜 L 的焦距为 f，则第 k 级谱线到中央明条纹的距离为

$$x_k=f\tan\theta_k\approx f\theta_k=\frac{fk}{a+b}\lambda$$

(2) 光栅光谱中，对于同一波长的各级谱线是均匀排列的。任意相邻两级谱线间距都是 $\Delta x=f\lambda/(a+b)$。当 θ 较大时，$\sin\theta\approx\tan\theta\approx\theta$ 不成立，光谱线的分布与上述结论有所偏离。

【例 6-3】 波长为 600nm 的单色光垂直入射在一光栅上，有两个相邻主极大明纹分别出现在 $\sin\theta_1=0.2$ 与 $\sin\theta_2=0.3$ 处，且第四级缺级。试求：

(1) 光栅常数；

(2) 光栅狭缝的最小宽度；

(3) 按上述选定的缝宽和光栅常数，写出光屏上实际呈现的全部级数。

【解】 (1) 由光栅方程，得

$$(a+b)\ \sin\theta_1=k\lambda$$

$$(a+b)\ \sin\theta_2=(k+1)\ \lambda$$

将两式相减得 $(a+b)(\sin\theta_2-\sin\theta_1)=\lambda$

故光栅常数 $$a+b=\frac{\lambda}{\sin\theta_2-\sin\theta_1}=6\times10^{-6}\,\text{m}$$

(2) 由于第四级主极大缺级，故满足下列关系

$$(a+b)\sin\theta=4\lambda,\quad a\sin\theta=k\lambda$$

$$\frac{a}{a+b}=\frac{k}{4},\quad a=\frac{a+b}{4}k$$

所以，取 $k=1$ 时为最小缝宽。因此最小缝宽为

$$a=\frac{a+b}{4}=1.5\times10^{-6}\,\text{m}$$

(3) 由光栅方程有 $$\sin\theta=\frac{k\lambda}{a+b}\leqslant1$$

所以屏上能呈现的干涉条纹的最高级数为

$$k=\frac{a+b}{\lambda}=\frac{6\times10^{-6}}{6\times10^{-7}}=10$$

考虑到缺级现象，在屏上有 $k=0,\pm1,\pm2,\pm3,\pm5,\pm6,\pm7,\pm9$ 的主极大条纹出现。$k=\pm10$ 时主极大明纹出现在 $\Delta\theta=\pm\frac{\pi}{2}$ 处。

第四节 圆孔衍射 光学仪器的分辨本领

一、 圆孔衍射

光通过狭缝时会产生衍射现象，若用小圆孔代替狭缝，用点光源代替线光源，也会产生夫琅禾费圆孔衍射现象，称为**圆孔衍射**，衍射图样的中央为一亮圆斑，称为**爱里斑**，周围是暗、明相间的同心圆环形条纹，如图 6-9 所示。

若爱里斑的直径为 d，透镜 L_2 的焦距为 f，圆孔直径为 D，入射单色光的波长为 λ，第一级暗环中心的衍射角为 θ，由理论计算可得

$$\theta=\frac{d}{2f}=1.22\,\frac{\lambda}{D}\tag{6.8}$$

式中，爱里斑对透镜 L_2 光心的张角为 2θ，当 λ，f 一定时，爱里斑的大小取决于圆孔直径 D 的大小，D 越大，爱里斑越小；D 越小，爱里斑越大；若 $D\gg\lambda$，则 θ 趋近于零，形成光束直线传播。

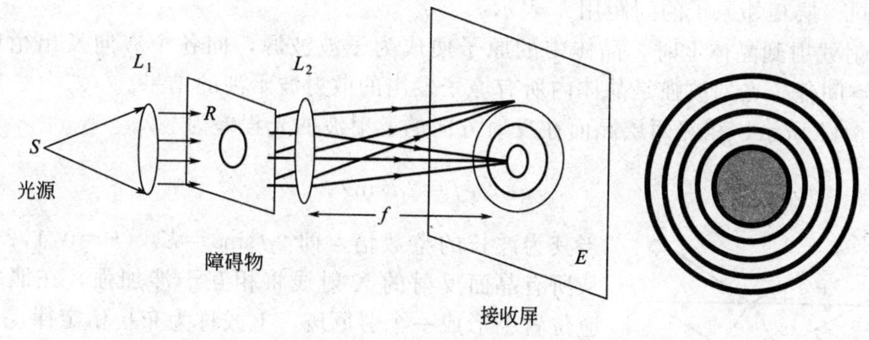

图 6-9 圆孔衍射及衍射图样

二、光学仪器的分辨本领

光学仪器中的透镜、光阑等都相当于一个透光的小圆孔，物体通过光学仪器成像时，每一物点就有一像点，但由于衍射像点已不是一个几何点，是有一定大小的爱里斑，因此对相距很近的两个物点，对应的两个爱里斑就会重叠无法分辨出两个物点的像，可见由于光的衍射现象，光学仪器的分辨能力受到了限制。

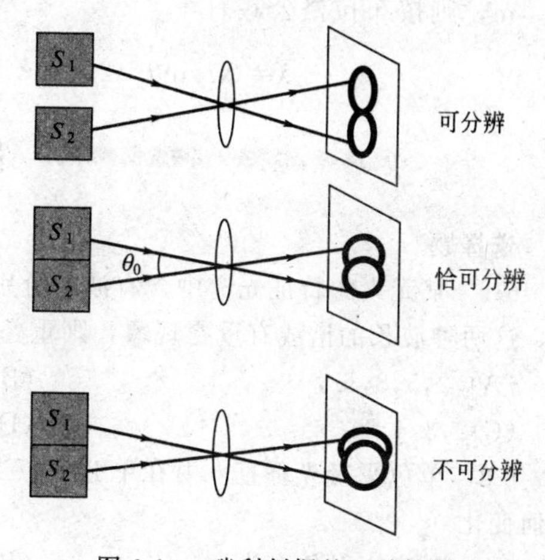

图 6-10 瑞利判据的三种情况

瑞利判据：当一个点光源的衍射图样的爱里斑中心刚好与另一个点光源衍射图样的爱里斑边缘处重合时，就称这两个点光源恰能分辨。图 6-10 是物点 S_1 和 S_2 可分辨、恰可分辨、不可分辨的三种情况。

满足瑞利判据的两物点间的距离，就是光学仪器所能分辨的最小距离。两个物点 S_1 和 S_2 对透镜中心所张的角 θ_0 称为最小分辨角，

$$\theta_0 = 1.22\frac{\lambda}{D} \tag{6.9}$$

光学仪器中将最小分辨角的倒数$\frac{1}{\theta_0}$称为仪器的分辨率。

第五节 X射线的衍射

X射线是德国物理学家伦琴于 1895 年首先发现的，又称为伦琴射线。

X射线的主要特点：波长短（0.01～10nm），穿透能力强，在电磁场中不偏转，有干涉、衍射现象。

1912 年，劳厄用天然晶体作为“光栅”，圆满地获得了X射线的衍射图，从而证实了X射线的波动性。X射线照射晶体片，形成由许多按一定规则分布的斑点组成的衍射图样，称为劳厄斑。

1913 年，布拉格父子提出了另一种研究X射线的方法。

晶体的空间点阵可以从各个不同方向分成许多组平行且等间距的点阵平面，这些平面称为晶面，每一组平行晶面组成一个晶面族，每一晶面族中，相邻两晶面的距离 d 称为晶格

常数，用同一层相邻原子的间距用 h 表示。

当X射线射到晶体上时，晶体中的原子便成为子波波源，向各个方向发出衍射线，称为散射，空间任一点的波强是晶体内所有原子发出的散射波干涉的结果。

如图6-11所示，相邻两层晶面在反射方向的散射波的光程差为

$$\overline{ge}+\overline{ef}=2d\sin\theta$$

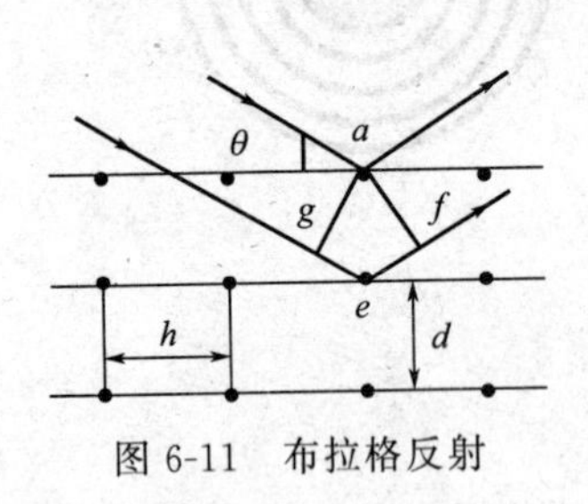

图6-11 布拉格反射

当其为波长的整数倍，即 $2d\sin\theta=k\lambda$（$k=0,1,2,\cdots$）时，从所有晶面反射的X射线将相互干涉加强，在照相底片对应位置上形成一个劳厄斑，上式称为布拉格定律。

【例6-4】 单色X射线入射到NaCl晶体上，已知该晶体的点阵间距为0.3nm，当入射角为60°时，观察到第一级反射极大。试求X射线的波长是多少?

【解】 已知入射角为60°，则掠射角为30°，$d=0.3\times10^{-9}$m，则按布拉格公式有

$$\lambda=2d\sin\theta=2\times0.3\times10^{-9}\times\sin30°=0.3\times10^{-9}\text{m}$$

练习题

选择题

6-1 某元素的特征光谱中含有波长分别为 $\lambda_1=450$nm 和 $\lambda_2=750$nm 的光谱线，在光栅光谱中，这两种波长的谱线有重叠现象，则重叠处 λ_1 的谱线的级次将是（　　）。

(A) 2,5,8,11,…　　(B)5,10,15,20,…

(C)2,3,4,5,…　　(D)3,6,9,12,…

6-2 单色平行光垂直入射在单缝上，当狭缝宽度减小时，除中央明纹外的各级衍射条纹将如何变化（　　）。

(A) 对应衍射角变小　　(B) 对应衍射角变大

(C) 对应衍射角不变　　(D) 对应衍射角不能确定

6-3 一波长为 λ 的单色光照射某一单缝时发生夫琅禾费衍射现象，设中央明纹的衍射角范围很小，现使单缝宽度变为原来的1/2，入射光的波长变为原来的3/4，则屏幕上观测到的中央明纹的宽度变为原来的（　　）。

(A) 3/4　　(B) 3/2　　(C) 2/3　　(D) 4/3

6-4 若波长为625nm的单色光垂直入射到一个每厘米有4000条刻线的光栅上时，则第二级谱线的衍射角为（　　）。

(A) 30°　　(B) 40°　　(C) 60°　　(D) 90°

6-5 波长 $\lambda=600$nm 的单色光垂直入射于光栅常数 $d=2.5\times10^{-4}$cm 的平面衍射光栅上，可能观察到的光谱线的最大级次为（　　）。

(A) 2　　(B) 3　　(C) 4　　(D) 5

6-6 一束平行单色光垂直入射在光栅上，当光栅常数（$a+b$）为下列哪种情况时，$k=3$, 6, 9, …级次的主极大均不出现（　　）。

(A) $a+b=2a$　　(B) $a+b=3a$　　(C) $a+b=4a$　　(D) $a+b=6a$

6-7 在单缝衍射实验中，缝宽 $a=0.2$mm，透镜焦距 $f=0.4$m，入射光波长 $\lambda=500$nm，则在距离中央亮纹中心位置2mm处是（　　）；从这个位置看上去可以把波阵面分为（　　）。

(A) 亮纹，3个半波带　　(B) 亮纹，4个半波带

(C) 暗纹，3个半波带　　　　　　(D) 暗纹，4个半波带

6-8　根据惠更斯-菲涅耳原理，若已知光在某时刻的波阵面为S，则S的前方某点Q的光强度决定于波阵面S上所有面积元发出的子波各自传到Q点的（　　）。

(A) 振动的相干叠加　　　　　　(B) 振动振幅之和的平方

(C) 光强之和　　　　　　　　　(D) 振动振幅之和

6-9　单缝夫琅和费衍射装置中，将单缝宽度a稍稍变窄，则屏幕C上的中央衍射条纹将（　　）。

(A) 变宽，同时向上移动　　　　(B) 变宽，同时向下移动

(C) 变宽，不移动　　　　　　　(D) 变窄，同时向上移动

6-10　若光栅的透光与不透光宽度满足$a=2b$，则第（　　）级次缺级。

(A)2,4,6,8,…　　　　　　　　(B)5,10,15,20,…

(C)2,3,4,5,…　　　　　　　　(D)3,6,9,12,…

填空题

6-11　波长为λ的单色光垂直入射在缝宽为3λ的单缝上，对应于衍射角为30°，则单缝处的波面可划分为________个半波带。

6-12　在白光形成的单缝衍射条纹中，某波长的光的第三级明纹和波长为630nm的红光的第二级明纹重合，则该光波的波长是________。

6-13　在单缝衍射中，中央明纹的宽度是第一级明纹宽度的________倍，是第二级明纹宽度的________倍。

6-14　平行单色光垂直入射于单缝上，若屏上Q点处为第三级暗纹，则单缝处波面相应地可划分为________个半波带。若将单缝宽度缩小一半，Q点将是________纹。

6-15　一束单色光垂直入射在光栅上，衍射光谱中共出现5条明纹，已知光栅透光和不透光部分宽度相等，则在中央明纹一侧的两条明纹分别是第________级和第________级。

6-16　在单缝夫琅禾费衍射中，设第一级暗纹的衍射角很小，若以波长为589nm的钠光灯入射，中央明纹的宽度为4.0mm；若以波长为442nm的蓝紫光入射，则中央明纹的宽度为________。

6-17　在长为1cm的玻璃上刻出5000条刻痕，则光栅常数$d=$________。

6-18　波长为480nm的平行光垂直照射到宽为0.4mm的单缝上，单缝后面的凸透镜焦距为60cm，当单缝两边缘点A,B射向P点的两条光线在P点得相位差为π时，P点离中央明纹中心的距离等于________mm。

6-19　在进行光栅衍射时，光栅常数越小，各谱线的间距________，波长越长，相邻两级谱线间距________。

6-20　一观察者通过缝直径为0.6mm的圆孔，观察距其500m，发出波长为600nm的单色光的两盏单丝灯，则观察者能分辨两灯的最小距离为________。

计算题

6-21　用波长$\lambda=632.8$nm的平行光垂直照射单缝，缝宽$a=0.15$mm，缝后用凸透镜把衍射光会聚在焦平面上，测得第二级与第三级暗条纹之间的距离为1.7mm，求此透镜的焦距f。

6-22　某天文台一望远镜的孔径为6m，如果望远镜所用的波长取600nm，月球到地球间的距离为3.8×10^8m，则月球上间隔多大的两个点能被该天文望远镜分辨？

6-23　波长为600nm的单色光垂直入射到宽度为$a=0.10$mm的单缝上，观察夫琅禾费衍射图样，透镜焦距$f=1.0$m，屏在透镜的焦平面处。求

(1) 中央衍射明条纹的宽度Δx_0；

(2) 第二级暗纹离透镜焦点的距离 x_2。

6-24 分别用波长为 400nm 和 600nm 的单色光垂直照射在光栅上，光栅后透镜的焦距为 0.5m，在屏幕上观察图样，在距离中央明纹 5cm 处，波长为 400nm 的光的第 $k+1$ 级明纹和波长为 600nm 的光的第 k 级明纹相重合，求

(1) k 值为多少？

(2) 光栅常数 d 值为多少？

6-25 一束波长为 600nm 的光垂直入射到一光栅上，且第一次缺级在第 4 级处，$\sin\theta_4=0.4$。求：

(1) 光栅常数 d；

(2) 光栅狭缝的最小宽度；

(3) 能观察到的谱线条数。

思考题

6-26 单缝衍射的干涉图样是中间疏两边密的吗？

6-27 圆孔夫琅禾费衍射的特点是什么？

6-28 光栅衍射现象是先干涉还是先衍射？

6-29 简述光栅衍射缺级产生的原因。

6-30 举例说出 X 射线在实际生活中的应用。

第七章 光的偏振

干涉和衍射证实了光具有波动性，但是关于光到底是横波还是纵波，也成为争论的焦点。光通过偏振片之后的偏振现象，证明了光的横波性，也验证了光是电磁波这一预言；同时偏振技术也使偏振片墨镜，偏振片立体电影等方面应用到了人们的生活。

第一节 偏振光和自然光

光的电磁理论指出，光是电磁波，光的振动矢量与光的传播方向垂直，光是横波。可见光是在人眼视觉范围内的波段390～760nm，对应红、橙、黄、绿、青、蓝、紫光。

振动方向对于传播方向的不对称性叫作偏振，它是横波区别于其他纵波的一个最明显的标志。

研究光的振动方向的特性即光的偏振性，下面我们从光的振动方向出发讨论自然光、线偏振光的特性。如图7-1所示。

一、 自然光

一般光源发出的光，包含各个方向的光矢量，没有哪一个方向占优势，光的振动对称分布，所有方向上的光振动的振幅都相等的光称为**自然光**。为可更方便地表示光的传播，常用和传播方向垂直的短线表示在纸面内的光振动，用点表示和纸面垂直的光振动。对于自然光，点和短线等量分布，没有哪一个方向占优势。如图7-2所示。

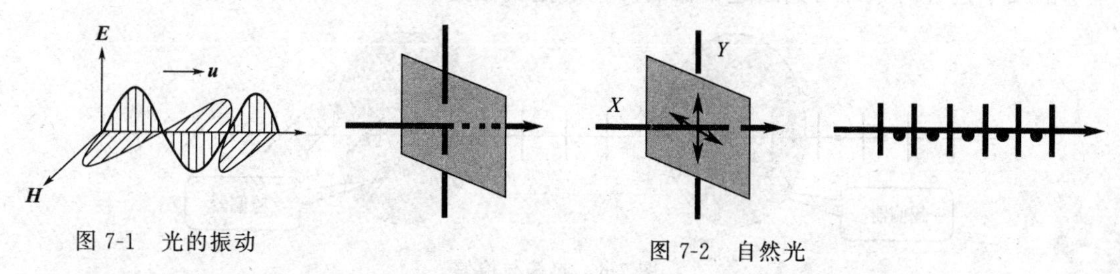

图7-1 光的振动

图7-2 自然光

在相互垂直方向分解后：各方向上振幅相等，但无固定位相即相互独立，各具有总能量的 半。即

$$I_0=I_X+I_Y \tag{7.1}$$

$$I_X=I_Y=\frac{1}{2}I_0$$

二、 线偏振光

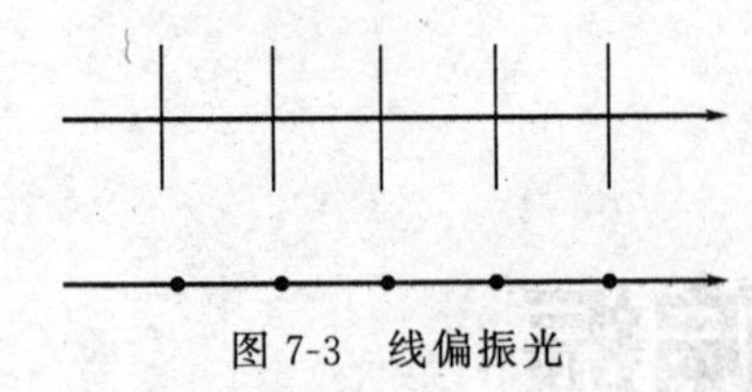
图 7-3 线偏振光

在光的传播方向上，光矢量只沿一个固定的方向振动，由于光矢量端点的轨迹为一直线，叫作**线偏振光**。如图 7-3 所示。

三、 部分偏振光

部分偏振光是介于偏振光与自然光之间的一种光。光波包含一切可能方向的横振动，但不同方向上的振幅不等，在两个互相垂直的方向上振幅具有最大值和最小值。这种光称为**部分偏振光**。如图 7-4 所示。

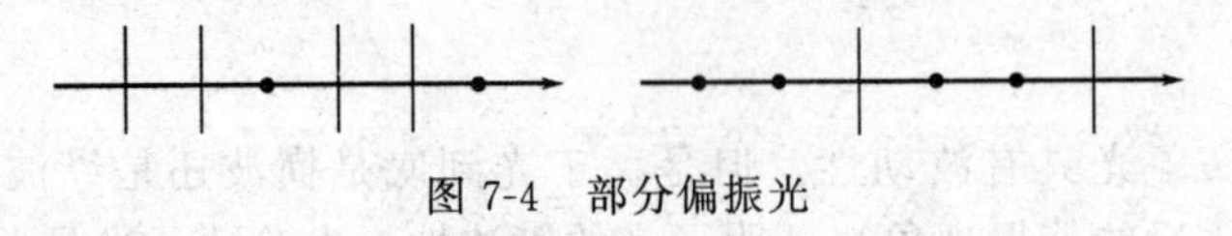
图 7-4 部分偏振光

第二节 起偏与检偏 马吕斯定律

一、 偏振光的产生和检验

二向色性的有机晶体，如电气石或聚乙烯醇薄膜在碘溶液中浸泡后，在高温下拉伸、烘干，然后粘在两个玻璃片之间就形成了偏振片。它有一个特定的方向，只让平行与该方向的振动通过，该方向称为偏振片的透光轴或偏振化方向。

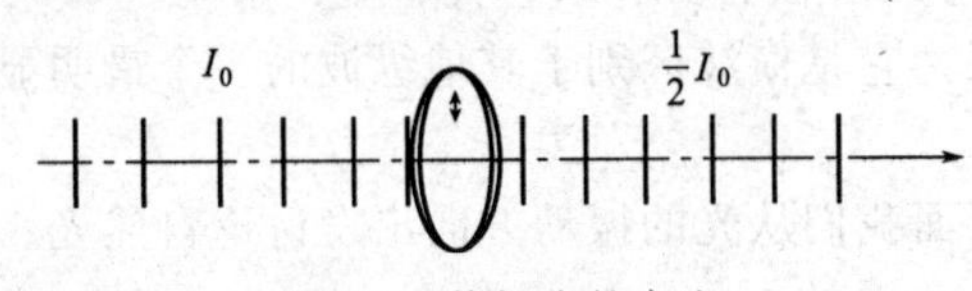

图 7-5 偏振光的产生

如图 7-5 所示，强度为 I_0 自然光通过偏振片后，即变成了偏振光，强度变为原来的一半即 $\frac{1}{2}I_0$，光矢量方向与偏振片的偏振化方向一致，称为**起偏**。

偏振片不但可以产生偏振光，还可以用来检验某一光是否为偏振光，如图 7-6 所示，当检偏器转过 360°过程中，在检偏器后的光强经历全明-全暗、全暗-全明、全明-全暗、全暗-全明的四个过程时，即可判断起偏器后产生的是偏振光。

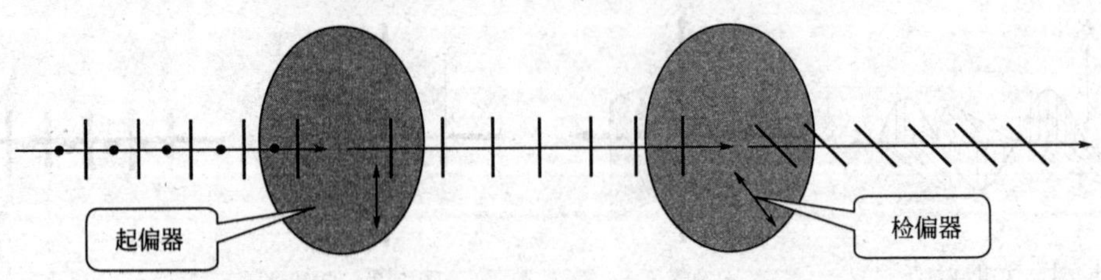

图 7-6 起偏与检偏

二、 马吕斯定律

一束光强为 $2I_0$ 的自然光，经过起偏器变为光强为 I_0 的偏振光，那么偏振光经过检偏器以后透射光强为多少？如图 7-7 所示，起偏器与检偏器的夹角为 α，光强为 I_0 的偏振光经过检偏器以后透射光强，以及光强与振幅平方成正比的关系，推导可得

$$I = I_0 \cos^2\alpha \tag{7.2}$$

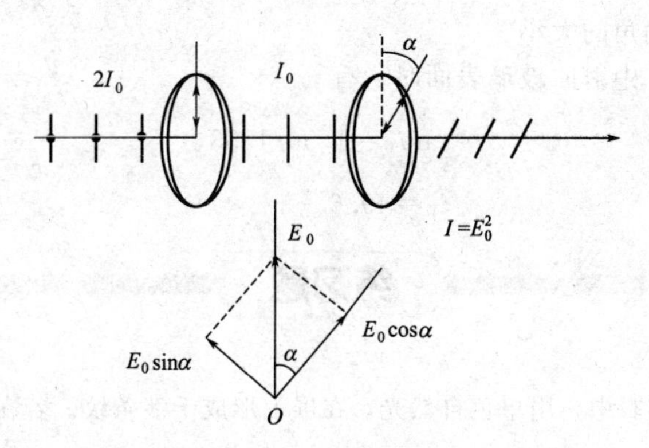

图 7-7 马吕斯定律

讨论：(1) $\alpha=0$，π 时，$I=I_0$；

(2) $\alpha=\dfrac{\pi}{2}$，$\dfrac{3\pi}{2}$时，$I=0$；

其他情况，$I=I_0\cos^2\alpha$。

【例 7-1】 用两偏振片平行放置作为起偏器和检偏器，在它们的偏振化方向成 30°角时，观测一光源，又在成 60°角时，观测另一光源，两次所得的光强相等。求入射光强之比。

【解】 两次入射光强分别为 I_1, I_2；透射光强分别为 I'_1, I'_2 则。

$I'_1=\dfrac{1}{2}I_1\cos^2\alpha$，$I'_2=\dfrac{1}{2}I_2\cos^2\alpha$

依题意 $I'_1=I'_2$，所以 $I_1 : I_2 = 1 : 3$

第三节 反射和折射时光的偏振现象

光从折射率为 n_1 的空气介质射向折射率为 n_2 的玻璃时，如图 7-8 所示，反射光为部分偏振光，垂直于入射面的振动大于平行于入射面的振动；折射光为部分偏振光，平行于入射面的振动大于垂直于入射面的振动。理论和实验证明：反射光的偏振化程度与入射角有关。

如图 7-9 所示，当入射角满足 $\tan i_B=\dfrac{n_2}{n_1}$时，反射光成为振动方向垂直于入射面的线偏振光，折射光为部分偏振光，称为**布儒斯特定律**。可证明入射角和折射角满足

$$i_B+\gamma=90°$$

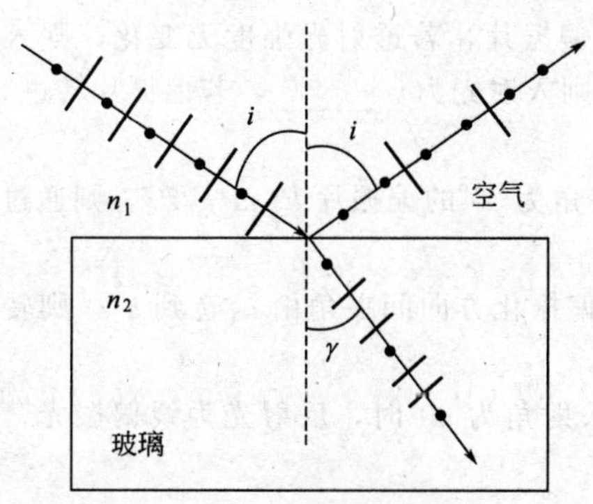

图 7-8 反射光的偏振

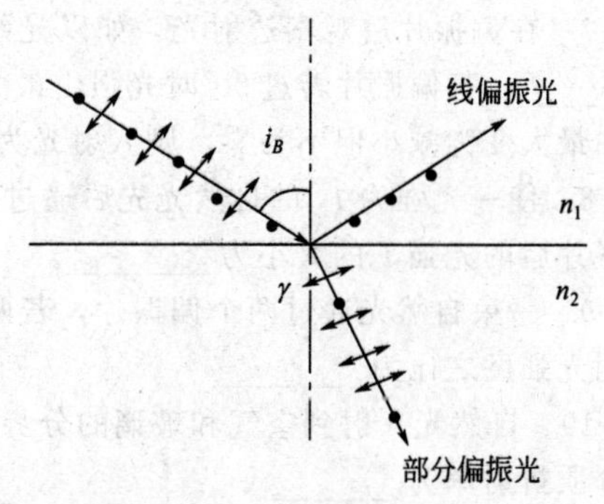

图 7-9 布儒斯特定律

【例 7-2】 在水（折射率为 1.33）和一种玻璃（折射率为 1.56）的交界面上，自然光从水中射向玻璃，求起偏角的大小。

【解】 自然光从水中射向玻璃表面时，有

$$\tan i_0 = 1.56/1.33$$

$$i_0 = 49.6°$$

练习题

选择题

7-1 在双缝干涉实验中，用单色自然光，在屏上形成干涉条纹。若在两缝后放一个偏振片，则（　　）。

(A) 干涉条纹的间距不变，但明纹的亮度加强　(B) 干涉条纹的间距不变，但明纹的亮度减弱

(C) 干涉条纹的间距变窄，且明纹的亮度减弱　(D) 无干涉条纹

7-2 一束自然光和线偏振光的混合光，通过一偏振片，若以光束为轴旋转偏振片，测得透射光强度最大值为最小值的 3 倍，则入射光中线偏振光与自然光的光强比值为（　　）。

(A) 1∶1　(B) 1∶2　(C) 1∶3　(D) 3∶1

7-3 两偏振片堆叠在一起，一束自然光垂直入射其上时没有光线通过，当其中一偏振片慢慢转动 180°时，透射光强度将如何发生变化？（　　）

(A) 光强单调增加　(B) 光强先增加，后又减小至零

(C) 光强先增加，后减小，再增加　(D) 光强先增加，然后减小，再增加，再减小至零

7-4 使一光强为 I_0 的平面偏振光先后通过两个偏振片 P_1 和 P_2。P_1 和 P_2 的偏振化方向与原入射光光矢量振动方向的夹角分别是 α 和 90°，则通过这两个偏振片后的光强 I 是（　　）。

(A) $\frac{1}{2}I_0\cos^2\alpha$　(B) 0　(C) $\frac{1}{4}I_0\sin^2(2\alpha)$　(D) $\frac{1}{4}I_0\sin^2\alpha$

7-5 一光强为 I_0 的自然光，先后通过两个偏振化方向成 60°角的偏振片，则出射光强为（　　）。

(A) 0　(B) $\frac{1}{2}I_0$　(C) $\frac{1}{4}I_0$　(D) $\frac{1}{8}I_0$

填空题

7-6 一束自然光以布儒斯特角入射到平板玻璃上，则入射角 i 与折射角 γ 的关系为________。

7-7 在偏振片后观察透射光，如以光线为轴转动偏振片，若透射光强度无变化，则入射光为________，若偏振片转过 90°时光强由最大变为零，则入射光为________，若偏振片转过 90°时光强由最大变为减小但不为零，则入射光为________。

7-8 使一光强为 I_0 的自然光先后通过三个相邻夹角为 30°的偏振片 P_1, P_2, P_3，则通过这三个偏振片后的光强 I 的大小为________。

7-9 一束自然光通过两个偏振片，若两偏振片的偏振化方向间夹角由 α_1 转到 α_2，则转动前后透射光强度之比为________。

7-10 自然光入射到空气和玻璃的分界面上，当入射角为 60°时，反射光为线偏振光，则玻璃的介质折射率为________。

计算题

7-11 两个偏振片的偏振化方向间的夹角为 30°，一束单色自然光穿过它们，出射光强为 I_1；

当它们偏振化方向间的夹角为60°时，另一束单色自然光穿过它们，出射光强为 I_2，且 $I_1=I_2$，求两束单色自然光的强度之比。

7-12 在水（折射率 $n_1=1.33$）和一种玻璃（折射率 $n_2=1.56$）的交界面上，若自然光从玻璃中射向水，求此时的起偏角 i_B 值为多少？自然光从水中射向玻璃，求起偏角 i'_B 值 为多少？

7-13 有三个偏振片叠在一起，已知第一个与第三个的偏振化方向相互垂直，一束光强为 I_0 的自然光垂直入射在偏振片上。求第二个偏振片与第一个偏振片的偏振化方向之间的夹角 α 为多大时，该入射光连续通过三个偏振片之后的光强为最大。

7-14 一束自然光自空气入射到水（折射率为1.33）的表面上，若反射光是线偏振光，求

(1) 此入射光的入射角为多大？

(2) 折射角为多大？

7-15 一束自然光入射到一组偏振片上，这组偏振片由四块偏振片所构成，这四块偏振片的排列关系是，每块偏振片的偏振化方向相对于前面的一块偏振片，沿顺时针方向转过了一个30°的角。试求：自然光出射时光强损失了多少？

思考题

7-16 简述偏振片制成墨镜的原理。

7-17 简述立体电影的原理。

7-18 简述起偏检偏器的原理。

7-19 根据马吕斯定律，设计自然光通过若干偏振片后出射光强为原来的1/4。

7-20 满足布儒斯特定律时，反射光为线偏振光还是部分偏振光？

第八章 量子物理基础

19 世纪末，经典物理学理论已经发展到了比较“完善”的地步，牛顿力学、麦克斯韦电磁场理论、热力学与统计物理学等已能解释宏观世界中的各类物理现象。同时，科学家们发现了诸如黑体辐射、光电效应、低温情况下固体的摩尔热容量、原子光谱等物理现象，无法用经典物理的理论给予圆满的解释，使经典物理学理论遇到了极大的困难。对这些实验的解释导致量子论的出现，而量子力学的建立，推动了一场新的工业和技术革命。能带论正是 20 世纪上半叶将量子力学应用于固体中电子状态的研究而发展出来的理论；激光器也是在量子理论的指导下研制成功的。可以说，微观世界的实验现象大多数都是用量子物理学理论解释的。

这一章主要介绍一些最基本的量子物理学思想和观点，介绍一些佐证这些观点的实验。介绍薛定谔方程及其应用，并以此说明原子的壳层结构和原子光谱的规律性。

第一节　黑体辐射中普朗克能量子假设

一、 热辐射现象

任何温度下，一切宏观物体都以电磁波的形式向外辐射能量，所辐射的能量称为**辐射能**。实验发现：无论是高温物体还是低温物体都有热辐射，都有连续的辐射能谱，且所辐射的能量及按波长的分布都随温度而变化，温度越高，辐射的能量越多，辐射的多数电磁波的波长越短，温度在 800K 以下的物体所辐射的电磁波大多在红外区域，可以有热效应，但不能引起人的视觉；只有在温度进一步提高时，人眼才能看到物体所发射出来的光。例如，在炉子中加热铁块，起初看不到它发光（实际上发的是红外光），随着温度的升高，其发出的光由暗红色逐渐变成黄白色，当温度很高时，发出青白色的光。随着温度的升高，辐射的总能量急剧增大。同时，随着温度的升高，辐射强度越大，电磁波的波长也越短。这种对给定物体而言，在单位时间内辐射能量的多少以及辐射能量按波长的分布等都取决于物体的温度，这种辐射称为**热辐射**或称为**温度辐射**。

一个物体在不断向外辐射能量的同时，也在不断地吸收周围其他物体所辐射的能量。若物体在相同时间内，吸收的辐射能多于向外发射的辐射能，则其总能量会增加，其温度会升高；反之，总能量会减小，温度会降低。若物体从外界吸收的能量恰好与向外辐射的能量相等，则该物体的温度不变。这种热辐射称为**平衡热辐射**。

1. 单色辐出度

单位时间内从物体单位面积发出的波长在 λ 附近单位波长间隔内的辐射能，称为**单色辐出度**。实验表明：单色辐出度与物体的温度和辐射波长有关。设单位时间内从物体单位面积上所发射的波长在 $\lambda \sim \lambda + d\lambda$ 间隔内的辐射能为 $dM(\lambda, T)$，则单色辐出度为

$$M_{\lambda}(T) = \frac{dM(\lambda, T)}{d\lambda} \tag{8.1}$$

单色辐出度单位为 W/m^3。$M_{\lambda}(T)$ 反映了不同温度下辐射能按波长的分布情况。

2. 辐射出射度

单位时间，单位面积上所辐射出的各种波长辐射能量的总和，称为**辐射出射度**（简称**辐出度**），用 $M(T)$ 表示。则有

$$M(T) = \int_0^{\infty} M_{\lambda}(T) d\lambda \tag{8.2}$$

辐射出射度的单位为 W/m^2。它不随波长变化，只是 T 的函数，随温度的升高迅速增大，相同的温度下，不同物体或物体的表面情况不同（比如粗糙程度不同），物体的辐射出射度就不同。

3. 吸收比与反射比

入射到物体上的电磁辐射，通常都是部分被物体吸收，部分被物体反射。在某一温度下，物体所吸收的辐射能与入射总能量之比，称为**物体的吸收比**，用 α 表示。在某一温度下，反射的能量与入射总能量之比，称为**反射比**，用 γ 表示。物体的吸收比和反射比与波长、温度有关，即 α, γ 为 λ, T 的函数。由能量守恒定律得，不透明物体的吸收比与反射比之和为 1，即

$$\alpha(\lambda, T) + \gamma(\lambda, T) = 1 \tag{8.3}$$

二、 黑体辐射实验规律

不同的物体对电磁辐射的吸收能力是不同的。如果一个物体能完全吸收入射的全部可见光，称这个物体为**黑色**的；黑的东西能吸收各种入射的可见光波，应该是一种好的吸收体，例如，烟黑能吸收 95%以上的入射光能，但人们仍认为不是理想黑体。于是，物理学上就建立一个“绝对黑体”模型，将一个开一个小洞的空腔近似模拟为绝对黑体，如图 8-1 所示。即不论何种波长的电磁辐射以何种角度、何种强度射入腔内，由于孔很小，这辐射光线在腔内反复反射而不能出来，每入射到腔壁一次，一部分能量就被腔体吸收；另一部分被腔壁反射，因为经过多次反射，最后被腔壁完全吸收。腔壁的面积要比小孔的截面积大得多，所以从小孔反射出来的光极少，以至可以忽略不计，如此的空腔实际上能完全吸收各种波长的入射电磁波。我们就把能完全吸收任何波长的入射辐射能的物体称为**绝对黑体**，简称**黑体**。黑体的吸收本领最大，其辐射本领也最大，而且它的辐射本领仅和温度有关。当黑体处于某一温度时，电磁辐射从黑体发出，其中包含各种波长的电磁波，称之为**黑体辐射**。因

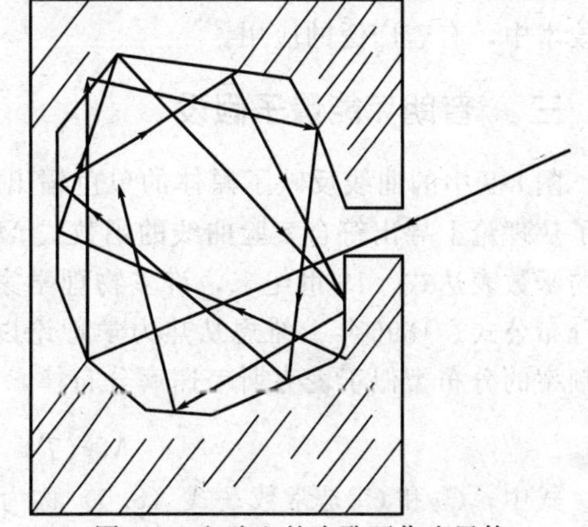

图 8-1 空腔上的小孔可作为黑体

为吸收本领大的物体其辐射本领也大，所以只要能了解黑体的辐射本领，就能了解一般物体的辐射性质。因此，对黑体辐射理论的研究就成为热辐射的主题。

实验测出的黑体单色辐出度 $M_\lambda(T)$ 与波长 λ 之间的关系如图 8-2 所示，根据实验曲线，得出了有关黑体辐射的两条普遍规律：

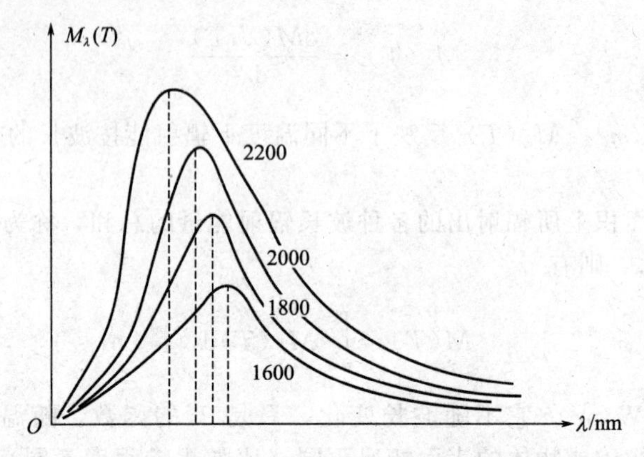

图 8-2 黑体单色辐出度 $M_\lambda(T)$ 与波长 λ 关系实验曲线

(1) 每一条曲线反映了在一定温度下，黑体的单色辐出度随波长的分布情况；每一条曲线下的面积等于黑体在一定温度下的辐射出射度，即 $M(T)=\int_0^\infty M_\lambda(T)\mathrm{d}\lambda$，由实验曲线可见，$M(T)$ 随温度升高而增大。1879 年，斯特藩在比较了大量实验结果后首先发现任一曲线下的面积，即黑体的辐出度 $M(T)$ 与黑体温度的四次方成正比。他的学生玻耳兹曼在五年后从热力学理论出发对此作了严格证明。这就是**斯特藩-玻耳兹曼定律**，即

$$M(T)=\int_0^\infty M_\lambda(T)\mathrm{d}\lambda=\sigma T^4 \tag{8.4}$$

式中，$\sigma=5.670\times10^{-8}\,\mathrm{W/m^2\cdot k^4}$ 称为斯特藩-玻尔兹曼常数。

(2) 图 8-2 中每一条曲线上，$M_\lambda(T)$ 都有一最大值，称为峰值，即对应最大的单色辐出度，相应于此峰值的波长 λ_m 称为**峰值波长**，随温度升高，λ_m 向短波方向移动，维恩应用热力学理论导出了 T 与 λ_m 的关系

$$\lambda_m T=b \tag{8.5}$$

式中，$b=2.897756\times10^{-3}\,\mathrm{m\cdot k}$，称为**维恩常数**；式 (8.5) 称为**维恩位移定律**。

斯特藩-玻耳兹曼定律和维恩位移定律是黑体辐射的基本定律，它们在遥感和红外追踪等技术中，有着广泛的应用。

三、普朗克能量子假设

图 8-2 中的曲线反映了黑体的单色辐出度与 λ, T 的关系。这些曲线是通过实验得到的，为了从理论上导出符合实验曲线的函数式 $M_\lambda(T)$，即黑体单色辐出度与绝对温度及辐射波长的函数表达式，19 世纪末，许多物理学家试图通过经典物理学理论得到一个与实验相符的分布公式。1896 年。维恩从热力学理论以及对实验数据的分析出发，假定谐振子的能量按频率的分布类似于麦克斯韦速率分布律，由经典统计物理导出了以下的半经验公式

$$M_\lambda(T)=C_1\lambda^{-5}e^{-\frac{C_2}{\lambda T}} \tag{8.6}$$

式中，C_1 和 C_2 是常数；式 (8.6) 称为**维恩公式**。维恩公式仅在短波波段与实验曲线符合，在长波波段与实验曲线有明显的偏离，如图 8-3 所示。

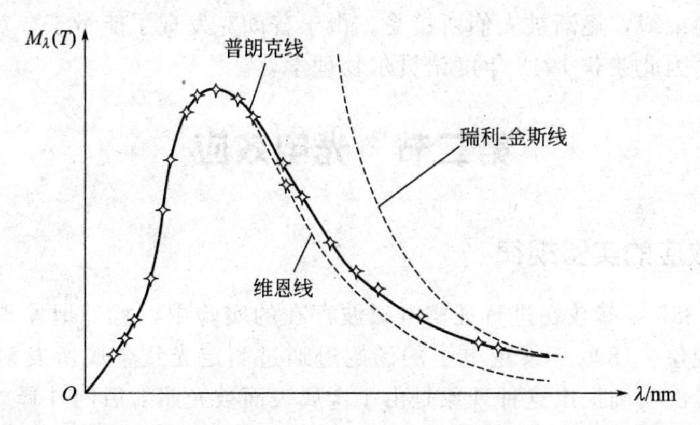

图 8-3 黑体辐射的单色辐出度分布实验曲线与瑞利-金斯线的比较

1900 年，瑞利用经典电动力学和统计物理学理论，得出了一个黑体辐射公式。1905 年，金斯修正了一个数值因子，给出了现在的瑞利-金斯公式，即

$$M_\lambda(T)=2\pi ckT\lambda^{-4} \tag{8.7}$$

式中，k 为玻耳兹曼常数；c 为真空中的光速。式（8.7）称为**瑞利-金斯公式**。此式只在长波范围符合实验结果，在短波范围完全与实验不符，趋向无穷大，如图 8-3 所示。历史上称为“紫外灾难”，反映经典物理遇到难以克服的困难。

1900 年，普朗克利用内插法将维恩公式和瑞利-金斯公式衔接起来，提出了新的黑体辐射公式——普朗克公式，即

$$M_\lambda(T)=2\pi hc^2\lambda^{-5}\frac{1}{e^{\frac{hc}{k\lambda T}}-1} \tag{8.8}$$

式中，c 为真空中的光速；k 为玻耳兹曼常数；h 为普朗克常量，$h=6.626\times10^{-34}$ J·s。普朗克公式不但与实验结果非常吻合（图 8-3），而且可以由普朗克公式导出维恩公式和瑞利-金斯公式。为了从理论上推导出这个公式，普朗克大胆地将一个崭新的概念——能量子，引入物理学，提出了具有划时代意义的普朗克量子假说。基本观点如下：

（1）辐射体是由许多线性谐振子组成（如分子、原子的振动可视为线性谐振子），这些谐振子能够辐射或吸收电磁波，与周围的电磁场交换能量。

（2）这些线性谐振子所处的能量状态不是连续的，每个谐振子只能处于某些特殊的、分立的状态，在这些状态中，相应的能量只能是某一最小能量 ε（称为**能量子**）的整数倍，即 $\varepsilon, 2\varepsilon, 3\varepsilon, \cdots, n\varepsilon$（$n$ 为正整数，称为**量子数**）等分立的数值。在辐射或吸收能量时，谐振子只能从这些状态中的一个状态跃迁到另一个状态，辐射或吸收的能量也只能是 ε 的整数倍。

（3）能量子 ε 与线性谐振子的频率 ν 成正比，即

$$\varepsilon=h\nu \tag{8.9}$$

根据能量量子化假设及玻耳兹曼分布律，普朗克从理论上推导出一个与实验曲线完全符合的黑体辐射公式，称为**普朗克公式**，即

$$M_\lambda(T)=2\pi hc^2\lambda^{-5}\frac{1}{e^{\frac{hc}{k\lambda T}}-1}$$

必须强调的是，普朗克提出的能量量子化假说从本质上脱离了经典物理学的束缚，以这全新的假说为基础成功地解释了黑体辐射现象，从而开创了量子物理学的发展历史，也使人们由电磁辐射的能量量子化开始重新认识光的微粒性。直到 1905 年，爱因斯坦在普朗克的量子假说的基础上提出光量子概念，成功地解释了光电效应，普朗克的量子假说才真正冲破

了经典物理思想的束缚，逐渐被人们所接受。由于普朗克发现了能量子，对量子理论的建立作出了突出贡献，因此荣获1918年度诺贝尔物理学奖。

第二节 光电效应

一、光电效应的实验规律

光电效应是1887年赫兹在进行证实电磁波存在的实验中，意外地发现光能导致金属放电而产生电火花现象。1899年发现电子的汤姆逊通过测定光致金属所发射微粒的荷质比与电子的值相同，首次明确提出这种现象是由于金属表面被光照射后向外释放电子的缘故。把这种现象称为**光电效应**，所释放出来的电子称为**光电子**。1905年爱因斯坦进一步推广了普朗克的能量量子化的思想，提出了光量子假说，解释了光电效应现象，指出光具有波粒二象性。

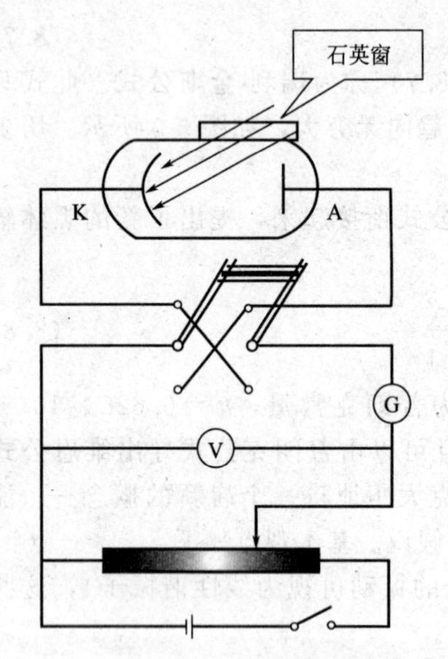

图 8-4 光电效应实验的简要装置示意图

1900～1902年，勒纳德通过实验获得了光电效应的重要规律，这些规律揭示了光的量子本性。图8-4是光电效应实验的简要装置示意图。当一定频率的光通过石英玻璃窗（石英对紫外光吸收很小，可使紫外光和可见光都能入射到容器内部照射到阴极表面，可以在更大的波长范围内研究光电效应的规律）照射在阴极K上时，光电子立刻从K表面逸出，在阳极A和阴极K之间的电压作用下从K向A运动，从而在电路中形成光电流。电压U_{AK}和光电流可以分别通过电压表V和电流表G测出来。通过调节变阻器R改变加速电压U_{AK}，测出相应的光电流，就可画出伏安曲线；分析实验数据就可以得到光电效应的实验规律。

1. 饱和光电流和入射光的强度成正比

实验得到，在两种不同强度光的照射下，光电流I和电压U_{AK}之间的关系如图8-5中的曲线所示。它表明以一定强度的单色光照射阴极K时，光电流I随加速

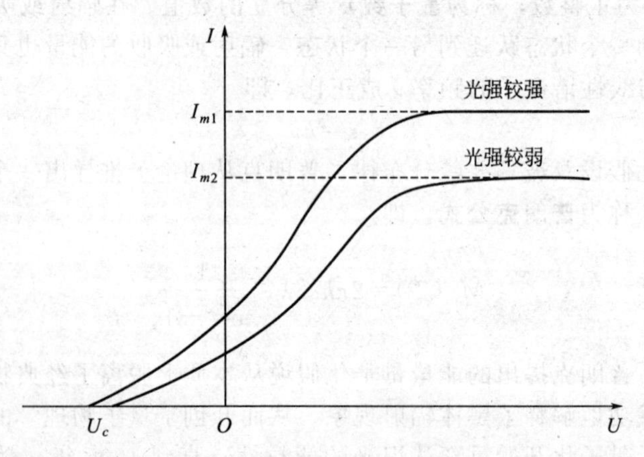

图 8-5 两种不同强度光的照射下，光电流I和电压U_{AK}之间的关系曲线

电压 U_{AK} 的增加而增加，当加速电压 U_{AK} 增加到一定值时，光电流 I 达到一饱和值 I_m，称之为**饱和光电流**，这说明单位时间内从阴极 K 表面逸出的电子全部被阳极 A 吸收。图中 I_{m1} 和 I_{m2} 分别是两种不同强度的光照射下光电流的饱和值，曲线表明增大入射单色光强度，其饱和光电流也随之增加。如果以 N 表示单位时间从 K 表面逸出的电子数，e 代表电子电荷量的绝对值，则饱和电流 $I_m=Ne$。可知：单位时间内从阴极逸出的光电子数和入射光强成正比，同时饱和光电流值也与入射光的强度成正比。

2. 光电子最大初动能和入射光频率成正比

从图 8-5 实验曲线可以看出，当加速电压 U_{AK} 减小时，光电流 I 随之减小，而加速电压 U_{AK} 为零时，光电流并不为零，而是某一正值，它表明从阴极 K 逸出的光电子具有一定的初动能，尽管没有加速电场作用，仍有一部分光电子能到达阳极 A，只有当加一反向电压 U_c 时，光电流才能为零。这一反向电压值 U_c 称为**遏止电压**。由于遏止电压的作用使得由阴极逸出的最快的光电子也不能到达阳极。表明从阴极逸出的光电子所具有的初动能已全部消耗于克服反向电场力做功，使电子恰好不能到达阳极。即

$$\frac{1}{2}mv_m^2=eU_c \tag{8.10}$$

式中，v_m 是光电子逸出金属表面的最大速度；e 为电子电荷量的绝对值；U_c 为遏止电压。

实验指出，遏止电压与光强无关，这表明从 K 极逸出的光电子的最大初动能与入射光强无关。

如果我们改变照射光的频率，则实验表明遏止电压 U_c 将随光照频率 ν 而成线性变化。图 8-6 是由实验测得的三种金属的遏止电压与入射光频率的关系曲线。它们都是不通过原点的直线，数学解析式为

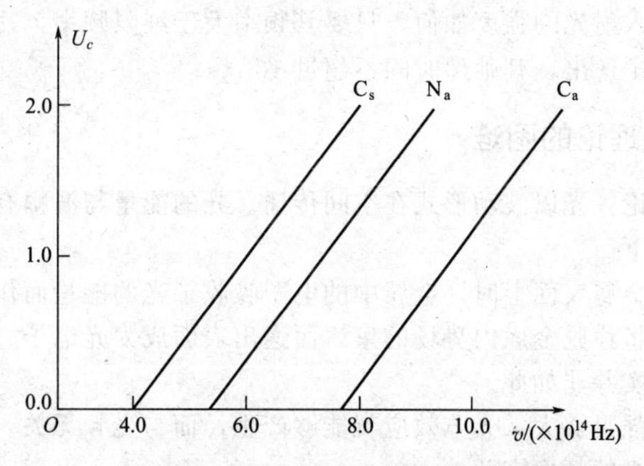

图 8-6 三种金属的遏止电压与入射光频率的关系曲线

$$|U_c|=k\nu-U_0 \tag{8.11}$$

式中，k 为直线斜率，k 是不随金属种类改变而改变的普适恒量；U_0 为截距。k 和 U_0 都为正数。

对于不同的金属来说，U_0 的量值不同，而对于同一金属 U_0 恒定。

将式（8.11）的两端同乘以电子电荷量 e，并将式（8.10）代入，得到

$$\frac{1}{2}mv_m^2=ek\nu-eU_0 \tag{8.12}$$

式（8.12）表明，光电子的最大初动能随入射光的频率 ν 线性地增加，而与入射光的强度无关。式（8.12）是能量守恒与转化定律在光电效应中的表现，同时它又是一种与光频率有关的能量。

由于电子的最大初动能只能为正值，因而必须有 $k\nu \geqslant U_0$，即要求照射光的频率满足关系

$$\nu \geqslant \frac{U_0}{k} \tag{8.13}$$

我们把能够产生光电效应的最小频率 $\nu_0 = \frac{U_0}{k}$ 称为**光电效应的红限或红限频率**。欲使某种金属产生光电效应，必须使入射光的频率大于其相应的红限频率。红限频率是与金属种类有关的，不同的金属有不同的红限频率（如表 8-1 所示）。一般说来，碱金属及其合金的红限波长较长，在可见光区；其他金属的红限频率多在紫外区。所以常用碱金属作产生光电效应的阴极材料。

式（8.13）表明，当光照射在一个给定的金属表面时，无论其光强多大，只要光的频率小于这一金属红限 ν_0，则光电效应都不会产生。

表 8-1 几种金属的红限频率及逸出功

金属	钠	钾	铷	铯	钙	铀	钨	锌	镍	铂
红限频率 $\nu_0/(\times 10^{14}\mathrm{Hz})$	4.39	5.44	5.15	4.69	6.53	8.75	10.95	8.065	12.1	12.29
逸出功 A/eV	1.82	2.25	2.13	1.94	2.71	3.63	4.54	3.34	5.01	5.09

3. 光电效应是瞬时发生的

实验指出，不管入射光的强度如何，只要其频率大于红限频率，几乎是在光照射到金属表面上时，即有光电子逸出，其弛豫时间不超过 10^{-9}s。

二、 经典电磁理论的困难

按照光的电磁理论，光以波动形式在空间传播。光的能量与波幅有关，用它解释光电效应现象得到的结论如下。

（1）当光照射到金属表面上时，金属中的电子吸收了光的能量而作受迫振动。当吸收的能量足够大时，电子将挣脱金属内势场的束缚而逸出表面成为光电子。光电子的初动能应与入射能量有关，而事实并非如此。

（2）只要照射光强足够大，光电效应就能够产生，而与光频无关。但实验结果表明：光电子的逸出只与入射光的频率有关。

（3）金属内受光照的电子要吸收到使其从金属中逸出的足够的能量，需要一段积累能量的时间才能逸出金属表面，因而光电效应的产生不可能是瞬时的。但实验表明：光电子的逸出是瞬时的，不存在滞后时间。

可见，经典的电磁理论无法对光电效应作出圆满的解释。

三、 爱因斯坦的光量子理论

1905 年爱因斯坦从实验事实出发，分析了经典物理的局限性，借鉴了普朗克的能量量子化思想提出了光量子假说。该假说认为，光在空间传播时，可看作是由微观粒子构成的粒

子流，这些微观粒子称为**光量子**，简称**光子**。不同颜色光中光子的能量决定于该种光的频率。频率为 ν 的光束中每个光子所具有的能量为

$$\varepsilon=h\nu \tag{8.14}$$

式中，h 为普朗克常数，其值 $h=6.626\times10^{-34}\,\mathrm{J\cdot s}$。

按照爱因斯坦光量子假说：当用频率为 ν 的单色光照射到金属表面时，一个电子能够一次性地吸收一个光子的能量，吸收来的光子能量 $h\nu$ 一部分消耗于电子从金属表面逸出时所需的功，另一部分转化为光电子的初动能。光子能量、逸出功 A 及光电子的最大初动能，由能量守恒定律知

$$h\nu=\frac{1}{2}mv_m^2+A \tag{8.15}$$

式（8-15）称为**爱因斯坦光电效应方程**。

用爱因斯坦光量子假说及光电效应方程能够圆满地解释光电效应实验。

（1）由式（8.14）知，频率不同的光，其光子的能量亦不同，频率越大的光，其光子的能量也越大，若光子的频率为 ν_0，则其能量 $h\nu_0$ 恰好等于 A 时，由式（8.15）知，电子的最大初动能 $\frac{1}{2}mv_m^2=0$，则电子刚好能逸出金属表面。ν_0 为前面所讲的红限频率

$$\nu_0=\frac{A}{h} \tag{8.16}$$

可见，只有当频率大于 ν_0 的入射光照在金属上时，电子吸收光子后，才能具有足够的能量而逸出金属表面；若入射光频率小于 ν_0，电子吸收光子后所具有的能量不足以克服金属表面的束缚，是不能逸出金属表面成为光电子的。这说明产生光电效应现象时应有明确的红限频率，这一点与实验结果相符合。

（2）由光量子假说可知，光的强度越大，光束中所含光子数目就越多，若以大于红限频率的单色光入射，则随光子数增多，单位时间内逸出的光电子也增多，光电流即增大。因而，光电流与入射光强成正比。由式（8.15）还可知，光电子的最大初动能与入射光频率呈线性关系，与入射光光强无关，恰与实验结果相符合。

（3）当光照射金属表面时，一个光子的全部能量立即被一个电子一次性地吸收，不需要能量积累的时间，因此光电效应是瞬时发生的，这也与实验一致。

光子假设的提出解决了光电效应的理论解释问题，同时还使人们对光的本性有了更深入的认识。

四、 光的波粒二相性

人类对光的本质的认识经历了 17 世纪牛顿的微粒说以及 18 世纪后的由光的干涉、衍射等现象证实的波动说。到了 20 世纪初，爱因斯坦的光量子假说解释了光的波动说所无法圆满解释的许多物理现象，从而又确立了光的粒子性。

由于光子的静止质量 $m_0=0$，由相对论能量与动量的关系式 $\varepsilon^2=p^2c^2+m_0^2c^4$ 得

$$p=\frac{\varepsilon}{c}$$

而光子的能量 $\varepsilon=h\nu$，光的波长 $\lambda=c/\nu$，所以

$$p=\frac{h\nu}{c}=\frac{h}{\lambda} \tag{8.17}$$

虽然光子静止质量 $m_0=0$，但其运动质量 $m\neq0$。因为 $\varepsilon=mc^2$，$\varepsilon=h\nu$，所以 $m=\frac{h\nu}{c^2}$对于一定频率的光，其光子的运动质量为一有限值。由式（8.14）和式（8.17）可知，光不仅具有波动性，而且还具有粒子性。即光具有波粒二象性。我们把式（8.14）和式（8.17）称为**普朗克-爱因斯坦关系式**。

【例 8-1】 波长为 410nm 的单色光照射某一金属表面，产生的光电子的最大动能 $E_k=1.0\text{eV}$，求能使该金属产生光电效应的单色光的最大波长是多少？（普朗克常数 $h=6.63\times10^{-34}\text{J}\cdot\text{s}$）

【解】 设能使该金属产生光电效应的单色光最大波长为 λ_0。由

$$A=h\nu_0 \tag{8.18}$$

$$\nu_0=\frac{c}{\lambda_0} \tag{8.19}$$

式（8.18）、式（8.19）联立可得

$$\lambda_0=\frac{hc}{A} \tag{8.20}$$

再由光电效应方程

$$h\nu=E_k+A$$

得

$$A=\frac{hc}{\lambda}-E_k \tag{8.21}$$

式（8.21）代入式（8.20）得

$$\lambda_0=\frac{hc}{A}=\frac{hc}{\frac{hc}{\lambda}-E_k}=\frac{hc\lambda}{hc-E_k\lambda}=612\text{nm}$$

【例 8-2】 求频率为 100MHz 的一个光子的能量和动量的大小。（普朗克常数 $h\approx6.63\times10^{-34}\text{J}\cdot\text{s}$）。

【解】 由光子的能量 $\varepsilon=h\nu$，得

$$\varepsilon=h\nu=6.63\times10^{-26}\text{J}$$

由光子的动量 $p=\frac{h\nu}{c}$，得

$$p=\frac{h\nu}{c}=2.21\times10^{-34}\text{kg}\cdot\text{m/s}$$

第三节 康普顿效应

美国科学家康普顿在 1923 年，总结并分析了他在 1922 年做的研究 X 射线经金属、石墨等物质散射后的光谱成分时发现：散射光中除了有与入射 X 射线的波长 λ_0 相同的射线外，还有波长大于 λ_0 的射线存在。这种改变波长的散射称为**康普顿散射**或**康普顿效应**。并用光量子假设对此作出了解释，康普顿还因此而荣获诺贝尔奖。

一、 康普顿效应的实验规律

图 8-7 是康普顿实验装置的示意图。后来的 1928 年，他的学生吴有训也进一步研究 X

射线源发出一束波长为 λ_0 的 X 射线，投射到散射物石墨 C 上发生散射，用探测器 S 可探测到不同方向散射的 X 射线强度的分布关系。将他们所做的实验结果概括如下。

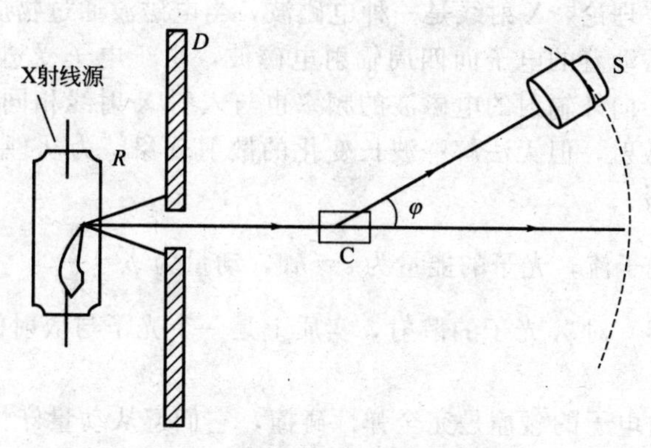

图 8-7　康普顿实验装置示意图

(1) 对于原子量小的物质，康普顿散射现象较明显；对于原子量大的物质，康普顿散射现象不太明显。

(2) 波长的改变量 $\Delta\lambda=\lambda-\lambda_0$ 随散射角 φ 的不同而不同，当散射角增加时，波长的改变量也增加，如图 8-8 所示。

(3) 在同一散射角下，对于所有散射物质，波长的改变量 $\Delta\lambda$ 都相同。

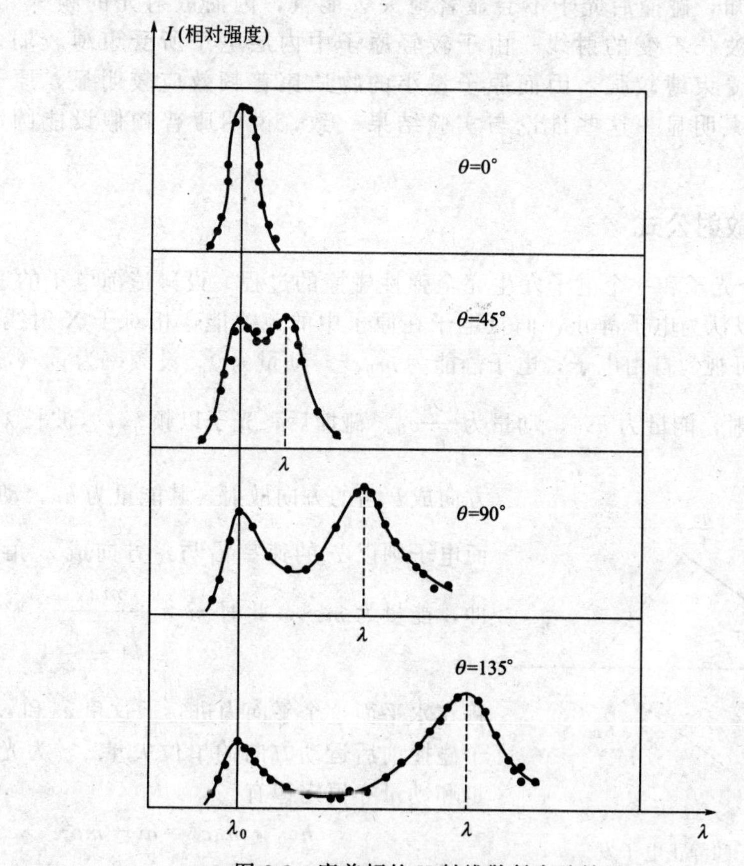

图 8-8　康普顿的 X 射线散射实验结果

二、 康普顿效应的量子解释

按照经典的电磁波理论，X 射线是一种电磁波，当电磁波通过物质时，它引起物质中电子的受迫振动，每个振动着的电子向四周辐射电磁波，由于电子受迫振动频率与入射 X 射线的频率相等，所以，向外辐射的电磁波的频率也与入射 X 射线相同。用经典的电磁理论，能够解释波长不变的散射，但无法解释波长变化的散射现象。为从理论上解释康普顿效应，康普顿作了下面的假设。

(1) X 光是一束光子流，光子的能量为 $\varepsilon=h\nu$，动量为 $p=\dfrac{h}{\lambda}$。

(2) 散射体（石墨）对 X 光子的散射，实质上是一个光子与散射体中的自由电子或束缚电子的碰撞过程。

(3) X 光子与自由电子的碰撞是完全弹性碰撞，它们遵从动量守恒与能量守恒定律。这种碰撞是引起变波长散射的原因。

由上述假设可知，当一个能量为 $h\nu_0$ 的光子与一个自由电子或束缚较弱的电子发生完全弹性碰撞时，光子将一部分能量传给自由电子然后被散射到某一方向。散射的光子由于能量减小而使其相应的频率变小，即波长变大，这就是被散射光线的波长变长的原因。另外光子除了与自由电子及束缚较弱的电子发生碰撞外，还可能与原子中束缚很紧的电子发生碰撞，这相当于光子与原子整体碰撞。由于原子质量远远大于光子质量，由碰撞理论知，碰撞后光子不会显著地失去能量，因而散射光的频率几乎不变，即在散射光中存在波长不变的射线。由于较轻原子中内层电子所受束缚较弱，而较重原子中内层电子所受束缚较强，因而原子量小的物质康普顿效应较明显，原子量大的物质康普顿效应不太明显。这些推论与实验结果一致，说明康普顿假设能圆满地解释康普顿效应。

三、 康普顿散射公式

图 8-9 表示一个光子和一个电子发生完全弹性碰撞的过程。设碰撞前电子的速度很小，相对于光子而言可以认为电子静止，而且电子在原子中的束缚能，相对于 X 射线中的光子能量也很小，因此可视为自由电子，电子静能为 m_0c^2，动量为 0。设频率为 ν_0（波长为 λ_0）的光子沿 $\boldsymbol{e}_0$ 方向入射，能量为 $h\nu_0$，动量为 $\dfrac{h\nu_0}{c}\boldsymbol{e}_0$。碰撞后，光子以频率 ν（波长 λ）沿与 $\boldsymbol{e}_0$ 方向成 θ 角的方向散射，其能量为 $h\nu$，动量为 $\dfrac{h\nu}{c}\boldsymbol{e}$。而电子则以 v 的速率沿与 $\boldsymbol{e}_0$ 方向成 φ 角的方向反冲，能量为 mc^2，此时 $m=\dfrac{m_0}{\sqrt{1-\dfrac{v^2}{c^2}}}$。整个碰撞过程在水平面这个平面内进行。这里 $\boldsymbol{e}_0$ 和 $\boldsymbol{e}$ 分别为光子碰撞前后运动方向的单位矢量，c 为光速。由能量和动量守恒定律有

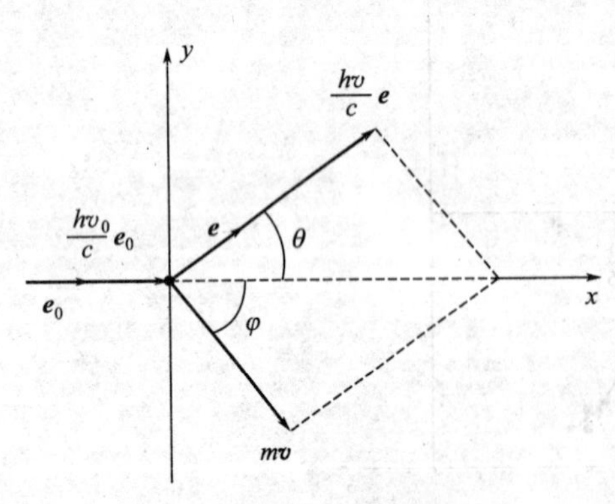

图 8-9 光子和静止电子发生碰撞时的动量变化

$$h\nu_0+m_0c^2=h\nu+mc^2 \tag{8.22}$$

$$\frac{h\nu_0}{c}\boldsymbol{e}_0=\frac{h\nu}{c}\boldsymbol{e}+m\boldsymbol{v} \tag{8.23}$$

变换式（8.23），两边取平方有

$$m^2v^2=\frac{h^2\nu_0^2}{c^2}+\frac{h^2\nu^2}{c^2}-2\frac{h^2\nu_0\nu}{c^2}\cos\theta$$

整理得

$$m^2v^2c^2=h^2\nu_0+h^2\nu^2-2h^2\nu_0\nu\cos\theta \tag{8.24}$$

再变换式（8.22），两边取平方有

$$m^2c^4=h^2\nu_0^2+h^2\nu^2-2h^2\nu_0\nu+m_0^2c^4+2m_0c^2h(\nu_0-\nu) \tag{8.25}$$

式（8.25）减式（8.24）有

$$m^2c^4(1-\frac{v^2}{c^2})=m_0^2c^4-2h^2\nu_0\nu(1-\cos\theta)+2m_0c^2h(\nu_0-\nu)$$

因为

$$m^2c^4(1-\frac{v^2}{c^2})\ =m_0^2c^4$$

所以

$$2h^2\nu_0\nu(1-\cos\theta)=2m_0c^2h(\nu_0-\nu)$$

$$\frac{c}{\nu}-\frac{c}{\nu_0}=\frac{h}{m_0c}(1-\cos\theta)$$

即

$$\Delta\lambda=\lambda-\lambda_0=\frac{h}{m_0c}(1-\cos\theta)=\frac{2h}{m_0c}\sin^2\frac{\theta}{2} \tag{8.26}$$

式（8.26）为**康普顿散射现象中波长变化的公式**，简称为**康普顿公式**。

把 $\lambda_c=\frac{h}{m_0c}=2.43\times10^{-12}m$，称为电子的**康普顿波长**，则式（8.26）可写为

$$\Delta\lambda=2\lambda_c\sin^2\frac{\theta}{2} \tag{8.27}$$

上式表明，散射光波长的改变量与物质种类无关，仅与散射角有关，且随散射角增加，$\Delta\lambda$ 也增加，当 $\theta=\pi$ 时，$\Delta\lambda$ 最大。式（8.23）的理论结果与实验事实完全相符。有力地证实了光子理论，说明了光子确实与实物粒子一样具有一定的质量、能量和动量。特别是在微观领域中，个别光子和个别电子间的相互作用，同样遵守能量守恒和动量守恒定律。

【例 8-3】在康普顿效应实验中，如果散射的 X 光波长是入射的 X 光波长的 1.1 倍。试求：散射光子的能量与反冲电子动能之比。

【解】设散射前电子为静止自由电子，由能量守恒方程有

入射光能量＝散射光能量与反冲电子的动能之和

即

$$\varepsilon_0=\varepsilon+E_k \tag{8.28}$$

其中

$$\varepsilon_0=hv_0=hc/\lambda_0 \tag{8.29}$$

$$\varepsilon=hc/\lambda \tag{8.30}$$

$$\lambda=1.1\lambda_0 \tag{8.31}$$

将式（8.28）、式（8.29）、式（8.30）和式（8.31）联立得

$$\varepsilon=\frac{1}{1.1}\varepsilon_0$$

$$E_k=\frac{0.1}{1.1}\varepsilon_0$$

又设
$$E=\varepsilon=\frac{1}{1.1}\varepsilon_0$$

所以
$$E/E_k=\varepsilon/E_k=10/1$$

第四节　德布罗意物质波

一、 德布罗意物质波假设

在经典物理中，粒子性和波动性是互不相容的两个基本概念。自从 1905 年爱因斯坦建立光子理论之后，人们在普朗克、爱因斯坦的光量子论及玻尔的原子量子论的启发下，考虑到自然界在许多方面都具有明显的对称性，如果光具有波粒二象性，而永不停息地运动着的实物粒子（分子、原子、中子、质子、电子……）和光子是物质存在，它们都具有质量和能量，则实物粒子（如电子、原子和分子等）也应具有波粒二象性。于是，1924 年法国青年物理学家德布罗意就大胆地提出假设：不仅辐射具有波粒二象性，一切实物粒子也具有波粒二象性。通过严密的理论推导、逻辑推理及类比，把粒子和波联系起来。粒子的能量 E 和动量 p 与波的频率 ν 和波长 λ 之间的关系如下

$$E=mc^2=h\nu \tag{8.32}$$

$$p=mv=\frac{h}{\lambda} \tag{8.33}$$

上式中的 h 均为普朗克常量。式（8.32）和式（8.33）为**德布罗意方程（组）或德布罗意关系**。这种和实物粒子联系在一起的物质波，称为**德布罗意波**。德布罗意方程把粒子性的特征量与波的特征量有机地统一起来，显示了实物粒子波粒二象性之间的本质关系。

二、 自由粒子的德布罗意波长

以速度 $\boldsymbol{v}$ 作匀速直线运动的粒子称为**自由粒子**。设它的静止质量为 m_0，当其速度 $\boldsymbol{v}$ 远小于真空中的光速 c 时，它的德布罗意波长为

$$\lambda=\frac{h}{p}=\frac{h}{m_0v} \tag{8.34}$$

自由粒子的速度 $\boldsymbol{v}$ 为一个确定值，所以对应的波长 λ 为确定值，从而与自由粒子相伴随的德布罗意波与经典的平面波相对应。

当自由粒子的运动速度与光速 c 相比拟时，德布罗意波长为

$$\lambda=\frac{h}{p}=\frac{h}{m_0v}\sqrt{1-\frac{v^2}{c^2}} \tag{8.35}$$

当自由粒子是一个初速度为零的经加速电压为 U 的电场加速后的电子，则它的德布罗意波长为

$$\lambda=\frac{h}{\sqrt{2em_e}}\left(\frac{1}{\sqrt{U}}\right) \tag{8.36}$$

将电子质量 $m_e=9.11\times10^{-31}$kg、电荷量 $e=1.60\times10^{-19}$C 及普朗克常量 $h=6.63\times10^{-34}$J·s 代入式（8.36），得

$$\lambda=\frac{12.25}{\sqrt{U}}\ (\text{Å}) \tag{8.37}$$

若用 150V 的电势差加速自由电子，其德布罗意波长为 0.1nm，若用 10000V 电势差加速自由电子时，其德布罗意波长仅为 0.0122nm，可见，电子的波动性长期没被发现的原因是德布罗意波长很短，对于宏观的粒子，它们的波长可以忽略不计，我们根本看不到它们的波动性。

三、 戴维孙-革末电子衍射实验

德布罗意是采用类比法提出来的假设，直到 1927 年才被戴维孙和革末所做的电子衍射实验证实，其实验装置如图 8-10 所示。戴维孙和革末把电子束沿着 DM 正入射到镍单晶上，电子在晶体表面上被散射，通过探测器 B，发现散射电子束的强度随散射角 θ 而改变，当 θ 取某些确定值时，强度有最大值。这一现象与 X 射线的衍射现象相同，充分说明电子具有波动性。根据衍射理论，衍射最大值由公式 $d\sin\theta=n\lambda$ 确定，n 为衍射最大值的级数，λ 是衍射射线波长，d 是晶格常数。戴维孙和革末用这个公式计算电子的德布罗意波长，与式（8.37）所得的 $\lambda_{实}$ 的值符合得相当好，这不仅说明了德布罗意波的客观存在，而且也验证了德布罗意波长公式的正确性。

1927 年英国物理学家汤姆逊用高能电子穿过金属箔片来代替低能电子在单晶上的反射，结果所得的图样（图 8-11）与 X 射线透过晶体后形成的衍射图样类似。这种图样的形成进一步证实了电子具有波动性。

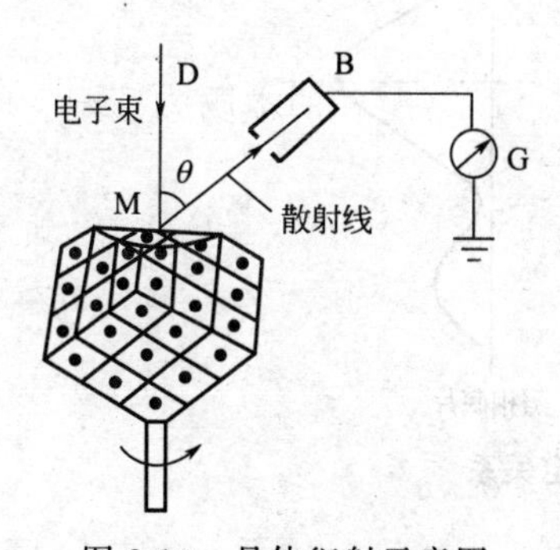

图 8-10 晶体衍射示意图

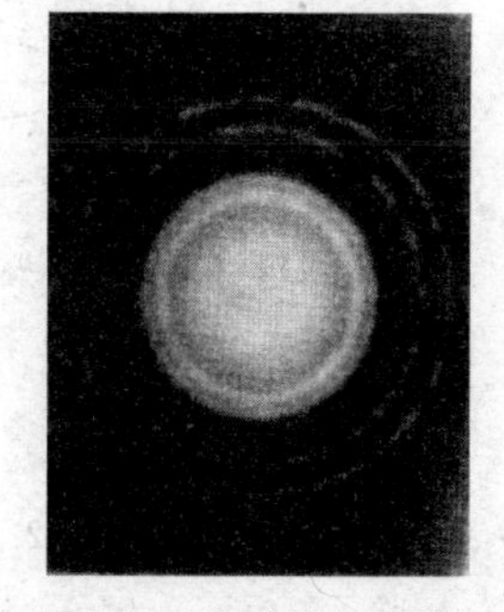

图 8-11 高能电子穿过金属箔片在单晶上的反射图样

【例 8-4】 α 粒子在磁感应强度的大小为 $B=1.25\times10^{-2}$T 的均匀磁场中沿半径为 $R=1.66$cm 的圆形轨道运动，现有一质量 $m=0.1$g 的小球以与 α 粒子相同的速率运动。试求小球的德布罗意波长。（粒子的质量 $m_\alpha=6.64\times10^{-27}$kg，普朗克常数 $h=6.63\times10^{-34}$J·s，基本电荷量 $e=1.60\times10^{-19}$C）

【解】 由题可设以相同的速率运动的小球和 α 粒子速率为 v。

对 α 粒子有

$$(2e)vB=m_\alpha\frac{v^2}{R} \tag{8.38}$$

对质量 $m=0.1\mathrm{g}$ 的小球其德布罗意波长为

$$\lambda=\frac{h}{mv} \tag{8.39}$$

式（8.38）、式（8.39）联立消去 v 得

$$\lambda=6.63\times10^{-34}\,\mathrm{m}$$

第五节　不确定关系

一、电子单缝衍射实验

1927 年德国物理学家海森伯在分析了很多理想实验之后，把这种不确定关系定量地表示出来，这就是著名的**不确定关系**（或称为**测不准关系**）。现以电子单缝衍射实验为例来说明电子具有波动性。如图 8-12 所示，一束沿 y 方向飞行的电子从左边垂直入射到开一狭缝的衍射屏，在屏的右方一定距离处设置一个与衍射屏平行的、对电子敏感的感光胶片作为记录介质，可以记录电子的踪迹。当电子束流很强时，图中同时表示出胶片上接收到的电子流强度的分布，电子束的单缝衍射极类似于光的单缝衍射实验中的光强分布。在正对衍射缝的区域电子流强度最大，可视为中央明纹，两侧则对称分布明暗相间的衍射纹。这无疑是电子波动性的表现。

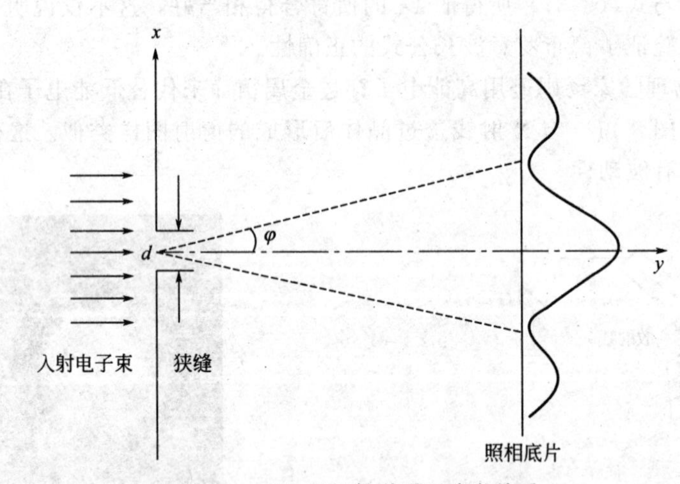

图 8-12　用电子衍射说明不确定关系

然而更有趣的是，如令电子流的强度减小，但延长实验的时间，使每次实验中到达感光片的电子总数相等，则到达感光片的电子在垂直于入射光束方向（即沿 x 方向）的空间分布都一样。甚至当电子流的强度低到只有一个电子通过狭缝时，实验结果仍然相同。如在这种情形下仔细观察，则当实验开始不久，只有少数电子抵达感光片时，被电子击中的位置并无一定的规律，也就是说单个电子到达胶片的位置呈现出随机的性质，并不能预见各个电子到达的位置。随着时间的增加，到达的电子数越来越多，统计规律性便呈现出来，而表现出与短时间内高强度电子束通过狭缝一样的衍射图像。由此可见，电子具有波动性是不容置疑。而微观粒子的波动性不是电子独有的，实验已经证实中子、质子等微观粒子都具有波动

性。扫描隧道显微镜就是利用电子的波动性产生量子效应的典型例子。为此，经典粒子模型不可能描述这种量子现象，我们必须建立新的模型。

二、 不确定关系

我们可以用电子单缝衍射实验来简单而且直观地推证这个关系。设有一束平行电子射线垂直地投射在单缝上，缝宽为 d，在通过缝以前，电子的动量 大小为 p，电子通过狭缝后，在屏上产生衍射图样，其分布情况对于 y 轴是对称的，如图 8-12 所示，在 y 轴与屏相交处出现主极大，两旁还有次极大。由图看出，大多数电子通过狭缝后继续沿原方向运动，但有些电子改变了方向，即其动量改变了。因为电子大部分分布在主极大内，故暂不考虑次极大。设 φ 为第一个极小的衍射角，则电子动量的 x 分量 p_x。在下列范围内

$$0 \leqslant p_x \leqslant p\sin\varphi$$

故 p_x 的不确定量为

$$\Delta p_x = p\sin\varphi \tag{8.40}$$

根据单缝衍射公式 $d\sin\varphi=\lambda$，得

$$\sin\varphi = \frac{\lambda}{d}$$

代入式（8.40）得

$$\Delta p_x = p\frac{\lambda}{d} \tag{8.41}$$

当电子通过狭缝时，它通过狭缝的哪一点是不能确定的，所以它的坐标 x 的不确定量 Δx 等于缝宽 d，即

$$\Delta x = d \tag{8.42}$$

由式（8.41）和式（8.42）得

$$\Delta x \cdot \Delta p_x = p\lambda \tag{8.43}$$

式中，λ 为德布罗意波长，将 $\lambda=\frac{h}{p}$ 代入式（8.43）得

$$\Delta x \cdot \Delta p_x = h \tag{8.44}$$

实际上，电子在发生衍射时还可能到达主极大区域以外的其他次级极大区域中，所以相应的 Δp_x。还会更大一些，则有

$$\Delta x \cdot \Delta p_x \geqslant h \tag{8.45}$$

式中，Δx 和 Δp_x 分别为粒子的坐标 x 和动量 p_x 的不确定量。

上式表明 x 和 p_x 的不确定量的乘积与普朗克常量同数量级。将式（8.35）推广至三维空间便得到

$$\Delta x \cdot \Delta p_x \geqslant h$$

$$\Delta y \cdot \Delta p_y \geqslant h$$

$$\Delta z \cdot \Delta p_z \geqslant h$$

以上只是借助一个特例作粗略估算，严格根据量子力学推出微观粒子在位置与动量两者不确定量之间的关系满足

$$\left.\begin{aligned} \Delta x \cdot \Delta p_x \geqslant \frac{\hbar}{2} \\ \Delta y \cdot \Delta p_y \geqslant \frac{\hbar}{2} \\ \Delta z \cdot \Delta p_z \geqslant \frac{\hbar}{2} \end{aligned}\right\} \tag{8.46}$$

式中，$\hbar=\frac{h}{2\pi}=1.0545887\times10^{-34}\text{J}\cdot\text{s}$，称为**约化普朗克常量**。式（8.46）中的这些不等式，称为**海森伯不确定关系**。它表明：位置的不确定量越小，则同一方向上动量的不确定量越大。即粒子的位置测得越准确，其相应的动量值测得越不准确。所以亦称上述关系为**海森伯测不准关系**。

类似于式（8.46）的关系在能量和时间的测量时也存在，即

$$\Delta E \cdot \Delta t \geqslant \frac{\hbar}{2} \tag{8.47}$$

【例 8-5】 动能为 $E_k=1000\text{eV}$ 的电子，欲同时确定其位置与动量时，如果位置的不确定值在 0.1nm 内，试求此电子动量的不确定量的百分比至少为何值？

【解】 动能为 $E_k=1000\text{eV}$ 的电子动量为

$$p=\sqrt{2mE_k}=1.71\times10^{-23}\text{kg}\cdot\text{m/s} \tag{8.48}$$

由海森伯不确定关系有

$$\Delta x \cdot \Delta p_x \geqslant \frac{\hbar}{2} \Rightarrow \Delta p_x \geqslant \frac{\hbar}{2\Delta x}=\frac{6.63\times10^{-34}}{4\pi\times10^{-10}}\approx0.53\times10^{-24}\text{kg}\cdot\text{m/s} \tag{8.49}$$

式（8.48）、式（8.49）联立得

$$\frac{\Delta p_x}{p_x}=\frac{0.53\times10^{-24}}{1.71\times10^{-23}}\approx0.031\approx3.1\%$$

第六节 玻尔的氢原子理论

一、 氢原子光谱的实验规律

氢原子是最轻的原子，当时被认为是结构最简单的原子，所以就对氢原子光谱进行了更加详细的研究。氢原子光谱可以从氢气放电管中得到。1885 年，瑞士的巴耳末在分析原子

光谱的规律时，发现氢原子的光谱在可见光区的几条谱线（$H_\alpha, H_\beta, H_\gamma, H_\delta, \cdots$）呈规律性的分布，如图 8-13 所示。它们的波长可以很准确地用下式表示

$$\lambda = 364.56\frac{n^2}{n^2-2^2}\text{nm} \quad (n=3,4,5,\cdots) \tag{8.50}$$

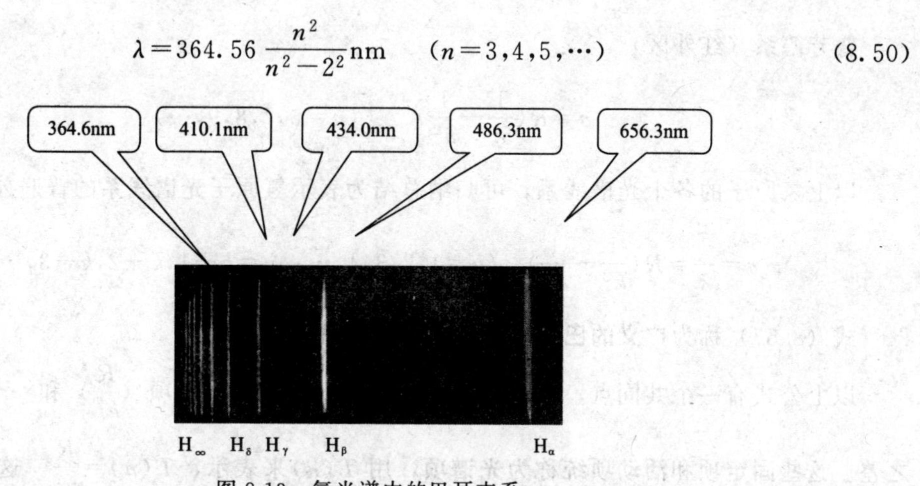

图 8-13 氢光谱中的巴耳末系

这里 $\lambda_\infty = 364.56$nm，是一个实验常数。n 可取3,4,5,6,…。按公式（8.50）所算出的氢原子光谱线的波长和当时从实验直接测量出的数据符合得相当好，因此，式（8.50）确实反映了氢原子光谱线中可见光区域内，谱线按波长的分布规律。称氢原子在可见光区的谱线系为**巴耳末光谱系**，式（8.50）称为**巴耳末公式**。由巴耳末公式知，这个线系的极限波长 λ_∞（即 $n\to\infty$ 时的 λ 值）为 364.56nm。

1890 年瑞典物理学家里德伯用波长 λ 的倒数来替代巴耳末公式中的波长，并将 $\sigma=\frac{1}{\lambda}$ 定义为**波数**，于是巴耳末公式变为

$$\sigma = \frac{1}{\lambda} = R\left(\frac{1}{k^2}-\frac{1}{n^2}\right) \quad (k=1,2,3,4,\cdots; n=k+1,k+2,k+3,\cdots) \tag{8.51}$$

式中，$R=1.0967758\times10^7/\text{m}$，是一个实验常数，称为里德伯常量。在氢原子实验光谱中，继巴耳末光谱系获得之后又相继发现了几个谱系，它们都可以用相似于巴耳末公式的数学形式表示：

赖曼系（紫外区）

$$\sigma = R\left(\frac{1}{1^2}-\frac{1}{n^2}\right) \quad (n=2,3,4,5,6,\cdots) \tag{8.52}$$

巴耳末系（可见光区）

$$\sigma = R\left(\frac{1}{2^2}-\frac{1}{n^2}\right) \quad (n=3,4,5,6,\cdots) \tag{8.53}$$

帕邢系（红外区）

$$\sigma = R\left(\frac{1}{3^2}-\frac{1}{n^2}\right) \quad (n=4,5,6,7,\cdots) \tag{8.54}$$

布喇开系（红外区）

$$\sigma=R\left(\frac{1}{4^2}-\frac{1}{n^2}\right)\quad (n=5,6,7,8,\cdots) \tag{8.55}$$

普芳德系（红外区）

$$\sigma=R\left(\frac{1}{5^2}-\frac{1}{n^2}\right)\quad (n=6,7,8,9,\cdots) \tag{8.56}$$

以上氢原子的各个光谱线系，可归纳总结为表示氢原子光谱线系的普遍公式

$$\sigma=\frac{1}{\lambda}=R\left(\frac{1}{k^2}-\frac{1}{n^2}\right)\quad (k=1,2,3,4,\cdots;\ n=k+1,k+2,k+3,\cdots) \tag{8.57}$$

式（8.57）称为**广义的巴耳末公式**，也称为**里德伯公式**。

以上公式有一个共同点，即波数 σ 都可以表示为一个固定项（$\frac{R}{k^2}$）和一个活动项（$\frac{R}{n^2}$）之差。这些固定项和活动项统称为**光谱项**，用 $T(n)$ 来表示，$T(n)=\frac{R}{n^2}$。这个实验规律是 1908 年里兹提出的，于是就把它称为**里德伯-里兹并合原则**。这时式（8.57）就可以表示为

$$\sigma=T(k)-T(n)\quad (n>k) \tag{8.58}$$

二、 原子的有核模型

汤姆逊在 1893 年发现了电子，并在 1903 年提出了原子结构的汤姆逊模型，他认为原子是均匀分布的实球体，带正电的物质均匀地分布在原子球内，而带负电的电子则一粒一粒地分布在球内不同位置上，并且可以在球内作简谐振动。因此原子可以发光，光的频率等于电子振动的频率。为了验证汤姆逊模型的正确性，卢瑟福 1909 年用 α 粒子做了（带有两个正电荷的氦核）轰击金属箔的散射实验。实验结果表明，汤姆逊的原子模型是不合理的。于是，1911 年卢瑟福在 α 粒子散射实验的基础上，提出了原子的有核模型。他认为原子的中心有一带正电的原子核，它几乎集中了原子的全部质量，电子围绕着这个核旋转，核的大小与整个原子相比是非常小的。原子序数为 z 的元素，它的原子内有一个电荷为 $+z_e$ 的原子核，核外有 z 个电子各自围绕着原子核运动，核的半径比原子的半径小得多，原子半径的数量级为 10^{-10} m，核的半径的数量级为 $10^{-15}\sim10^{-14}$ m。构造最简单的原子是氢原子，它仅有一个电子，氢原子的原子核有电荷 $+e$，其质量约为电子质量的 1840 倍，可见原子的质量几乎都集中在核上。按照经典电磁理论，由于有核模型中的电子绕核作加速运动，原子就应该不断发射电磁波（不断地发光），它的能量就要不断减少，其运动半径也不断减小，因此电子就要作螺线运动，逐渐趋近于原子核，最后落入原子核内造成整个原子的崩溃，这样，原子就不是稳定的了。但实际上原子是十分稳定的，按卢瑟福的原子有核模型，由于电子运动半径越来越小是连续变化的，所以辐射的电磁波光谱也应该是连续分布的，但实验所得光谱却是分立的，如氢原子光谱。所以，虽然原子有核模型得到实验的有力支持，但在当时，应用经典力学和电磁学理论却无法解释原子的稳定性和原子光谱的规律性。这并不是说原子的有核模型不正确，而是说经典电磁理论不能解释原子内部的运动。主要是因为经典电磁理论是从宏观现象的研究中总结出来的规律，这些规律一般不适用于原子内部的微观过程，因此我们必须建立适合原子内部微观过程的理论。

三、 玻尔的氢原子量子理论

1913 年丹麦物理学家玻尔在卢瑟福的原子有核模型的基础上，吸收了普朗克和爱因斯坦关于光量子及实物粒子能量量子化的思想，提出了他的原子的量子理论，简称**玻尔理论**。玻尔提出的三条主要假设如下。

(1) 定态假设：原子只能较长久地处在一些能量不连续的稳定状态（定态）上。在各定态上，虽然电子可以在原子中一些特定的轨道上绕原子核旋转作加速运动，但不向外辐射电磁波。

(2) 跃迁假设：只有原子能量（不论通过什么方式）发生改变时，原子才从一个定态跃迁到另一个定态。原子从一个定态跃迁到另一个定态而发射或吸收辐射时，辐射的频率是一定的，如果用 E_k 和 E_n 代表有关的两个定态能量，则辐射频率用下列关系来决定

$$h\nu=E_n-E_k \tag{8.59}$$

或

$$\nu=\frac{E_n-E_k}{h} \tag{8.60}$$

式中，h 为普朗克常量。当 $E_n>E_k$ 时，ν 为原子发出的辐射频率；而在 $E_n<E_k$ 时，ν 为原子的吸收频率。式 (8.59) 称为**玻尔频率公式**。

(3) 轨道角动量量子化假设：在各定态上，电子绕原子核作圆周运动时，只有电子的角动量 L 等于 $\frac{h}{2\pi}$ 的整数倍的那些轨道是稳定的，这一条件称为**稳定电子轨道条件**。即

$$L=n\frac{h}{2\pi}\quad(n=1,2,3,\cdots) \tag{8.61}$$

式中，n 为整数，称为**量子数**。式 (8.61) 称为**轨道角动量量子化条件**。式 (8.61) 也可简写成

$$L=n\hbar\quad(n=1,2,3,\cdots) \tag{8.62}$$

玻尔理论对于当时已发现的氢原子光谱线系（巴耳末线系、帕邢线系）的规律给出了很好的说明，并且还预言在紫外区还存在另一线系。1914 年这个线系被赖曼观测到了（赖曼线系），定量上与理论计算符合得相当好。原子能量不连续的概念也在这一年被夫兰克与赫兹直接从实验中证实。玻尔本人也因此获得了 1922 年的诺贝尔物理学奖。

四、 氢原子结构的计算

氢原子是最简单的原子结构，它仅仅只包含一个原子核（质子）和一个电子。研究氢原子结构的两个基本问题，一个是核外电子的运动规律；另一个是原子光谱的机理。探讨这两个问题可归结到对电子运动轨道、能量、角动量等物理量的特征与规律的研究上。

按照定态假设，原子中的电子只能在核外一系列不连续的轨道上运动，每个定态都具有一定的能量（定态能量）。质量为 m，电荷量为 e 的电子以速率 v_n，在半径为 r_n 的圆周上运动，如图 8-14 所示，氢原子的能量就是电子运动总能量，应为它的动能和势能之和，即

$$E_n=E_k+E_p$$

或表示为

$$E_n=\frac{1}{2}mv_n^2-\frac{1}{4\pi\varepsilon_0}\cdot\frac{e^2}{r_n} \tag{8.63}$$

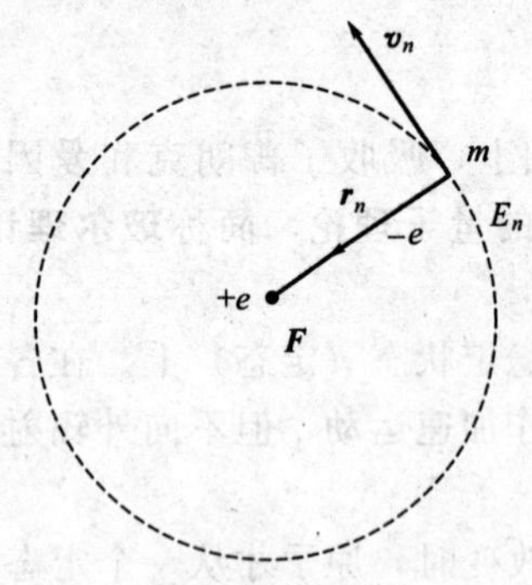

图 8-14 电子以速率 v_n，在半径为 r_n 的圆周上运动

电子作圆周运动的向心力是核与电子间的库仑力所提供的，则有

$$\frac{1}{4\pi\varepsilon_0}\cdot\frac{e^2}{r_n^2}=m\,\frac{v_n^2}{r_n} \tag{8.64}$$

以上两式经整理得

$$E_n=-\frac{1}{2}\cdot\frac{1}{4\pi\varepsilon_0}\cdot\frac{e^2}{r_n} \tag{8.65}$$

上式表明，电子轨道运动的总能量为它的库仑势能的一半。这是粒子在中心力场中运动的一个基本特点。

根据电子轨道角动量量子化假设，并由经典力学理论知，电子绕核旋转的轨道角动量为

$$L=mvr,$$

所以

$$mvr=n\,\frac{h}{2\pi} \tag{8.66}$$

整理式（8.64）～式（8.66），得到原子中第 n 个轨道的半径 r_n，电子在第 n 个轨道运动时所具有的定态能量 E_n 及电子运动速率 v_n，它们均由量子数 n 唯一决定。

$$r_n=\frac{\varepsilon_0 h^2}{\pi m e^2}n^2 \quad (n=1,2,3,\cdots) \tag{8.67}$$

$$E_n=-\frac{me^4}{8\varepsilon_0^2 h^2}\cdot\frac{1}{n^2} \quad (n=1,2,3,\cdots) \tag{8.68}$$

$$v_n=\frac{e^2}{2\varepsilon_0 h}\cdot\frac{1}{n} \quad (n=1,2,3,\cdots) \tag{8.69}$$

当 $n=1$ 时，再将各基本常量的数值代入式（8.69）、式（8.67）得出第一个轨道速率 v_1 及第一个轨道半径 r_1 分别为

$$v_1=\frac{e^2}{2\varepsilon_0 h}\approx 10^6\ \text{m/s} \tag{8.70}$$

$$r_1=\frac{\varepsilon_0 h^2}{\pi m e^2}=5.29\times10^{-11}\ \text{m} \tag{8.71}$$

显然，电子轨道运动速度也是量子化的。由式（8.69）、式（8.70）可以得到轨道运动速率为

$$v_n=\frac{v_1}{n} \quad (n=1,2,3,\cdots) \tag{8.72}$$

r_1 通常称为**玻尔半径**，一般可作为原子线度大小的标志。由式（8.67）、式（8.71）可以得到电子运动轨道的其他半径值可由玻尔半径的相应倍数表示出来，在氢原子中，电子运动的轨道半径为

$$r_n=n^2 r_1 \quad (n=1,2,3,\cdots) \tag{8.73}$$

电子在玻尔半径的轨道上运动的状态称为**基态**，即此时电子在最靠近核的轨道上运动，

其能量最小；反之，电子离核越远，其能量越大。原子的能量最小时最稳定，所以在正常状态下电子在最靠近核的轨道上运动，这个状态即为基态。所以，电子在玻尔轨道上运动的能量值即**基态能量**，它是氢原子中电子具有的最小能量值。即当 $n=1$ 时，将各基本常量的数值代入式（8.68）得出基态能量

$$E_1=-\frac{me^4}{8\varepsilon_0^2h^2}=-13.6\text{eV} \tag{8.74}$$

对应于 $n>1$ 的所有定态称为**激发态**，当 $n=\infty$时，由式（8.68）得

$$E_\infty=0 \tag{8.75}$$

这是电子最大的能量值，它相当于电子脱离氢原子时的能量值，对应的状态称为**电离态**。显然，电子从基态跃迁至电离态需外界对它给予能量 $\Delta E=13.6\text{eV}$，称这一能量为**电离能**。任意轨道的定态能量都可以用基态能量表示出来，即

$$E_n=-\frac{E_1}{n^2}=-\frac{13.6}{n^2}\text{eV} \tag{8.76}$$

由式（8.76）可以看出各轨道的定态能量值是分立的不连续的值，这些不连续的能量称为**能**

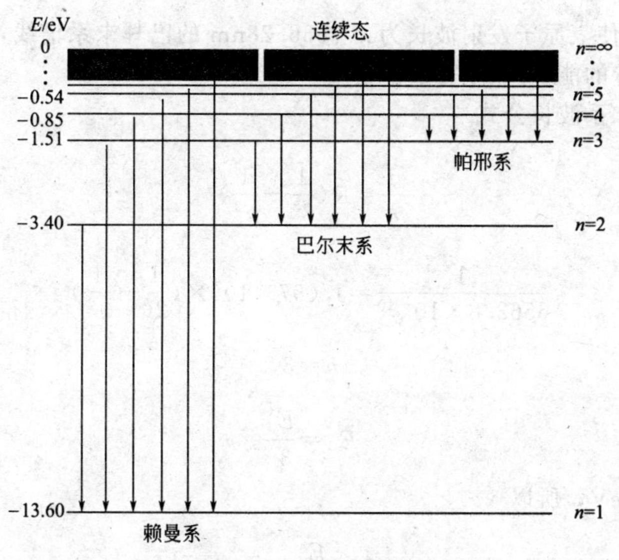

图 8-15 氢原子能级图

级。氢原子的能级可用横线表示如图 8-15 所示，在此图中纵坐标表示能量，横线表示能级，这个图称为**能级图**。图中每一条水平横线代表一个定态能量值，线的高低则对应着能量的高低；只有横线代表的能量值才是电子可能出现的能量状态，而任意相邻两横线之间的能态都是电子实际上不存在的运动状态，最低横线 $n=1$ 代表基态能量，其他各横线则代表激发态能量。$n=\infty$处横线的能量值最高，它与电离态相对应，当电子从一个能态跃迁到另一个能态时，在能级图上下两条横线之间用一个箭头表示。图 8-16（a）表示电子从高能态 E_n 跃迁到低能态 E_k 时，向外发射频率为 ν 的光子；图 8-16（b）表示电子从低能态 E_k 跃迁到高能态 E_n 时，从外吸收频率为 ν 的光子。

利用变形后的广义巴耳末公式（8.57）、频率公式（8.59）以及氢原子能级公式（8.68）

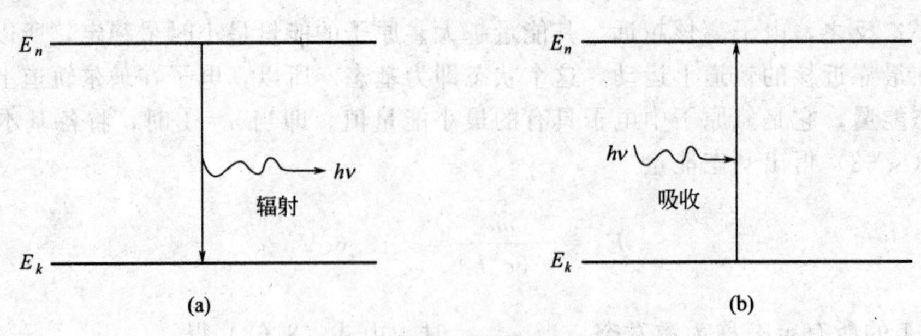

图 8-16 电子在能级间跃迁示意图

得到广义巴耳末公式中的里德伯常量，将各基本常量的数值代入上式，得到

$$R=\frac{me^4}{8\varepsilon_0^2h^3c} \tag{8.77}$$

$R_{理}=1.0973731\times10^7/\text{m}$，可见理论值与实验值 $R=1.0967758\times10^7/\text{m}$ 符合得很好。由于 E_n 和 E_k 是不连续的，氢原子的各个谱系可以用量子数 n 和 k 的不同取值的组合而得到，从而圆满地解释了氢原子的线状谱系。

玻尔理论不仅成功地说明了氢原子光谱的规律，同时也为量子力学的建立奠定了一定理论基础。

【例 8-6】 试求使氢原子发射波长为 $\lambda=656.28\text{nm}$ 的巴耳末系谱线，最少要给基态氢原子提供多少电子伏特的能量。(里德伯常量 $R=1.097\times10^7/\text{m}$)

【解】 由巴耳末系波长公式

$$\frac{1}{\lambda}=R\left(\frac{1}{2^2}-\frac{1}{n^2}\right)$$

$$\frac{1}{6562.8\times10^{-10}}=1.097\times10^7\times\left(\frac{1}{2^2}-\frac{1}{n^2}\right)$$

$$n=3$$

由 $E_n=\frac{E_1}{n^2}$ 得

$$E_3=\frac{E_1}{3^2}$$

又因为 $E_1=-13.6\text{eV}$，所以

$$\Delta E=E_3-E_1=\frac{E_1}{3^2}-E_1=12.09\text{eV}$$

即最少要给基态氢原子提供 12.09eV 的能量。

第七节 波函数及统计解释

一、 波函数

对于具有波粒二象性的电子、中子、质子等微观粒子，我们无法用经典的坐标、动量、轨道等概念来描述其运动状态。1925 年，薛定谔在德布罗意物质波假说的基础上建立了量子力学理论，提出用波函数来描述微观粒子的运动状态。

自由粒子的能量和动量都是常量，由德布罗意关系可知，与自由粒子相联系的波的频率和波长都不变，可用平面波来描述。

频率为 ν、波长为 λ，沿 x 方向传播的平面简谐波的波动方程为

$$\Phi(x,t)=A\cos\left[2\pi\left(\frac{x}{\lambda}-\nu t\right)\right] \tag{8.78}$$

对于实物粒子，一般将 Φ 写成复数形式

$$\Phi(x,t)=A\mathrm{e}^{i2\pi\left(\frac{x}{\lambda}-\nu t\right)} \tag{8.79}$$

考虑到 $E=h\nu$，$P=\frac{h}{\lambda}$和 $\hbar=\frac{h}{2\pi}$，则

$$\Phi(x,t)=A\mathrm{e}^{\frac{i}{\hbar}(Px-Et)} \tag{8.80}$$

上式为一维自由粒子的波函数。式中，A 为波函数的振幅。对于沿空间任意方向运动的自由粒子，任意时刻 t 的位矢为 $\boldsymbol{r}$，动量为 $\boldsymbol{p}$，能量为 E，其波函数可以表示为

$$\Phi(\boldsymbol{r},t)=A\mathrm{e}^{i(\boldsymbol{P}\cdot\boldsymbol{r}-Et)/\hbar} \tag{8.81}$$

式（8.81）是描写自由粒子运动状态的波函数。

对于一般的微观粒子，我们可以用 $\Phi(\boldsymbol{r},t)$ 或 $\Phi(x,y,z,t)$ 来描述其运动状态。这里 $\Phi(\boldsymbol{r},t)$ 是与微观粒子联系在一起的德布罗意波的波函数，简称为波函数。

二、 波函数的统计解释

从量子力学创立到现在，虽然我们知道如何得到波函数，并且在物理学的各个领域得到成功的应用，但对波函数的物理意义仍然有不同的解释，目前采用较多的是德国物理学家玻恩提出来的统计解释。

根据玻恩对物质波的统计解释，德布罗意波是几率波，波函数是复数，本身无具体的物理内容，它的物理意义只能通过波函数绝对值的平方体现出来。

实物粒子波动性的统计解释要求波函数应满足以下几点。

（1）在空间任何有限体积元中找到粒子的几率为有限值，这就意味着要求 $|\Phi(\boldsymbol{r},t)|$ 为有限值；

（2）该粒子在空间各点的几率总和为 1。这意味着波函数应满足归一化条件

$$\int_{-\infty}^{+\infty}|\Phi(\boldsymbol{r},t)|^2\mathrm{d}V=1 \tag{8.82}$$

波函数归一化条件要求波函数只能在有限区域是非零的，否则上面的积分不可能得到有限值。另外，由于波函数与概率有关，所以它必须是连续和单值函数，否则没有意义。单值、有限、连续和归一化是波函数必须满足的标准条件。

我们求出的波函数 $\boldsymbol{\psi}(\boldsymbol{r},t)$常常不是归一化的，而是

$$\int_{-\infty}^{+\infty}|\boldsymbol{\psi}(\boldsymbol{r},t)|^2\mathrm{d}V=N$$

式中，N 是实常数。

如何把它归一化呢？上式可以写成

$$\int_{-\infty}^{+\infty}\left[\frac{1}{\sqrt{N}}\boldsymbol{\psi}(\boldsymbol{r},t)\right]^{*}\left[\frac{1}{\sqrt{N}}\boldsymbol{\psi}(\boldsymbol{r},t)\right]\mathrm{d}V=1$$

因此，只要定义

$$\boldsymbol{\Phi}(\boldsymbol{r},t)=\frac{1}{\sqrt{N}}\boldsymbol{\psi}(\boldsymbol{r},t)$$

则

$$\int_{-\infty}^{+\infty}|\boldsymbol{\Phi}(\boldsymbol{r},t)|^{2}\mathrm{d}V=1$$

波函数 $\boldsymbol{\Phi}(\boldsymbol{r},t)$ 就称为归一化的波函数，其中$\frac{1}{\sqrt{N}}$称为归一化因子。这个过程叫作波函数的归一化。把$|\boldsymbol{\Phi}(\boldsymbol{r},t)|^2$称为**几率密度**，而$|\boldsymbol{\psi}(\boldsymbol{r},t)|^2$称为**相对几率密度**。因为$\frac{1}{\sqrt{N}}$为一常数，所以 $\boldsymbol{\Phi}(\boldsymbol{r},t)$ 与 $\boldsymbol{\psi}(\boldsymbol{r},t)$ 所描述的几率波是完全相同的，因而波函数的归一化与否，并不影响粒子在空间的几率分布。

(3) 要求$|\boldsymbol{\Phi}(\boldsymbol{r})|^2$是单值。对于一定时刻在空间给定点粒子出现的几率应该是唯一的，不可能既是这个值，又是那个值。

(4) 要求波函数 $\boldsymbol{\Phi}(\boldsymbol{r},t)$ 是连续函数。这是由于不同点的几率分布应该是连续变化的，而不应该出现跃变。

此外，按照波函数的统计解释，在空间各点，波函数 $\boldsymbol{\Phi}(\boldsymbol{r},t)$ 还必须是单值、有限和连续的。

三、 薛定谔方程

在量子力学中，由于微观粒子具有波粒二象性，在某一时刻 t，一个微观粒子的状态不能由位置和速度（动量）来确定，必须用波函数 $\boldsymbol{\Phi}(\boldsymbol{r},t)$ 来描述。当 $\boldsymbol{\Phi}(\boldsymbol{r},t)$ 确定后，粒子在任意时刻的状态及在空间各点的分布几率就确定了。那么，当时间变化时，粒子的状态及粒子在空间的分布几率又是怎样随时间而变化的呢？即 $\boldsymbol{\Phi}(\boldsymbol{r},t)$ 随时间的变化遵循怎样一个规律呢？1926 年，薛定谔提出的波动方程成功地解决了这个问题，一般称这个波动方程为**薛定谔方程**。我们这里用一个最简单的方法引入这个方程。

1. 自由粒子的定态薛定谔方程

自由粒子的波函数用平面波函数 $\boldsymbol{\Phi}(\boldsymbol{r},t)$ 来表示即由式（8.69）得

$$\boldsymbol{\Phi}(\boldsymbol{r},t)=Ae^{i(\boldsymbol{P}\cdot\boldsymbol{r}-Et)/\hbar} \tag{8.83}$$

式（8.83）应该是所要建立的自由粒子定态薛定谔方程的解。所谓定态是指自由粒子的能量处于某一确定的状态。把式（8.83）对时间求一阶偏导，得到

$$\frac{\partial\Phi}{\partial t}=-\frac{i}{\hbar}E\Phi \tag{8.84}$$

由于式（8.83）可以写成 $\Phi(x,y,z,t)=A\mathrm{e}^{i(xP_x+yP_y+zP_z-Et)/\hbar}$形式，再将上式对坐标求二阶偏导，得

$$\frac{\partial^2\Phi}{\partial^2x}=-\frac{A}{\hbar^2}P_x^2\mathrm{e}^{i(xP_x+yP_y+zP_z-Et)/\hbar}=-\frac{P_x^2}{\hbar^2}\Phi$$

$$\frac{\partial^2 \Phi}{\partial^2 y}=-\frac{P_y^2}{\hbar^2}\Phi$$

$$\frac{\partial^2 \Phi}{\partial^2 z}=-\frac{P_z^2}{\hbar^2}\Phi$$

将上述三个式子相加，得

$$\frac{\partial^2 \Phi}{\partial^2 x}+\frac{\partial^2 \Phi}{\partial^2 y}+\frac{\partial^2 \Phi}{\partial^2 z}=\nabla^2\Phi=-\frac{P^2}{\hbar^2}\Phi \tag{8.85}$$

这里$\nabla^2=\frac{\partial^2}{\partial^2 x}+\frac{\partial^2}{\partial^2 y}+\frac{\partial^2}{\partial^2 z}$称为拉普拉斯算符，$P^2=\boldsymbol{P}\cdot\boldsymbol{P}=P_x^2+P_y^2+P_z^2$。再由粒子能量与动量的关系式

$$E=\frac{P^2}{2m}$$

式中 m 为自由粒子的质量，得

$$\nabla^2\Phi=-\frac{2m}{\hbar^2}E\Phi \tag{8.86}$$

式（8.86）与时间无关，称为**自由粒子的定态薛定谔方程**。由式（8.84）和式（8.86）可得

$$\frac{\hbar^2}{2m}\nabla^2\Phi=-i\hbar\frac{\partial}{\partial t}\Phi \tag{8.87}$$

式（8.87）与时间有关，称为**自由粒子的含时定态薛定谔方程**。

2. 定态薛定谔方程

若粒子不是自由的，而是在某种势场中运动，则粒子的总能量 E 应等于动能 E_k 和势能 U 之和。设微观粒子在势场中的势能为 $U(r)$ 或 $U(x,y,z)$，此时，粒子的势场 U 在空间是稳定分布的，即 U 不随时间变化，这时，它的能量将保持为一个确定值，微观粒子的能量和动量关系为

$$E=\frac{P^2}{2m}+U(\boldsymbol{r}) \tag{8.88}$$

将上式代入式（8.85）有

$$\nabla^2\Phi=-\frac{2m}{\hbar^2}(E-U(\boldsymbol{r}))\Phi \tag{8.89}$$

式中，$U(\boldsymbol{r})$与 t 无关；E 为常数。式（8.89）称为**非含时薛定谔方程或定态薛定谔方程**。由式（8.84）和式（8.89）可得

$$\frac{\hbar^2}{2m}\nabla^2\Phi=-i\hbar\frac{\partial}{\partial t}\Phi+U(r)\Phi \tag{8.90}$$

式（8.90）与时间有关，称为**含时薛定谔方程或薛定谔方程**。

由于作用在粒子上的势场与时间无关，从式（8.89）解出的波函数形式可写为

$$\Phi(\boldsymbol{r},t)=\Phi(\boldsymbol{r})\mathrm{e}^{-\frac{i}{\hbar}Et} \tag{8.91}$$

即与微观粒子联系在一起的物质波的波函数为一个空间坐标的函数 $\Phi(\boldsymbol{r})$ 与一个相因子的乘

积，整个波函数时间的改变由相因子 $e^{-\frac{i}{\hbar}Et}$ 决定。由这形式的波函数所描写的状态称为定态。式（8.89）称为定态薛定谔方程，式（8.91）所表示的波函数称为定态波函数。如果粒子处于定态，则

$$|\Phi(\boldsymbol{r},t)|^2=|\Phi(\boldsymbol{r})e^{-\frac{i}{\hbar}Et}|^2=|\Phi(\boldsymbol{r})|^2 \tag{8.92}$$

与时间无关，即粒子在空间分布的几率不随时间而改变，这是定态的一个重要特点。

如果粒子处于定态，即如果描写粒子的波函数是定态薛定谔方程的解，则在此状态下粒子的能量有确定值，这个值正是方程（8.89）中的常数 E。因此可以定义，定态就是能量有确定值的状态。

最后我们考虑波函数随时间变化的最一般形式，此时 $U(\boldsymbol{r})$ 可以显含时间，亦可不显含时间。将式（8.84）变形有

$$E\Phi=i\hbar\frac{\partial\Phi}{\partial t} \tag{8.93}$$

E 对波函数的作用就相当于数学符号 $i\hbar\frac{\partial}{\partial t}$ 对波函数的作用，常把 $i\hbar\frac{\partial}{\partial t}$ 称为能量算符，它单独存在时无任何意义，只有作用于波函数时才具有能量的意义。

用 $i\hbar\frac{\partial}{\partial t}$ 代替式（8.88）中的 E，再代入式（8.86），有

$$\frac{\hbar^2}{2m}\nabla^2\Phi=-i\hbar\frac{\partial}{\partial t}\Phi+U(\boldsymbol{r})\Phi \tag{8.90}$$

这就是 1926 年薛定谔提出的波动方程，称为**含时薛定谔方程或薛定谔方程**。它是微观粒子所遵循的最普遍的运动方程。

第八节　一维定态问题

一、 一维无限深势阱

通常把在无限远处为零的波函数所描述的状态称为束缚态。束缚态的能级是分立的，构成离散谱。为了讨论束缚态粒子的运动规律，我们提出一个比较简单的理想化模型，即认为粒子在无限深“势阱”中运动。这里仅考虑粒子的一维运动情况。

假设微观粒子在一维无限深势阱中运动，其势能为

$$U(x)=\begin{cases}0, & 0<x<a\\ \infty, & x\leqslant 0,\ x\geqslant a\end{cases}$$

势能曲线如图 8-17 所示，曲线形状有如一个阱，故称这种势能分布为一维无限深势阱。用量子力学方法研究粒子在一维无限深势阱中的运动时，需要求出薛定谔方程的解。势能的无限大突变的存在意味着粒子绝不能透过 $x=0$ 和 $x=a$ 两点，因此有

$$\Phi(x,t)=0\quad(x\leqslant 0 \text{ 或 } x\geqslant a)$$

此时 $\nabla^2=\frac{d^2}{dx^2}$，由于 $U(x)$ 与时间无关，所以，在势阱内部（$0<x<a$）时 $U(x)=0$，薛定谔方程为

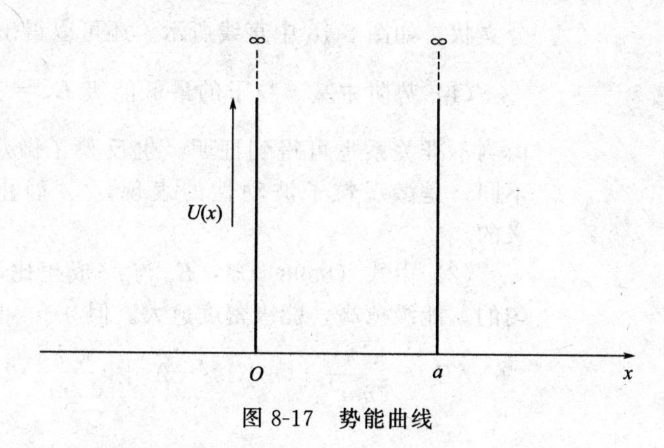

图 8-17 势能曲线

$$\frac{d^2\Phi}{dx^2}+\frac{2m}{\hbar^2}E\Phi=0 \tag{8.94}$$

式中，m 为粒子质量；E 为粒子的能量。而且有边界条件

$$\Phi(0)=\Phi(a)=0$$

设

$$k^2=\frac{2mE}{\hbar^2} \tag{8.95}$$

则方程（8.94）变为

$$\frac{d^2\Phi}{dx^2}+k^2\Phi=0 \tag{8.96}$$

上述方程的解可表示为

$$\Phi(x)=A\sin(kx+\varphi) \tag{8.97}$$

式中，A,φ 为待定常数。因为势阱壁无限高、无限厚，从物理上考虑，粒子不能透过势阱壁。按照波函数的统计解释，要求在势阱壁上及阱壁外波函数为 0，特别是

$$\Phi(0)=\Phi(a)=0$$

把 $\Phi(0)=0$ 代入式（8.97）有

$$\Phi(0)=A\sin\varphi=0$$

因为，$A\neq0$，所以

$$\varphi=0$$

再把 $\Phi(a)=0$ 代入式（8.97）有

$$\Phi(a)=A\sin(ka)=0$$

所以

$$ka=n\pi \quad (n=1,2,3,\cdots)$$

把 $k=\frac{n\pi}{a}$ 代入式（8.95）得粒子的能量，公式为

$$E_n=n^2\frac{\pi^2\hbar^2}{2ma^2} \quad (n=1,2,3,\cdots) \tag{8.98}$$

由于 n 取 0 时 $\Phi(0)\equiv0$，无物理意义，故为 n 不为 0 的整数。所以只有当粒子的能量取一系列不连续的分立值时，所对应的波函数才能满足边界条件的要求，我们称这种能量的状态为**能量量子化**，整数 n 称为**量子数**。可见，在量子力学中，能量量子化是解薛定谔方程的自然结果。式（8.98）中每一个可能的能量值称为一个**能级**，由这些能级构成的能谱呈

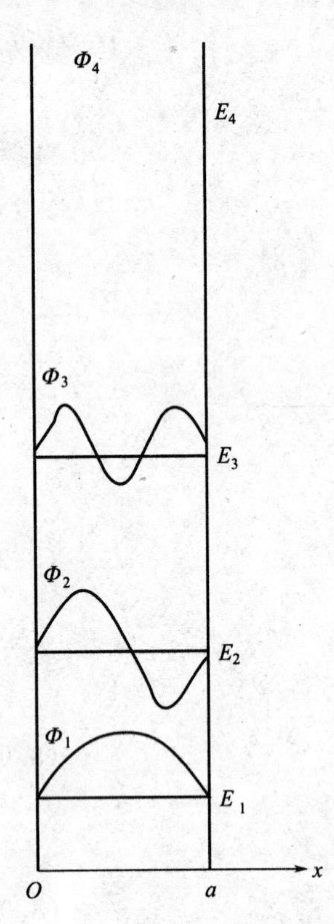

图 8-18 曲线表示出了对应于不同能级的波函数曲线形式

分立状，如图 8-18 中直线所示。还可以得出如下结论。

(1) 势阱中基态粒子的最低能级 $E_n=\frac{\pi^2\hbar^2}{2ma^2}\neq 0$，这一点由测不准关系也可得到证明。也反映了微观粒子与经典粒子不同，是微观粒子波动性的表现，“静止的波”是没有意义的。

(2) 由式 (8.98) 知：E_n 与 n^2 成正比，能级分布是不均匀的。能级愈高，能级密度愈大。但 $n\to\infty$ 时

$$\Delta E_n=\frac{\pi^2\hbar^2}{2ma^2}\left[(n+1)^2-n^2\right]\approx\frac{\pi^2\hbar^2}{2ma^2}\cdot 2n$$

$$\frac{\Delta E_n}{E_n}=\frac{2}{n}\to 0$$

即当 n 很大时，能级可视为连续的。另外，相邻能级之间的差值与粒子的质量 m 及势阱宽度 a 也相关。

(3) 从图 8-18 中可以看出，除端点 $(x=0,a)$ 之外波节数为 $n-1$。节点越多，波长越短，动量也就越大，因而能量越高。

将 $\varphi=0$，$k=\frac{n\pi}{a}$ 代入式 (8.97)，则波函数为

$$\Phi(x)=\Phi_n(x)=A\sin\left(\frac{n\pi}{a}x\right)$$

再根据归一化条件确定系数 A，即

$$\int_{-\infty}^{+\infty}|\Phi_n(x)|^2\mathrm{d}x=\int_0^a A^2\sin^2\left(\frac{n\pi}{a}x\right)\mathrm{d}x=\frac{1}{2}aA^2$$

因为
$$\int_{-\infty}^{+\infty}|\Phi_n(x)|^2\mathrm{d}x=1$$

所以 $A=\sqrt{\frac{2}{a}}$

所以一维无限深势阱中粒子运动的归一化的波函数为

$$\Phi_n(x)=\begin{cases}\sqrt{\frac{2}{a}}\sin\left(\frac{n\pi}{a}x\right), & 0<x<a\\ 0, & x\leqslant 0, x\geqslant a\end{cases}\tag{8.99}$$

图 8-18 中曲线表示出了对应于不同能级的波函数曲线形式。对于定态波函数，还应有一个时间相因子 $e^{-\frac{i}{\hbar}E_nt}$，所以，我们得到完整的一维无限深势阱中运动的微观粒子的定态波函数为

$$\Phi(x)=\begin{cases}\sqrt{\frac{2}{a}}\sin\left(\frac{n\pi}{a}x\right)e^{-\frac{i}{\hbar}E_nt}, & 0<x<a\\ 0, & x\leqslant 0, x\geqslant a\end{cases}\tag{8.100}$$

根据波函数的统计解释，在一维无限深势阱内找到粒子的几率密度为

$$|\Phi(x,t)|^2=\frac{2}{a}\sin^2\left(\frac{n\pi}{a}x\right)\tag{8.101}$$

粒子在势阱内各处出现的几率并不一样，是随 x 而变的，有些位置很大，有些位置比

较小，甚至为零。而且几率分布还和整数 n 有关，图 8-19 表示了与不同 n 值相对应的几率密度。这种现象是用经典理论无法解释的，也和我们的日常概念不符合，因此，我们不能用日常（宏观）的观念去理解微观世界。

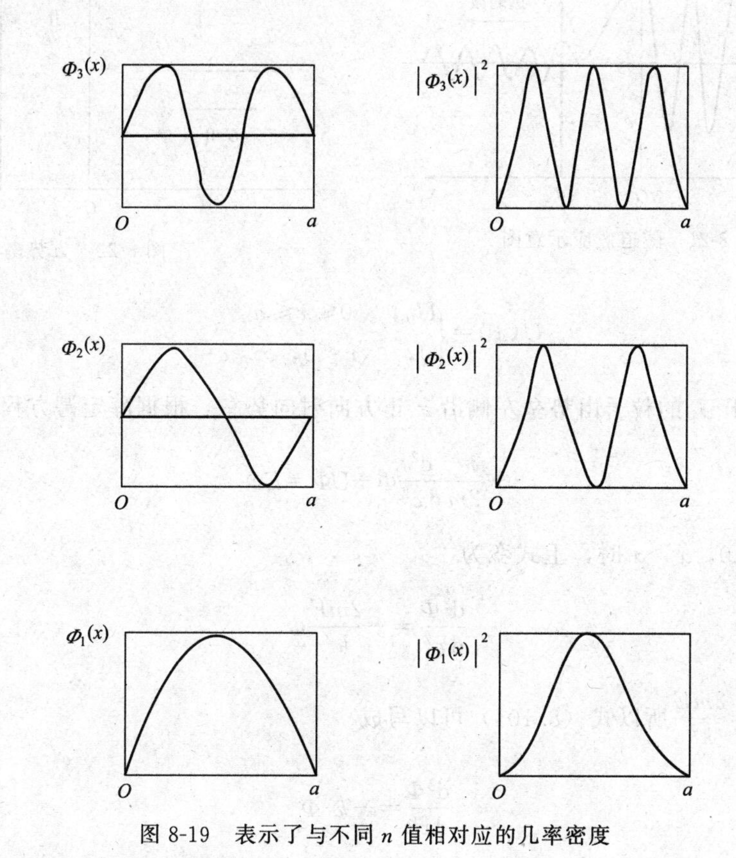

图 8-19 表示了与不同 n 值相对应的几率密度

二、一维势垒 隧道效应

如图 8-20 所示的是与势阱相对的另一种势能分布，称为**势垒**。其分布函数如下

$$U(x)=\begin{cases}U_0, & 0\leqslant x\leqslant a\\ 0, & x<0,\ x>a\end{cases}$$

这里 $U_0>0$ 为一常数，称为**势垒高度**。按照经典概念，只有能量 $E>U_0$ 的粒子才能越过势垒，而能量 $E<U_0$ 的粒子运动到势垒边缘时即被反射回来，而不能透过势垒。但按照量子力学理论，由薛定谔方程求解可知：能量 $E<U_0$ 的粒子有可能越过势垒，我们称粒子在能量小于势垒高度时仍能贯穿势垒的现象为**隧道效应**。如图 8-21 所示为隧道效应的示意图，对隧道效应只能应用量子力学理论，通过求解定态薛定谔方程可以使这个问题得到满意的解释。

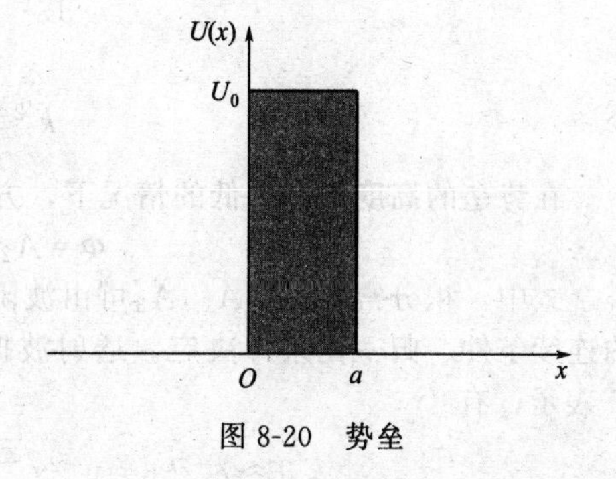

图 8-20 势垒

设存在一个方势垒（图 8-22）

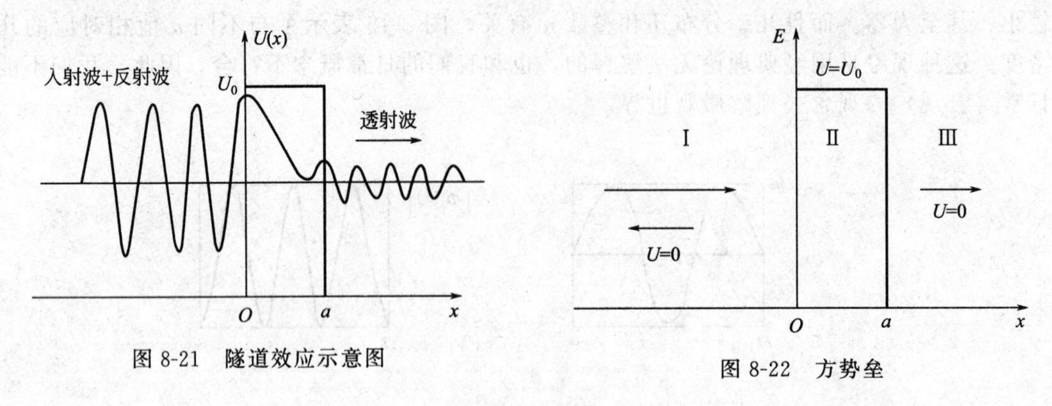

图 8-21 隧道效应示意图

图 8-22 方势垒

$$U(x)=\begin{cases}U_0, & 0\leqslant x\leqslant a\\ 0, & x<0,\ x>a\end{cases} \tag{8.102}$$

能量 E 小于 U_0 的粒子由势垒左侧沿 x 正方向射向势垒，根据薛定谔方程我们有

$$-\frac{\hbar^2}{2m}\frac{d^2}{dx^2}\Phi+U\Phi=E\Phi \tag{8.103}$$

(1) 当 $x<0$，$x>a$ 时，上式变为

$$\frac{d^2\Phi}{dx^2}=-\frac{2mE}{\hbar^2}\Phi \tag{8.104}$$

因为 $k^2=\frac{2mE}{\hbar^2}$ 所以式（8.104）可以写成

$$\frac{d^2\Phi}{dx^2}=-k^2\Phi \tag{8.105}$$

方程的两个线性无关的解可取为 $\Phi_1\propto e^{ikx}$，$\Phi_2\propto e^{-ikx}$。

在 $x<0$ 区域，既有入射波 $\Phi_1\propto e^{ikx}$，也有反射波 $\Phi_2\propto e^{-ikx}$；而在 $x>a$ 区域，只有透射波 $\Phi_3\propto e^{ikx}$。为了讨论方便，将入射波、反射波和透射波的波幅分别取为 $1, B_1$ 和 A_3，则

$$\Phi(x)=\begin{cases}e^{ikx}+B_1e^{-ikx}, & x<0\\ A_3e^{ikx}, & x>a\end{cases} \tag{8.106}$$

(2) 当 $0\leqslant x\leqslant a$ 时，有

$$\frac{d^2\Phi}{dx^2}=\frac{2m}{\hbar^2}(U_0-E)\Phi \tag{8.107}$$

令
$$k'^2=\frac{2m}{\hbar^2}(U_0-E)$$

在势垒的高度不是太低的情况下，方程的近似解为

$$\Phi=A_2e^{-k'x}\quad(0\leqslant x\leqslant a) \tag{8.108}$$

式中，积分常数 B_1, A_2, A_3 可由波函数在方势垒的边界条件 $\Phi(0)=\Phi(a)=0$ 及波函数的连续条件、归一化条件决定。透射波振幅的平方称为入射粒子通过势垒的**透射系数**，用 T 表示，有

$$T\approx e^{-2k'a}=e^{-2\sqrt{\frac{2m(U_0-E)}{\hbar^2}}a} \tag{8.109}$$

上式表明，势垒越厚（a 越大），粒子通过的概率越小；粒子的能量越大，则通过的概率越大。一般情况下，透射系数不为零，即粒子能够穿透比其动能高的势垒，这一现象称为**隧道效应**。金属电子冷发射和 α 衰变等现象都是由隧道效应产生的。1982年，宾尼和罗雷尔利用电子的隧道效应，研制成功了扫描隧道显微镜。由于电子的隧道效应，金属中的电子并不完全局限于表面边界内，即在表面边界处电子密度并非突然地降为零，而是在表面边界以外呈指数形式衰减，衰减长度约为1nm。因此，当极细的金属探针和待测的金属样品之间的距离非常接近时，它们的表面电子云就可能发生重叠。如果在探针和金属样品之间加一微小的电压 V_t，就会有电子穿过它们之间的势垒形成电流，称为隧道电流．令针尖与样品表面之间的距离为 d，样品表面平均势垒的高度为 h，则隧道电流 I_t，可以表示为

$$I_t \propto V_t \mathrm{e}^{-A\sqrt{h}\,d}$$

当 d 以0.1nm为单位，h 以eV为单位，则 $A \approx 1$。由上式可见，隧道电流的大小对距离d十分敏感，当探针在样品表面上扫描时，表面上原子尺度的起伏特征就显现为隧道电流的变化。利用扫描隧道显微镜，可以分辨表面上分立的原子，显示出表面上原子的台阶、平台和原子阵列，还可以直接绘出横向分辨率为0.1nm，纵向分辨率为0.001nm的表面三维图像。

第九节　量子力学中的原子问题

一、氢原子薛定谔方程的解

在氢原子中，电子在原子核的库仑场中运动，取无限远为势能零点，原子核所在位置为坐标原点，r 为电子离核的距离，则电子在库仑场中的势能函数为

$$U(r) = -\frac{e^2}{4\pi\varepsilon_0 r}$$

这里 $U(r)$ 不随时间而变化。把上式代入式（8.89），则电子在库仑场中运动的定态薛定谔方程为

$$\nabla^2\Phi + \frac{2m}{\hbar^2}\left(E + \frac{e^2}{4\pi\varepsilon_0 r}\right)\Phi = 0 \tag{8.110}$$

对于有心力场中的运动，采用球坐标 (r,θ,φ) 比较方便，坐标原点取在原子核上，将拉普拉斯算符写成球坐标形式，于是式（8.110）变为

$$\frac{1}{r^2}\frac{\partial}{\partial r}\left(r^2\frac{\partial\Phi}{\partial r}\right) + \frac{1}{r^2\sin\theta}\frac{\partial}{\partial\theta}\left(\sin\theta\frac{\partial\Phi}{\partial\theta}\right) + \frac{1}{r^2\sin^2\theta}\cdot\frac{\partial^2\Phi}{\partial\varphi^2} + \frac{2m}{\hbar^2}\left(E + \frac{\mathrm{e}^2}{4\pi\varepsilon_0 r}\right)\Phi = 0 \tag{8.111}$$

上式是一个很复杂的偏微分方程，其中 $\Phi = \Phi(r,\theta,\varphi)$，所以，这个方程的解可以表示为三个函数的乘积，即

$$\Phi(r,\theta,\varphi) = R(r)\Theta(\theta)\psi(\varphi) \tag{8.112}$$

将式（8.112）代入式（8.111）经换算、整理后，可依次得出分别含 $R(r)$，$\Theta(\theta)$，$\psi(\varphi)$

的三个常微分方程

$$\frac{d^2\psi(\varphi)}{d\varphi^2}+m_l^2\psi(\varphi)=0 \tag{8.113}$$

$$\frac{1}{\sin\theta}\frac{d}{d\theta}(\sin\theta\frac{d\Theta(\theta)}{d\theta})+(\lambda-\frac{m^2}{\sin^2\theta})\Theta(\theta)=0 \tag{8.114}$$

$$\frac{1}{r^2}\frac{d}{dr}(r^2\frac{dR(r)}{dr})+[\frac{2m}{\hbar^2}(E+\frac{e^2}{4\pi\varepsilon_0 r})-\frac{l(l+1)}{r^2}]R(r)=0 \tag{8.115}$$

式中，m 和 l 都是量子数，可各取不同整数值。

这样，对氢原子定态薛定谔方程的求解就转化为求解以上三个常微分方程。分别求出 $R(r)$、$\Theta(\theta)$、$\psi(\varphi)$就得到了氢原子中电子运动的波函数。为避开繁琐的数学计算过程，不作具体推导，我们只讨论一下重要结果的物理意义。

1. 能量量子化

由于波函数 Φ (r，θ，ψ) 的单值、有限和连续性的要求，当氢原子核外电子处于束缚态时，E 必为负值，且只能取一些特殊的分立值

$$E=E_n=-\frac{me^4}{32\pi^2\varepsilon_0^2\hbar^2}\cdot\frac{1}{n^2} \quad (n=1,2,3,\cdots) \tag{8.116}$$

称为束缚态下氢原子的能量公式，亦称为**能级公式**，它是量子化的，其中 n 称为**主量子数**，$n=1,2,3,4,5,\cdots$。$n=1$ 的能级称为**基态能级**，$n>1$ 的能级称为**激发态能级**。氢原子能级间隔随 n 增大而快速减小，当 $n\to\infty$时，能级间隔非常小，以至于能级分布可看成是连续变化的。而且对于每个特定的 n 值，l 只能取 $0,1,2,\cdots,n-1$，共有 n 个不同的整数值。应强调的是：这些都是在求解薛定谔方程中自然而然地形成的量子化条件。

2. 角动量量子化

由方程（8.114）得到的波函数 Θ (θ) 表明，电子在不停地绕核旋转，其旋转的角动量也是量子化的。以 $\boldsymbol{L}$ 表示电子轨道的角动量，则其大小为

$$L=\sqrt{l(l+1)}\,\hbar \quad (l=0,1,2,\cdots,n-1) \tag{8.117}$$

式中，l 为**角量子数或副量子数**。角量子数描写了波函数的空间对称性。对于同一个主量子数 n 值，即某一确定能级上，角量子数 l 值可取 n 个可能的值，所以对应的波函数 $\Theta(\theta)$也有 n 种不同形式。它表明：即便是在同一能级上，电子在核周围的几率分布也并不相同，有一定的差异，这种几率分布的差异体现在相应波函数的对称性上。

3. 角动量的空间取向量子化

由方程（8.113）解出的波函数 $\Theta(\theta)$ 表明，电子在绕核旋转时，其角动量 $\boldsymbol{L}$ 在空间的取向并不是连续变化的，而只能取一些特定值，即呈量子化分布。可以这样来理解这一问题，电子绕核旋转相当于一个圆电流，而圆电流本身有一定的磁矩，当氢原子处于磁场中时，由于外磁场对电子磁矩的作用，而使电子磁矩向外磁场方向偏转，这样电子的旋转角动量 $\boldsymbol{L}$ 就以外磁场方向为轴而作运动。参数 m_l 恰恰表明角动量 $\boldsymbol{L}$ 在外磁场方向上的投影亦取量子化形式。设外磁场方向为 Z 方向，以 L_z 表示 $\boldsymbol{L}$ 在外磁场方向投影的大小，则

$$L_z=m_l\hbar \quad (m_l=0,\pm1,\pm2,\cdots,\pm l)$$

即电子的角动量在给定方向的分量是量子化的。当角量子数 l 给定时，m_l 有 $(2l+1)$ 个可能值。m_l 称为**磁量子数**。例如当 $l=2$ 时，m_l 有 5 个可能值，$m_l=-2,-1,0,1,2$，因此角动量在空间有 5 个可能值，即

$$L_z=-2\hbar,-\hbar,0,\hbar,2\hbar$$

L 的绝对值为

$$L=\sqrt{l(l+1)}\hbar=\sqrt{6}\hbar$$

它在空间有五种可能的取向，如图 8-23 所示。

二、 电子的自旋

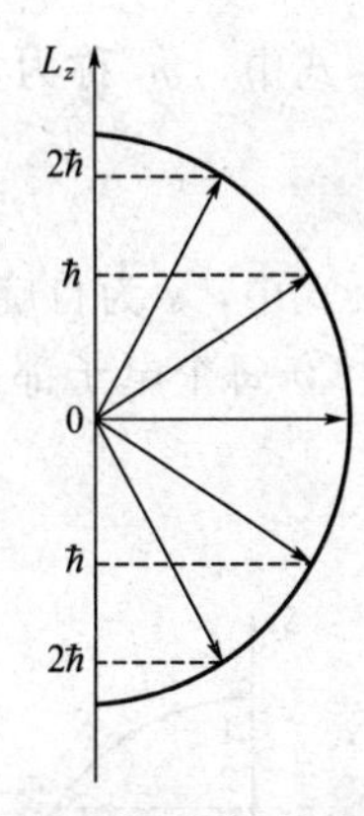

图 8-23 空间量子化

电子自旋的存在已为大量实验事实所证实，其中最直观的是 1922 年施特恩和盖拉赫所作的实验。其实验装置如图 8-24（a）所示，K 为银原子源，B 为狭缝，N,S 为电磁铁的两个磁极，N 为劈尖形，S 为槽形。在这两个磁极之间可以产生很强的非均匀磁场。P 为照相版，全部仪器都装在高度真空的容器中。实验时将银原子源加热，使其发出银原子蒸气，通过狭缝 B 后形成一束狭窄的原子射线。当没有外磁场时，在照相版上只出现一条正对狭缝的线状痕迹，表明银原子没有受力作用，沿原方向行进。当有外磁场时，在照相版上出现两条线状痕迹如图 8-24（b）所示，表明银原子通过非均匀磁场时受到了力的作用而发生偏转，使原子射线分裂为两股。从电磁学角度看，磁矩在均匀磁场中受到力矩作用而转动，在非均匀磁场中还要受到力的作用，力的大小与磁矩成比例，还与磁矩相对于外磁场的取向有关。实验结果表明：

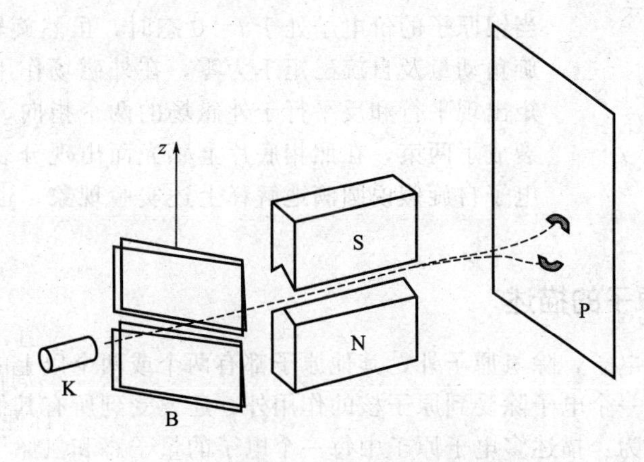

(a) 施特恩—盖拉赫实验装置图

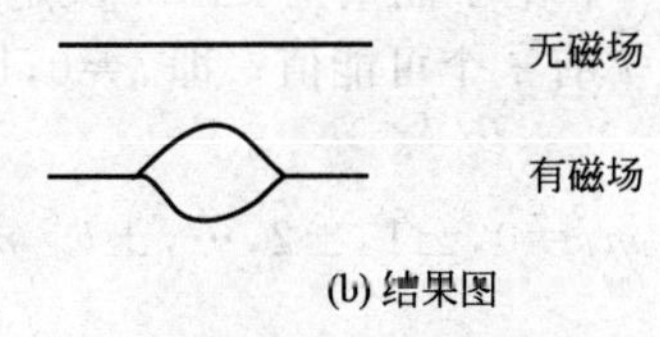

(b) 结果图

图 8-24 电子的自旋

（1）银原子具有磁矩，否则不会受到力的作用；

(2) 银原子射线只分裂为两股说明这个磁矩相对于外磁场只有两个可能的取向。在上述实验中，银原子的价电子处于 s 态（$l=0$ 的态），它没有轨道角动量和轨道磁矩。

为了解释银原子的磁矩，1925 年乌伦贝克和哥德斯密特提出了电子自旋的假说圆满地解释了上述现象。电子自旋假说有如下观点。

① 每个电子具有自旋角动量 $\boldsymbol{S}$，它在空间任何方向上的投影只能取两个数值

$$S_z=m_s\hbar \quad (m_s=\pm\frac{1}{2})$$

式中，m_s 称为自旋磁量子数。相应自旋角动量 $\boldsymbol{S}$ 的大小为

$$S=\sqrt{s(s+1)}\,\hbar \quad (s=\frac{1}{2})$$

式中，s 为自旋量子数。

② 每个电子都具有自旋磁矩 $\boldsymbol{M}_S$，它和自旋角动量 $\boldsymbol{S}$ 的关系为

$$\boldsymbol{M}_S=-\frac{e}{m_e}\boldsymbol{S}$$

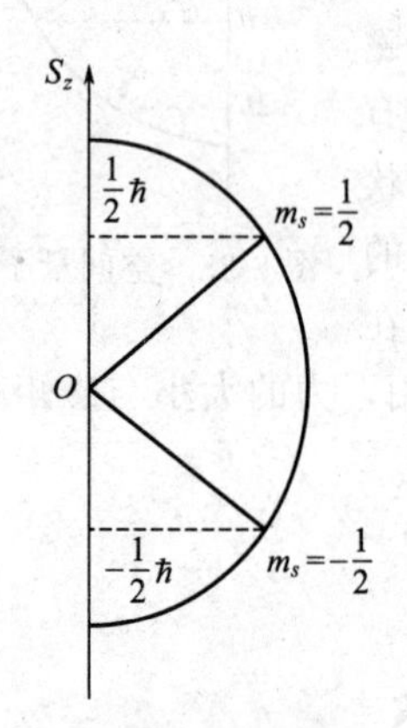

图 8-25 电子在外磁场中两种自旋状态

式中，e 为电子电荷；m_e 为电子质量。$\boldsymbol{M}_S$ 在空间任意方向上的投影只能取两个数值

$$M_{sz}=\pm\frac{e\hbar}{2m_e}=\pm M_B$$

式中，$M_B=\frac{e\hbar}{2m_e}$ 称为玻尔磁子。

电子在外磁场中的自旋状态的也只有两个可能值（图 8-25）。由于电子具有自旋，相应地有自旋角动量和自旋磁矩。当银原子的价电子处于 $l=0$ 态时，虽然旋转角动量为 0，但自旋角动量及自旋磁矩不为零，在外磁场作用下，电子的自旋磁矩出现平行和反平行于外磁场的两个指向，因而银原子射线分裂成了两束，在照相底片上感光而出现分裂的两条痕迹。应用电子自旋假说圆满地解释上述实验现象，也说明了电子自旋假说的正确性。

三、 多电子原子的描述

氢原子只有一个电子，除氢原子外，其他原子都有两个或两个以上的电子，都是多电子原子。虽然原子中每一个电子除受到原子核的作用外，还要受到所有其他电子的作用，但是我们还可以近似地认为：描述多电子原子中每一个电子的量子态和氢原子情形类似，仍然需要以下四个量子数。

(1) 主量子数：$n=1,2,3,4,\cdots$。电子能量主要由 n 决定。

(2) 角量子数：当 n 给定时，l 有 n 个可能值，即 $l=0,1,2,3,\cdots,n-1$。决定电子绕核运动的角动量 $L=\sqrt{l\ (l+1)}\,\hbar$。

(3) 磁量子数：当 l 给定时，$m_l=0,\pm1,\pm2,\cdots,\pm l$。$m_l$ 决定电子绕核运动角动量的空间取向 $L_z=m_l\hbar$。

(4) 自旋量子数：$m_s=\pm\frac{1}{2}$。只有两个可能值，决定电子自旋角动量的空间取向 $S_z=m_s\hbar$。

一般情况下，若要确定原子中电子的运动状态，需用 n,l,m_l,m_s 来描述其中每一个电子的运动状态，正是这些状态决定了电子在原子核外的分布。这一分布遵循两个基本原理。即泡利不相容原理和能量最小原理。

泡利不相容原理：不可能有两个或更多的电子处在同一量子态，即不可能有两个或更多的电子具有完全相同的一组量子数(n,l,m_l,m_s)。对应于一组量子数，最多只能有一个电子。根据这个原理可以算出每一个电子壳层最多可以有多少个电子（即最大电子数）。量子数 n,l 相同的电子最多有多少个？当 l 给定时，m_l 有（$2l+1$）个可能值，对应于每一个 m_l 值 m_s 有两个可能值，即对应于每一 m_l 值，有两组量子数，所以 n,l 相同的量子数一共有 $2(2l+1)$ 组。由泡利原理可知，量子数 n,l 相同的电子最多可以有($2l+1$) 个。

在量子数为 n 的壳层内最多可以有多少个电子？在此壳层内 n 为一定，l 有 n 个可能值

$$l=0,1,2,\cdots,n-1$$

对应的最大电子数为

$$(2l+1)=2,6,10,\cdots,2[2(n-1)+1]$$

所以在此壳层内最大电子数为

$$Z_n=2\sum_{l=0}^{n-1}(2l+1)=2n^2$$

当 $n=1$ 时，$Z_1=2$，所以 K 壳层最多有两个电子。当 $n=2$ 时，$Z_2=8$，所以 L 壳层最多有 8 个电子。因 $n=2$ 时，$l=0,1$，这两支壳层的最大电子数分别为 2,6。为了确定电子是怎样填充各个电子壳层的，就要知道一个原理——能量最小原理。

能量最小原理：当原子处于正常状态时，每一个电子都尽量占据最低能级。因为当原子中各电子的能量最小时，整个原子的能量（即原子中所有电子的能量之和）最低，原子处于最稳定的状态。

根据能量最小原理，电子一般按 n 由小到大的次序填入各能级。但由于能级还与角量子数 l 有关，所以在一些情况下，n 较小的壳层尚未填满时，n 较大的壳层已开始有电子填入了，即发生能级交错现象。关于 n 和 l 都不同的状态的能级高低问题，科学家们已总结出这样的规律：对于原子的外层电子，能级的高低以（$n+0.7l$）来确定，($n+0.7l$)越大则能级越高。如 4s（$n=4$，$l=0$）和 3d（$n=3$，$l=2$）两个状态，前者（$n+0.7l$）$=4$，而后者（$n+0.7l$）$=4.4$，故 4s 状态能量高于 3d 状态，应先于 3d 填入电子。按照这种方法计算的结果，电子并不完全按 K,L,M,N,… 等主壳层次序排列，而是按 1s,2s,2p,3s,3p,4s,3d,4p,5s,4d,6s,4f,5d,6p,7s,… 次序依次排列。

第十节 激光

一、 氦-氖激光器

能够发出激光的装置称为**激光器**。激光器发出的光，具有高亮度、方向性好、单

色性高及相干性强等一系列优点。1960年，美国人梅曼成功地制成了世界上第一台红宝石激光器。按照工作物质的不同，激光器可以分为气体激光器、固体激光器、半导体激光器、染料激光器等多种类型。每一种激光器的具体结构、功能有所不同，但它们的基本组成构件和发光机制是相类似的，基本结构主要包括三个部分：工作物质；光学谐振腔；激励能源（泵浦源）。输出的激光波长从X射线一直扩展到远红外区。实验室中常用的氦-氖气体激光器如图8-26所示，它的工作物质是氦-氖混合气体。主要部件有放电管、电极对、反射镜等。

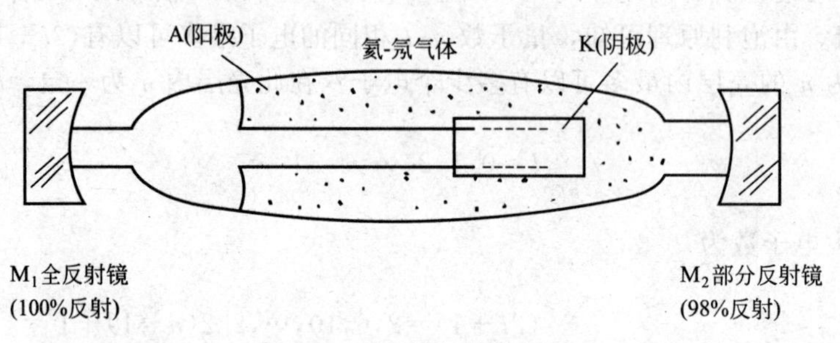

图8-26　氦-氖气体激光器

放电管由水晶材料制成，管的内径约为几毫米，长度在几厘米到几十厘米。管内充以压强为266.6～399.9Pa的氦-氖混合气体，其比例约为(5∶1)～(10∶1)(氦∶氖)，实际比例要由管腔的结构而定；管两端为与毛细管轴垂直的多层介质膜反射镜M_1，M_2，我们把反射镜以及它们之间管内这一段空间所组成的系统称为**光学（放大）谐振腔**，它的重要作用就是使腔内的激光定向放大后提高了单色性。在腔内，阳极与阴极间电压为2～4kV，放电管中的电子在电场作用下获得足够的动能，然后，它不断地碰撞基态氦原子，而使氦原子被激发到高能量亚稳态，此后亚稳态的氦原子又以碰撞的形式把能量传递给基态的氖原子使其激发到高能量状态，当氖原子再度回到低能级时就发出激光。所产生的激光将沿着各个方向传播，凡是与腔轴方向不一致的激光会通过腔壁发散到整个空间去。沿着腔轴方向传播的激光将在两个镜面之间反复地反射在腔中来回振荡。在振荡过程中，参与振荡的激光又在不断地诱发高能量氖原子产生新的激光。后者也将加入振荡的行列继续进行上述的物理过程。这样，经过一段时间后，腔内的激光就像链式反应一样，强度将加强，从而使激光器通过部分透明的反射镜输出“放大”了的激光。M_1镜反射率接近100%，M_2镜反射率在98%左右，由M_2镜发出的激光主要是红色的可见光，其波长为632.8nm，频率为4.74×10^{14} Hz，频宽窄到7×10^{3} Hz。该激光器发出的激光具有相干性好、输出频率稳定、单色性好等特点，结构上的突出优点是体积小、重量轻。不足是效率低（约0.1%）、功率小（几毫瓦至一百瓦）。

二、原子的跃迁

提到激光的形成，先要介绍原子的发光机制。光和原子的相互作用主要有三种形式：自发辐射跃迁、受激辐射跃迁、受激吸收跃迁。

1. 自发辐射跃迁

在正常的情况下，原子处于基态。由于外来的某一种作用（如光照、加热、碰撞等），它将从基态（能量为E_1）跃迁到某一能量为E_2的激发态。原子处于激发态是不稳定的，它只能作短暂的停留（约为 10^{-8}s），在没有外界影响的条件下，它也会以一定的概率自发地从高能级 E_2向低能级 E_1跃迁，同时发出一个频率为 $\nu=(E_2-E_1)/h$ 的光子。这一过程称为原子的**自发辐射跃迁**，所产生的辐射光称为自发辐射光如图 8-27（a）所示。自发辐射过程是一个随机过程。处于高能级上的各个原子的辐射是自发地、独立地进行的，因而各个辐射光子的位相、偏振状态、传播方向之间无确定的关系。而对大量原子来说，其所处的激发态也不尽相同，因而辐射光子的频率也就不同。所以自发辐射的光波是不相干的。理论研究表明，单位时间内产生自发辐射跃迁的原子数与高能级上的原子总数有关。常见的白炽灯、日光灯等普通光源发出的光就属于原子自发辐射跃迁所发出的光。

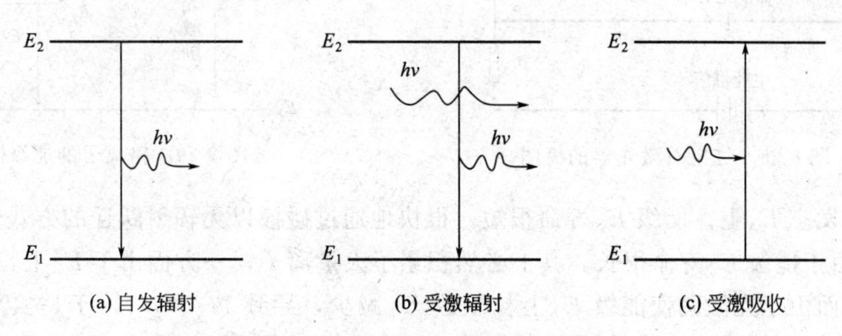

图 8-27 光和原子相互作用的三种形式

2. 受激辐射跃迁

处于激发态 E_2上的原子除了能通过自发辐射过程回到低能级 E_1外，若受到一个能量恰为 $h\nu=E_2-E_1$的外来光子激发时，也可以由高能态 E_2跃迁到低能态 E_1，同时辐射一个与外来光子频率、位相、偏振状态及传播方向都相同的光子。如图 8-27（b）所示，这一过程称为原子的**受激辐射跃迁**，而受激辐射出的光就叫作**激光**，外来光子和激光光子一起又可以激励其他高能级原子产生两个新的激光光子，如此继续下去。最后，就实现了在一个入射光子的刺激下，引起大量原子产生受激辐射，从而产生大量特征完全相同的光子，这一过程叫作**光放大**，亦称**增益现象**。所以，激光既是相干的又是放大了的光。理论研究表明，单位时间内产生受激辐射的原子数与高能级 E_2上的原子总数 N_2以及外来光子的能量密度 ρ（ν）有关。

3. 受激吸收跃迁

当频率为 $\nu=(E_2-E_1)/h$ 的外来光子入射时，不但可以使处于激发态 E_2上的原子产生受激辐射，也可以使低能级 E_1上的原子以一定概率吸收入射光子而跃迁到高能级 E_2上，这一过程称为原子的**受激吸收跃迁**，如图 8-27（c）所示。理论研究指出，单位时间内产生受激吸收的原子数与基态能级 E_1上的原子总数 N_1以及外来光子的能量密度 ρ（ν）有关。

三、 激光的获得

图 8-28 为红宝石激光器的简图，我们就以红宝石激光器为例来说明激光的形成。脉冲氙灯又称**激励光源**，它的作用是实现激活物质（红宝石晶体）的粒子数反转状态。红宝石晶体即为**光谐振腔**，它的两端有相互严格平行的反射镜，一端是全反射的，另一端是部分透光，其透光率为 10%左右。红宝石是人工制造的三氧化二铝晶体，其中掺有 0.05%左右的

铬离子（C_r^{3+}），起发光作用的是铬离子。铬离子的能级图可简化为图 8-29。E_1 为基态，E_2 为亚稳态，E_3 为激发态。当红宝石受到强光照射时，能级 E_1 上的大量铬离子吸收光能后

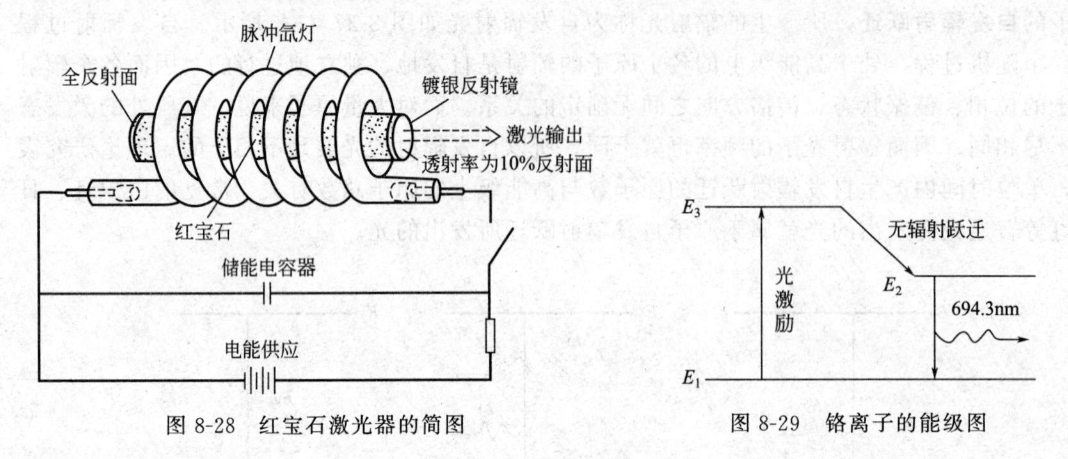

图 8-28　红宝石激光器的简图　　　　图 8-29　铬离子的能级图

被激励到激发态 E_3 上。能级 E_3 寿命很短，很快地通过碰撞以无辐射跃迁的方式转移到亚稳态 E_2 上。由于能级 E_2 寿命很长，其上必然积累了大量离子，一方面由于 E_2 上粒子数 N_2 增加，另一方面由于光激励使能级 E_1 上粒子数 N_1 减少，导致 $N_2>N_1$，于是实现了亚稳态 E_2 对基态 E_1 的粒子数反转分布。从能级 E_2 到能级 E_1 间的自发辐射光波相当于外来光波，它通过红宝石时将被放大。实现粒子数反转后，有些处于亚稳态的铬离子 C_r^{3+} 会自发地发出光子，且所发出的光子可以沿任意方向运动。此时，在铬离子 C_r^{3+} 所发射出的光子中，凡是不沿着谐振腔的轴线方向运动的光子，很快就通过红宝石的透明侧面逸出腔体外，不能成为稳定光束保持下来。只有平行于轴线方向的光线才能来回反射，得到连锁式放大，形成强大的轴向光束并从部分透光的反射镜中透射出来，形成一束激光。它具有相当好的单向性和单色性。

上面介绍的红宝石激光器，其谐振腔称为平行平面腔或法布里-珀罗谐振腔，另外还有同心谐振腔、共焦谐振腔等。无论哪一种谐振腔，它们的作用都是相同的。应指出的是，随着激光理论的发展和激光技术的进步，还出现了一些类型的无谐振腔激光器，如氮分子激光器及自由电子激光器等。

四、 激光的特性与应用

1. 激光的特性。

激光的产生机理与普通光源发光不同，这就使得激光具有一系列普通光源不具备的特性。

（1）良好的单向性。光的单向性可以用光束边缘的光线所围成的立体角（称为发散角）来描述。普通光的发散角接近 4π，而氦-氖激光器发出的激光束的发散角接近 10^{-6} rad。可见，激光具有很好的方向性。

（2）良好的相干性。普通光的相干长度很小，约为 0.1m 的数量级，最好的单色光源氪放电管发出的 605.7nm 橙色光相干长度也只有几百毫米。而氦-氖激光器发出的 632.8nm 激光相干长度可达几千米。

通常所谓的单色光并不只是频率为某一确定值的光，而是由许多频率相近的光组成。不同光源发出的光有不同的频率范围，称为频率宽度。普通氦-氖混合气体放电管发出的 632.8nm 红光

的频率宽度达 1.52×10^{9} Hz，而氦-氖激光器发出的 632.8nm 红光的频率宽度可以窄到 7×10^{3} Hz。可见，激光光源发出的激光，在位相上是彼此一致的，是一种极好的相干光。

(3) 良好的单色性。由于谐振腔的选频作用，激光谱线宽度很窄，单色性极好。例如氦-氖激光器输出的波长为 632.8nm 的红光，其谱线宽度 $\Delta\lambda<10^{-8}$ nm。

(4) 极高的亮度。激光束的发散角极小，可将输出的光集中在很小的空间范围，能量特别集中导致输出的激光束具有很高的亮度，是一种强光束。例如输出功率为 10mW 的氦-氖激光器产生的亮度比太阳高几千倍。

2. 激光的应用。

激光具有亮度高、能量集中、单色性、方向性、相干性均好等特性，在生产实践及科学实验中得到了广泛的应用，下面以具体例子介绍激光的几方面应用。

(1) 全息照相。激光全息照相技术是一种新的照相技术，主要是利用了激光的单色相干特性。普通照相仅能记录光的强度，全息照相却能将物体上各部分所发出的光中包含光的强度和位相这两部分信息都记录下来，所以在被摄物再现时，能得到逼真的立体像。激光的亮度高、相干性好，作为全息照相的光源是很优越的。

全息照相过程如图 8-30 所示。拍摄时，激光器射出的激光束通过分光镜后分成两束：一束叫作物光，通过透镜使光束变宽，然后照射到整个被摄物体上，再由物体反射而照射在感光板上；另一束叫作参考光，经反射镜和透镜后，也照射在感光板上。由于激光是相干光，物光和参考光在感光板上叠加，就产生干涉条纹。从被摄物体上各点反射出来的物光，在强度上和相位上都不一样。记录强度上的不同是通过感光板上干涉条纹的变黑程度记录下来的，记录相位上的不同是通过干涉条纹的分布形状记录下来的。这样，被摄物体反射光中的全息就以干涉条纹的形式记录在感光板上，所以叫作全息照相。

若用激光去照射全息照片，还可以使被摄物体的形象再现出来。再现的像与原来物体的立体形象完全一样。

(2) 激光测距。激光测距仪一般用脉冲法和相位法来测量距离。以激光器作为光源进行测距，根据激光工作的方式分为连续激光器和脉冲激光器。氦氖、氩离子、氪镉等气体激光器工作于连续输出状态，用于相位式激光测距；双异质砷化镓半导体激光器，用于红外测距；红宝石、钕玻璃等固体激光器，用于脉冲式激光测距。激光测距仪利用激光方向性好、

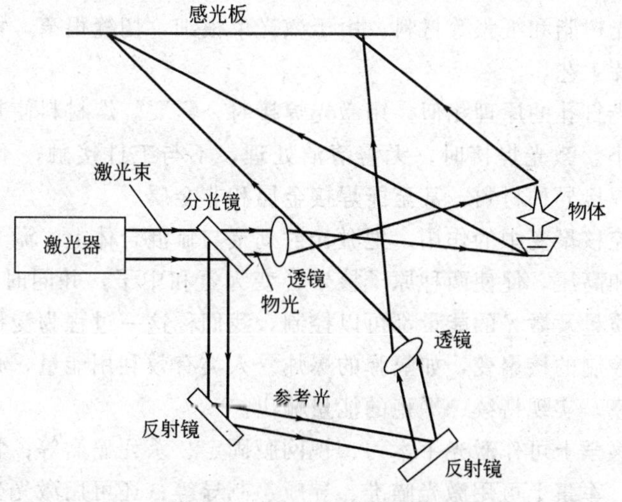

图 8-30 全息照相光路示意图

射程远、亮度高的特性，选择激光器做测距仪的光源。用激光测定地球与月球的距离，精度可达±0.15m左右。其脉冲法测距的基本原理是：从激光器发射出的一束强脉冲激光，在光路上遇到目标物体后发生漫反射，有一部分被反射回来，通过测量激光从发射时刻到反射回发射点所经历的时间 Δt，则可测出发射点到目标物体之间的距离

$$L=\frac{1}{2}c\Delta t$$

式中，c 为光速。必须指出，脉冲本身的时间是已知的、准确的，并且是很短促的。

(3) 激光加工。激光具有高能量、能量集中等特性，激光打孔加工技术广泛应用于硬度大、熔点高材料的工业加工工艺中，使得这些材料越来越容易加工。例如，在高熔点金属钼板上加工微米量级孔径；在硬质碳化钨上加工几十微米的小孔；在红、蓝宝石上加工几百微米的深孔等都是利用激光束在空间和时间上能量高度集中的特点，轻而易举地可将光斑直径缩小到微米级。通常激光打孔机由五大部分组成：固体激光器、电气系统，光学系统、投影系统和三坐标移动工作台。五个组成部分相互配合从而完成打孔任务。

固体激光器主要负责产生激光光源，电气系统主要负责对激光器供给能量的电源和控制激光输出方式（脉冲式或连续式等），光学系统的功能是将激光束精确地聚焦到工件的加工部位上。这样，它至少含有激光聚焦装置和观察瞄准装置两个部分。投影系统用来显示工件背面情况。工作台则由人工控制或采用数控装置控制，在三坐标方向移动，准确地调整工件位置。激光束经镀金反射镜全反射后，通过透镜的聚焦，激光会聚在工件上，使光能在空间上高度集中。当高亮度激光束照射到工件时，焦点附近的区域内产生了上万度的高温，工件表面的材料不仅被熔化，而且急剧汽化。汽化了的材料以极高的速度向上喷射出来，从而产生方向向下的很大的反冲力，在工件内部形成一个方向性很强的冲击波，在冲击波作用下，工件被打出了小孔。

激光打孔机与传统打孔工艺相比，优点是：激光打孔可在硬、脆、软等各类材料上进行，打孔速度快、效率高，而且打出的孔可以很细、很深，无工具损耗。适合于数量多、高密度的群孔加工。

在激光的加工工艺中，除激光打孔外，还有激光切割、激光焊接等技术。激光切割机的工作原理是与打孔机相类似。应用激光可切割极硬的钛板、碳化硅片，以及木材、石英、塑料、陶瓷、人造荧光树脂和纸张等材料。由于激光束很细，切缝很窄，特别适用于晶体管和集成电路基片的划片工艺。

激光焊接和激光打孔的原理相似。用激光焊接时，需要烧熔材料使其黏合，所以焊接所需能量要比打孔时小。激光焊接时，无需清洁处理，不与工件接触，不会污损焊件，焊得深、焊得牢，还能焊接异种材料，甚至能焊接金属和非金属。

(4) 激光在受控核聚变中的作用。把激光射到氘与氚混合体上，激光所带给它们的巨大的能量，产生高温和高压，促使两种原子核聚合变为氦和中子，并同时放出巨大辐射能量。由于氘氚混合物的质量及激光的能量都可以控制，我们称这一过程为受控核聚变。目前人类已经可以实现不受控制的核聚变，如氢弹的爆炸。人类有效利用能量，必须能够合理地控制核聚变的速度和规模，实现持续、平稳的能量输出。

另外，激光在医学上可作激光手术刀、视网膜固定、杀死癌瘤等；农业上可用激光照射种子，培养新品种；军事上可用激光瞄准、导航、制导等；还可用激光分离同位素、引发核聚变等等诸多方面都有着很重要的应用。

练习题

选择题

8-1 要使金属产生光电效应，则应（ ）。

（A）选用波长更短的入射光　（B）尽可能延长光照时间

（C）尽可能增大入射光强　（D）选用频率更小的入射光

8-2 用频率为 ν 的单色光照射某种金属时，逸出光电子的最大动能为 E_k；若改用频率为 2ν 的单色光照射此种金属时，则逸出光电子的最大动能为（ ）。

（A）$2E_k$　（B）$h\nu+E_k$　（C）$2h\nu+E_k$　（D）$h\nu-E_k$

8-3 用单色光照射某一金属产生光电效应，如果入射光的波长从 $\lambda_1=400\text{nm}$ 减到 $\lambda_2=300\text{nm}$，则测得的遏止电压将（ ）。

（A）减小 0.56V　（B）减小 0.34V　（C）增大 0.165V　（D）增大 1.035V

（普朗克常数 $h=6.63\times10^{-34}\text{J}\cdot\text{s}$，基本电荷量 $e=1.60\times10^{-19}\text{C}$）

8-4 某金属产生光电效应的红限波长为 λ_0，今以波长为 λ（$\lambda<\lambda_0$）的单色光照射该金属，金属释放出的电子（质量为 m_e）的动量大小为（ ）。

（A）$\sqrt{\dfrac{2m_e hc(\lambda_0-\lambda)}{\lambda\lambda_0}}$　（B）$\dfrac{h}{\lambda_0}$　（C）$\sqrt{\dfrac{2m_e hc(\lambda_0+\lambda)}{\lambda\lambda_0}}$

（D）$\sqrt{\dfrac{2m_e hc}{\lambda_0}}$　（E）$\dfrac{h}{\lambda}$

8-5 以速度 $\boldsymbol{v}$ 作高速运动，且静止质量不为零的微观粒子，其物质波的波长 λ 与速度大小 v 的关系为（ ）。

（A）$\lambda\propto v$　（B）$\lambda\propto\dfrac{1}{v}$　（C）$\lambda\propto\sqrt{\dfrac{1}{v^2}-\dfrac{1}{c^2}}$　（D）$\lambda\propto\sqrt{c^2-v^2}$

8-6 一个光子和一个电子具有同样的波长，则（ ）。

（A）光子具有较大的动量　（B）电子具有较大的动量　（C）光子没有动量

（D）它们的动量不能确定　（E）它们具有相同的动量

8-7 一维势阱中运动的粒子，在 0～a 范围内的一波函数曲线如图 8-31 所示。则发现粒子概率最大的位置是（ ）。

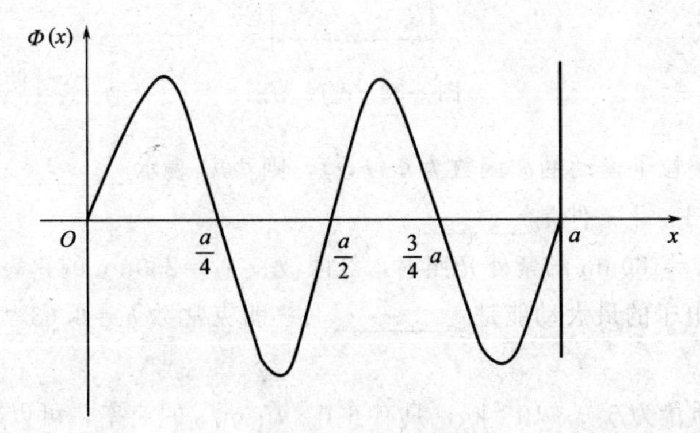

图 8-31　8-7 题图

（A）$\dfrac{a}{8}$，$\dfrac{3}{8}a$，$\dfrac{5}{8}a$，$\dfrac{7}{8}a$　（B）$\dfrac{a}{8}$，$\dfrac{5}{8}a$

(C) $\frac{a}{4}$，$\frac{a}{2}$，$\frac{3}{4}a$ (D) 0，$\frac{a}{4}$，$\frac{a}{2}$，a

填空题

8-8 光子 A 的能量是光子 B 的两倍．那么光子 A 的动量是光子 B 的________倍。

8-9 用频率为 ν_1 的光照射逸出功为 A 的金属，该金属能产生光电效应。则该金属的红限频率 $\nu_0=$________，若 $\nu_1>\nu_0$，则该金属的遏止电势差 $|U_c|=$________。

8-10 式 $E=mc^2$ 可以用来计算光子的动质量，波长为 600nm 的光子其动质量约为________。

8-11 光电效应和康普顿效应都包含有电子和光子的相互作用过程，但二者作用过程是有区别的，光电效应是________的过程，而康普顿效应则相当于________的过程。

8-12 在康普顿效应实验中，若散射光波长是入射光波长的 1.2 倍，则散射光子的能量与反冲电子动能之比 E/E_k 为________。

8-13 在 $B=0.025\text{T}$ 的匀强磁场中沿半径 $R=0.83\text{cm}$ 的圆轨道运动的 α 粒子的德布罗意波长是________。(普朗克常数 $h=6.63\times10^{-34}\text{J}\cdot\text{s}$，基本电荷量 $e=1.60\times10^{-19}\text{C}$)

8-14 一被加速器加速的电子，其速度接近光速，当它的动能等于它静止能量的两倍时，电子的德布罗意波长是________。(普朗克常数 $h=6.63\times10^{-34}\text{J}\cdot\text{s}$，电子的静止质量 $m_e=9.11\times10^{-31}\text{kg}$)

8-15 静质量为 m_e 的电子，经电势差为 U_{12} 的静电场加速后，若不考虑相对论效应。电子的德布罗意波长________。

8-16 如图 8-32 所示为一有限深势阱，宽为 a，高为 U。写出 $-\frac{a}{2}\leqslant x\leqslant\frac{a}{2}$ 区域的定态薛定谔方程________，写出 $x<-\frac{a}{2}$ 和 $x>\frac{a}{2}$ 区域的定态薛定谔方程________及边界条件________。

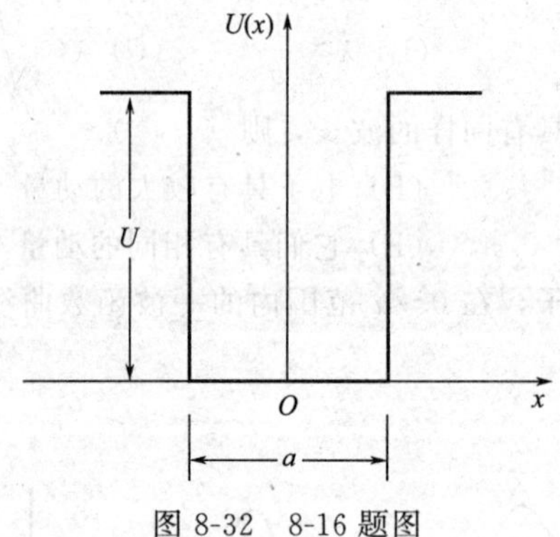

图 8-32 8-16 题图

8-17 设描述微观粒子运动的波函数为 $\Phi(\boldsymbol{r},t)$，则 $\Phi\Phi^*$ 表示________；$\Phi(\boldsymbol{r},t)$ 须满足的条件是________；其归一化条件是________。

8-18 今用波长 $\lambda=180\text{nm}$ 的紫外光照射，红限波长 $\lambda_0=230\text{nm}$ 的钨表面时，发现钨表面有逸出的电子。则逸出电子的最大动能是________。(普朗克常数 $h=6.63\times10^{-34}\text{J}\cdot\text{s}$，基本电荷量 $e=1.60\times10^{-19}\text{C}$)

8-19 一颗子弹质量为 $5.0\times10^{-2}\text{kg}$，具有 $6.0\times10^{2}\text{m/s}$ 的速率，可以准确到 0.01%，若同时确定这颗子弹的位置，则其位置的不确定量至少为________。

8-20 质量为 1.0g 的物体，当测量其重心位置时，不确定量不超过 $1.0\times10^{-6}\text{m}$，其速度的不确定量为________。

8-21 已知粒子在一维矩形无限深势阱中运动，其波函数为：$\Phi(x)=\frac{1}{\sqrt{a}}\cos\frac{3\pi x}{2a}$ $(-a\leqslant x\leqslant a)$，那么粒子在 $x=\frac{5a}{6}$ 处出现的概率密度为________。

8-22 质量为 m，能量为 E 的粒子处于势能为 U 的势场中，描述该粒子运动状态的波函数 $\Phi(x)$ 所满足的方程为________，此方程称为________方程。

8-23 一维矩形无限深势阱中，粒子的定态波函数为 $\Phi_n(x)=\sqrt{\frac{2}{a}}\sin\frac{\pi nx}{a}$ $(0<x<a)$，则粒子处于 $n=1$ 的状态时，在 $x=0$ 到 $x=\frac{a}{4}$ 之间找到粒子的概率________。（积分公式：$\int\sin^2 x\,dx=\frac{1}{2}x-\frac{1}{4}\sin(2x)+C$）

8-24 一粒子沿 x 方向运动，其波函数为 $\Phi(x)=C\frac{1}{1+ix}$ $(-\infty<x<\infty)$，其归一化常数 C =________。

8-25 已知粒子在一维矩形无限深势阱中运动，其波函数为 $\Phi(x)=\frac{1}{\sqrt{a}}\cdot\cos\frac{3\pi x}{2a}$ $(-a\leqslant x\leqslant a)$，则粒子在 $x=\frac{a}{3}$ 处出现的概率密度________。

8-26 假设粒子的波函数为：$\Phi(x)=\begin{cases}0, & x<0 \text{ 或 } x>0\\ Cx(a-x), & 0\leqslant x\leqslant a\end{cases}$，$a$ 为常数，则其归一化系数 $C=$________。

计算题

8-27 某一恒星的表面温度为 6000K，若视作绝对黑体，求其单色辐出度为最大值时的波长？（维恩常数 $b=2.897756\times10^{-3}\,\mathrm{m\cdot k}$）

8-28 铝的逸出功 $A=4.2\mathrm{eV}$，今有波长 $\lambda=200\mathrm{nm}$ 的光照射在铝表面上。求

(1) 能否产生光电效应；

(2) 铝表面逸出的光电子的最大初动能；

(3) 遏止电压。

8-29 在做光电效应实验时，用波长为 300nm 的光照某金属表面，光电子的能量范围从 0 到 $4.0\times10^{-19}\mathrm{J}$。求

(1) 遏止电压 $|U_c|$；

(2) 此金属的红限频率 ν_0。

（普朗克常数 $h=6.63\times10^{-34}\,\mathrm{J\cdot s}$，基本电荷量 $e=1.60\times10^{-19}\mathrm{C}$）

8-30 在康普顿散射中，入射光子的波长为 $\lambda=0.003\mathrm{nm}$，反冲电子的速度是光速的 60%，试求散射光子的波长及散射角。（电子的静止质量 $m_e=9.11\times10^{-31}\mathrm{kg}$，真空中光速 $c=3.0\times10^8\,\mathrm{m/s}$，普朗克常数 $h=6.626\times10^{-34}\,\mathrm{J\cdot s}$，电子的康普顿波长 $\lambda_c=2.43\times10^{-12}\mathrm{m}$）

8-31 一维无限深势阱中，粒子的定态波函数为 $\Phi_n(x)=\sqrt{\frac{2}{a}}\sin\frac{\pi nx}{a}$ $(0\leqslant x\leqslant a)$，求粒子处于 $n=1$ 能态时，发现粒子几率密度最大的位置。

8-32 粒子在宽为 a 的一维无限深势阱中运动，其波函数为 $\Phi(x)=\sqrt{\frac{2}{a}}\sin\frac{3\pi x}{a}$ $(0<x<a)$，试求概率密度的表达式和粒子出现的概率最大的各个位置。

8-33 在电视显像管中电子的加速电压为9kV，电子枪枪口直径取0.1mm，求电子射出电子枪时产生的横向速度及其不确定量。

思考题

8-34 哪些事实说明微观粒子运动的状态只能用波函数描述？

8-35 薛定谔方程适用于哪些领域？

8-36 为解释什么规律，提出普朗克量子假说？普朗克常数的单位是什么？

8-37 康普顿效应的主要特点有哪些？

第九章 大学物理演示实验

第一节　力学演示实验

实验一　离心力演示仪

【实验目的】 通过本演示实验使学生对惯性离心力有直观的理解。

【实验装置】 HLD-LXL-Ⅱ型离心力演示仪如图 9-1 所示。

【实验原理】 惯性力是物体在非惯性参考系中所受到的力，它没有施力者，也没有反作用力，是一种虚拟力，但却可以感受得到，在非惯性参考系中也可以用弹簧秤等测力工具测量出来，因此从此角度上讲，惯性力也是一种物体“实在”的力。

图 9-1　离心力演示仪

物体在相对于地面做圆周运动时会受到一个惯性离心力，服从规律 $F=m\omega^2R$，方向背离圆心，对同一物体，转动角速度越大它受到的惯性离心力也越大。离心力演示仪的主要结构是固定在电机转轴上的两只相互垂直的弹性圆环，圆环可随电机的转动而转动，随着转动角速度的增大，圆环受到的惯性离心力增大，由竖椭圆在离心力的作用下变成扁椭圆，直观展示离心力的作用效果。

【实验操作】 （1）接通电源。

（2）按下启动开关，电机开始旋转，圆环也随之转动，注意观察圆环形状。随着转速的加快，作用于圆环上的惯性离心力将圆环向外拉，使圆环逐渐变扁。

（3）关闭电源，圆环将恢复原状。

【注意事项】 实验时不要打开玻璃上盖，以免高速转动的圆环飞出伤人。

【思考题】 举例说明现实生活中有关离心力的实例。

实验二　锥体上滚

【实验目的】 通过实验演示，使学生观察与思考锥体沿斜面轨道上滚现象的本质，加深了解在重力场中，物体总是降低重心，力求稳定的规律。

【实验装置】 HLD-ZSG-I 型双锥体上滚演示仪如图 9-2 所示。

【实验原理】 本实验运用的原理是重心的运动。从正面看好像是锥体沿着轨道在向上滚动，但实际上在上滚的过程中，锥体的重心实际是降低的，从侧面用手或者用尺测量一下就

图 9-2 HLD-ZSG-I 型锥体上滚演示仪

知道了。造成错觉的原因是因为两条轨道虽然是逐渐升高的，但是轨道间距离在逐渐加宽，锥体重心在逐渐下移，重力势能在逐渐减小，物体状态趋于稳定。可以证明，当满足关系

$$\tan\frac{\alpha}{2}\tan\frac{\beta}{2}>\tan\gamma$$

时，锥体在轨道高端时的重心位置比在轨道低端时的重心位置更低。式中，α 为两轨道间的夹角；β 为轨道间的倾角；γ 为双锥体的锥顶角。

【实验操作】 将锥体放在轨道最低处，观察锥体运动，重复实验几次。

【注意事项】 锥体放置到轨道上时，要对称平衡放置。

【思考题】 (1) 若将锥体改为柱体做此实验，还能上滚吗?

(2) 自然界的怪坡现象与锥体上滚是否有内在的本质联系?

实验三 气体压强模拟演示

【实验目的】 通过演示仪中小钢球的运动来模拟气体分子的运动，形象、直观地演示气体分子对器壁的作用，加强学生对气体分子微观运动的认识及对压强统计意义的理解。

【实验装置】 HLD-QYM-I 型气体压强模拟演示仪如图 9-3 所示。

【实验原理】 按照分子动理论，大量气体分子不断撞击器壁，使器壁受到持续的冲量，形成一个持久的压力效应，器壁在单位时间、单位面积上所受到的冲量就是气体的压强，即，$P=\frac{I}{\Delta S\cdot\Delta t}$。气体压强是大量气体分子对器壁碰撞的统计结果，反映的是微观量的统计平均值，统计平均的内在特征就是具有起伏性，起伏的大小与微观个体数量有关。当气体分子数密度 n 较小时，压强起伏较大；而当气体分子数密度 n 较大时，压强起伏较小。本实验就是利用小钢球模拟气体分子对挡板撞击，利用挡板的偏转幅度模拟压强来演示气体压强的这种统计规律。

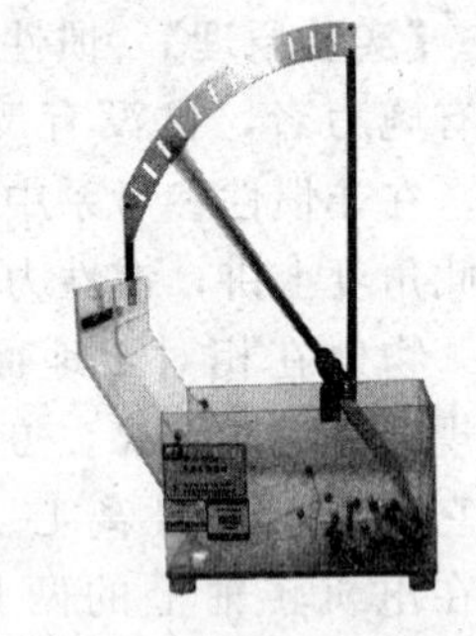
图 9-3 HLD-QYM-I 型气体压强模拟演示仪

【实验操作】 (1) 将几十个钢球投放到弧形轨道上方，使其沿弧形轨道滚下与挡板撞击，观察与挡板相连的指针的偏转情况，反复几次，可观察到指针每次的偏转情况，起伏较明显，压强值不是很稳定。

(2) 将大量钢球投放到弧形轨道上方，使其沿弧形轨道滚下与挡板撞击，观察与挡板相连的指针的偏转情况，反复几次，可观察到指针每次的偏转情况，起伏较小，压强值已趋于稳定。

【注意事项】 注意保持每次实验时钢球的释放高度及速度的一致性。

【思考题】 气体分子与钢球有何异同?

实验四 帘式肥皂膜演示装置

【实验目的】 直观地演示薄膜的等厚干涉现象。

【实验装置】 HLD-LSM-I 型帘式肥皂膜演示装置如图 9-4 所示。

【实验原理】 肥皂膜在表面张力和重力作用下，沿着装置框链形成上薄下厚的类似劈尖状薄膜。根据薄膜干涉理论，当光线以入射角 i 照射到皂膜时，经皂膜前后两个面反射回来

图 9-4 HLD-LSM-Ⅰ型帘式肥皂膜演示装置

的光线之间的光程差为

$$\delta=2d\sqrt{n^2-\sin^2 i}+\frac{\lambda}{2}$$

式中，d 为皂膜厚度；n 为皂膜折射率。当光线垂直照射时，光程差为

$$\delta=2nd+\frac{\lambda}{2}$$

出现明纹或暗纹的条件是

$$\delta=\begin{cases}k\lambda, & \text{明纹}\\ \left(k+\frac{1}{2}\right)\lambda, & \text{暗纹}\end{cases}$$

当以日光灯或射灯照射时，会看到取向接近水平方向的彩色条纹。

【实验操作】 （1）将洗洁精和清水按 1∶5 的比例调配并搅拌均匀，同时加少许甘油。

（2）将框链浸入皂液中，慢慢上拉链绳，框链间就会形成一薄层肥皂膜。

（3）经少许时间，随着膜内水分的流失，皂膜进一步变薄，并且自上而下形成膜的厚度梯度，在射灯或日光灯照射下，可以看到从肥皂膜反射回来的彩色干涉条纹。

【注意事项】 上拉框链时要缓慢，否则不易形成薄膜，另外甘油要适量，不宜过多。

【思考题】 为什么彩色条纹自上而下逐渐变密？

实验五 角动量守恒演示-茹科夫斯基转椅

【实验目的】 加深理解角动量守恒定律，加深理解系统角动量与转动惯量和角速度的关系。

【实验装置】 茹科夫斯基转椅如图 9-5 所示。

图 9-5 茹科夫斯基转椅

【实验原理】 根据角动量的定义，可以证明，当系统绕定轴转动时，系统对转轴的角动量为

$$\boldsymbol{L}_z=\left(\sum_i m_i r_i^2\right)\boldsymbol{\omega}=J\boldsymbol{\omega}$$

式中

$$J=\sum_i m_i r_i^2$$

称为系统对转轴的转动惯量。系统对转轴的角动量变化满足轴向的角动量定理，即

$$\boldsymbol{M}_z=\frac{\mathrm{d}\boldsymbol{L}_z}{\mathrm{d}t}$$

式中，$\boldsymbol{M}_z$为系统所受到的对转轴的外力矩，若$\boldsymbol{M}_z=0$，则$\boldsymbol{L}_z=J\boldsymbol{\omega}=$常量，此时，系统对转轴的角动量守恒，即$J$和$\boldsymbol{\omega}$乘积不变。

当通过内力作用使系统的质量分布发生变化时，系统对转轴的转动惯量也发生了变化，相应地系统转动的角速度也随之变化，J增大，则$\boldsymbol{\omega}$减小；J减小，则$\boldsymbol{\omega}$增大。

本实验让表演者坐在茹科夫斯基转椅上且手持哑铃，当转椅以一定的角速度转动后，表演者通过伸展和收拢手臂改变系统的转动惯量，从而使系统的角速度发生变化。

【实验操作】 （1）表演者在茹科夫斯基转椅上坐稳，两脚收拢，手持一对哑铃靠紧胸口，同伴转动转椅使其旋转起来，转椅达到一定角速度时，不再施加外力矩，转椅自由平稳转动。

（2）表演者把双臂向两边伸展，停留几秒，再收回双臂放在胸前，同样也停留几秒。

（3）重复操作步骤（2），反复几次，观察系统角速度的变化。

【注意事项】 转椅转动前表演者一定要在椅子上坐稳坐好，起转速度不能太快，转动速度也不易太大，以防表演者从椅子上摔下来。

【思考题】 本实验过程中的系统的动能是否守恒？

实验六　回转仪

【实验目的】 理解角动量守恒定律，理解回转仪定向作用的基本原理。

【实验装置】 HLD-HZY-Ⅱ型回转定向仪如图9-6所示。

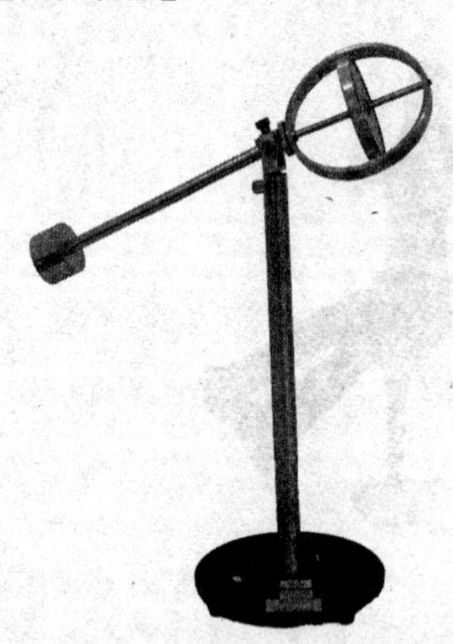

图9-6　HLD-HZY-Ⅱ型回转定向仪

【实验原理】 所谓回转仪，就是绕几何对称轴高速旋转的边缘厚重的物体，它表现出一些奇妙而有趣的特征。常平架回转仪有保持自转轴方向恒定的特性，被用于飞机航空地平仪、船舶的稳定器和回转罗盘等，在实际中得到了广泛的应用。

【实验操作】 （1）先让回转仪低速旋转，随意改变内环和外环转轴的方位，注意观察回转仪的转轴方向也跟着改变。

（2）由于回转仪的转子是用线绳驱动的，所以将线绳穿过回转仪轴上的孔中，在绳的一端系一硬结后拉紧此线，并将此线绕在回转仪的转轴上。用力拉动绳子，使转轴OO'高速旋转，然后利用把手改变活动机座与水平面的角度。可以看出，不管角度改变多大，常平架回转仪的转轴OO'在空间的方向始终不变。

（3）若开始时回转仪转轴OO'与垂线方向有一夹角，则可观察到进动现象。

（4）若回转仪转动方向改变，可以看到进动角速度的方向也随之改变。

【注意事项】 回转仪较重，操作时要让学生在安全距离之外，以免伤到观看演示的同学。

【思考题】 回转仪在哪一个航空器上有应用？

第二节 热学演示实验

实验一 蒸汽机模型

【实验目的】 了解蒸汽机的工作原理。

【实验装置】 HLD-ZQS-Ⅰ型蒸汽机模型如图 9-7 所示。

【实验原理】 从进气口压入压缩空气，推动活塞运动，可使蒸汽机对外做功。当曲柄推动车轮转动时，车轮带动连杆使滑动阀来回移动，从而不断改变汽缸进汽和排汽的通道，最终在蒸汽的压力下使活塞不断来回运动。

图 9-7 HLD-ZQS-Ⅰ型蒸汽机模型

【实验操作】 （1）观察活塞、连杆、曲轴和飞轮的连接的情况。

（2）摇动手柄观察活塞的直线往复运动转化成飞轮的旋转运动。

【注意事项】 蒸汽机模型是调整好了的，各部分动作是协调的，使用时无需进行调整，模型要注意保持清洁，各部分要加润滑油。

【思考题】 进气和排气的通道是如何转换的？

实验二 速率分布

【实验目的】 加深对速率分布与温度的关系的理解。

【实验装置】 HLD-SLF-Ⅲ道尔顿板，如图 9-8 所示。

图 9-8 HLD-SLF-Ⅲ道尔顿板

【实验原理】 热学中气体分子的速率分布，即麦克斯韦速率分布函数为 $f(v)=4\pi\left(\frac{m}{2\pi kT}\right)^{3/2}e^{-\frac{m}{2kT}v^2}v^2$

该仪器采用翻转式速率分布演示板（道尔顿板）来模拟演示，可以形象地演示出速率分布与温度的关系，并说明速率分布概率归一化。

【实验操作】 （1）将仪器竖直放置在桌面或地面上，推动调温杆使活动漏斗的漏口对正较低温 T_1 的位置。

（2）仪器底座不动，按转向箭头的方向转动整个边框一周，当听到“喀”的一声是恰好为竖直位置。

（3）钢珠集中在储存室里，由下方小口漏下，经缓流板慢慢地流到活动漏斗中，再由漏斗口漏下，形成不对称分布地落在下滑曲面上，从喷口水平喷出、位于高处的钢珠滑下后水平速率大，低处的滑下后水平速率小，而速率大的落在远处的隔槽，当钢珠全部落下后，便形成对应 T_1 温度的速率分布曲线，即 $f(v)$-v 曲线。

（4）拉动调温杆，是活动漏斗的漏口对正 T_2（高温）位置。

（5）再次按箭头方向翻转演示板 360°，钢珠重新落下，当全部落完时，形成对应 T_2 分布。

（6）将两次分布曲线在仪器上绘出标记，比较 T_1 和 T_2 的分布，可以看温度高使曲线平坦，最可几速率变大。

(7) 利用 T_1 和 T_2 两条分布曲线所围面积相等可以说明速率分布概率归一化。

【注意事项】 实验操作过程中注意保持装置水平。

【思考题】 最可几速率与温度的关系是怎样的？

第三节 光学演示实验

实验一 三原色

【实验目的】 了解三原色混色原理和方法。

图 9-9 HLD-SYS-II 三原色演示仪

【实验装置】 HLD-SYS-Ⅱ三原色演示仪如图 9-9 所示。

【实验原理】 三原色原理主要应用在色度学，色彩是由三原色的适当组合形成，三原色是指红、绿、蓝三色。本实验中红、绿、蓝三种不同颜色的单色按不同的比例混合后可以组合成自然界绝大部分色彩。

【实验操作】 (1) 打开实验开关。

(2) 观察三原色演示仪的发光的情况，直视发光腔可以辨认三原发光管的发光色彩。分辨出一种颜色的发光的情况，二种颜色混合的色彩和过渡色彩，及三种颜色混合的色彩。

【注意事项】 实验时轻按开关。

【思考题】 电视是如何利用三原色原理呈现丰富多彩的电视节目的？

实验二 导光水柱

【实验目的】 了解导光水柱以及光纤原理。

【实验装置】 HLD-DGS-Ⅰ型导光水柱如图 9-10 所示。

【实验原理】 光纤是指由透明材料制成的纤芯和在它周围采用比纤芯的折射率稍低的材料制成的包层，并将射入纤芯的光信号，经包层界面全反射，使光信号在纤芯中传播。导光水柱实际上是以水作为纤芯，空气作为包层的光纤。

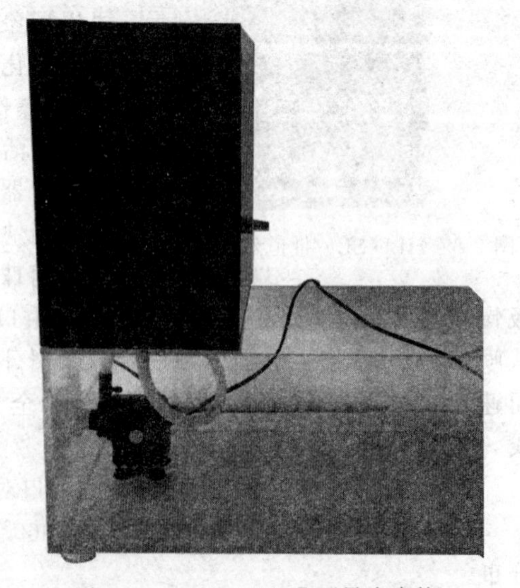

图 9-10 HLD-DGS-Ⅰ型导光水柱

【实验操作】 (1) 水槽中注入水。

(2) 打开激光器，光线水平射出。

(3) 打开水泵，水流出，激光沿水流方向发生弯曲。

【注意事项】 水槽加入足够的水以满足水泵的工作条件，先注入水，再打开激光器。

【思考题】 阐述全反射的工作原理。

实验三 光栅光谱

【实验目的】 了解光栅光谱仪的工作原理。

【实验装置】 HLD-GSP-Ⅰ光栅光谱仪如

图 9-11 所示。

图 9-11 HLD-GSP-I 光栅光谱仪

【实验原理】 衍射光栅是在一块平整的玻璃或金属材料表面刻画出一系列平行、等距的刻线，然后在整个表面镀上高反射的金属膜或介质膜而构成的。相邻刻线的间距 d 称为光栅常数，通常刻线密度为每毫米数百至数十万条。入射光经光栅衍射后，相临刻线产生光程差。根据光栅方程 $d\sin\theta_k=\pm k\lambda$，在 d 确定的前提下，衍射角随波长增加而增加，当用白光照射时，在屏上将出现除中央零级条纹是白色条纹外，其他各级条纹都是由紫至红、向两侧排列，出现了衍射光谱。

【实验操作】 (1) 分别打开灯管，通过衍射光栅观察衍射条纹。

(2) 以不同组合打开灯管，通过衍射光栅观察衍射条纹。

【注意事项】 注意用电安全。

【思考题】 衍射光栅是如何在微加工领域应用的?

实验四 音频、视频光纤通信演示仪

【实验目的】 演示应用光纤传输音频和视频信号的原理和方法。

【实验装置】 HLD-YSP-Ⅱ型音频、视频光纤通信演示仪如图 9-12 所示。

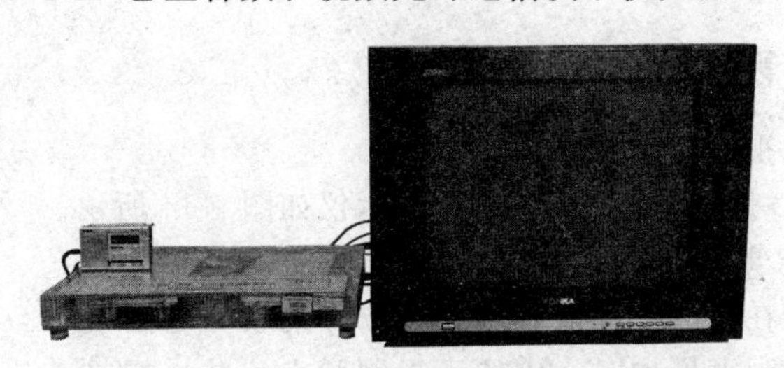

图 9-12 HLD-YSP-Ⅱ型音频、视频光纤通信演示仪

【实验原理】 光纤通信原理的应用，演示音频、视频在光纤中传播，通过把音频和视频信号转化成调制后的光信号，通过导光纤维中的全反射原理，把光信号传输到远处，再用解调器把原来的音频信号和视频信号还原出来。通过这个演示可把音频、视频、光频间的调制、载波等现代技术展现出来。

【实验操作】 (1) 将视频、音频信号源和光纤通信演示仪信号线及光纤接好。

(2) 打开电源及显示器，调整音频、视频信号源。

(3) 仔细观察演示现象。

【注意事项】 光导纤维是一种很精细的导光材料，比较容易损坏，在正常使用时不要把演示仪的外壳打开，更不能弯折、敲打光纤元件，以免对其造成损坏。

【思考题】 光纤通信有哪些优缺点?

实验五 神奇的普氏摆

【实验目的】 利用光衰减镜体验普氏摆的光学现象。

【实验装置】 HLD-BPS-Ⅰ型神奇普氏摆如图 9-13 所示。

【实验原理】 人在看周围的景物时，是双眼独立地看景物。由于人的双眼有间距，会使景物在两眼底成的像有差异，即视差，而经过大脑对图像的合成，形成有空间感的视觉

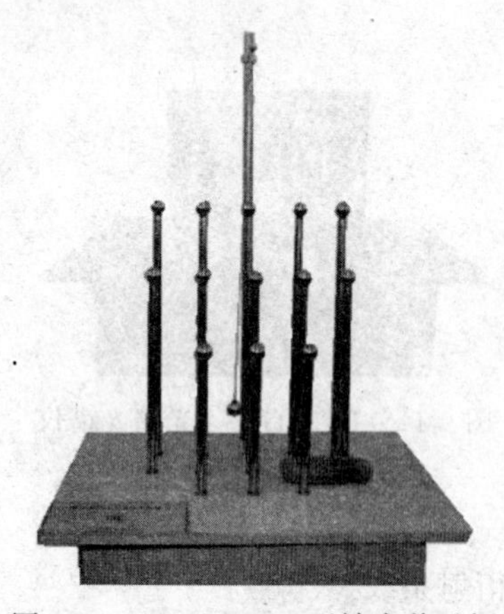

图 9-13 HLD-BPS-I 型神奇普氏摆

效果。

在这个实验中，摆球在一平面作往复的单摆运动。当观察者通过光衰减镜观看摆球时，由于深色镜片会延迟知觉（约 0.01s），单摆自左向右摆动时看起来是向前（靠近）摆动，自右向左摆动时似乎向后（远离）摆动，同时近处物体移动的速度看起来比远处物体移动速度要快，视觉的延迟导致左右眼视点不能重合，因此较近的物体看起来好像跳出平面而成为立体图像。（注：此光衰减镜为右侧装深色镜片，左侧装浅色镜片）

【实验操作】 (1) 拉开摆球，使其在两排金属杆之间的一个平面内摆动。

(2) 站在普氏摆正前方位 1m 远外观察球摆动的轨迹。

(3) 戴上光衰减镜再观察摆球的轨迹。

(4) 将光衰减镜反转 180°，再次观察。

【注意事项】 (1) 摆球的摆动平面在两排金属杆的中间与杆平行，避免与金属杆相碰。

(2) 观察时双眼睁开平视。

【思考题】 如果观察者斜视观察会有怎样的现象出现？

实验六 梦幻时钟

【实验目的】 演示视觉暂留现象。

【实验装置】 HLD-MHS-Ⅰ型梦幻时钟演示仪如图 9-14 所示。

【实验原理】 视觉暂留现象又称“余晖效应”，1824 年由英国人皮特·马克·罗葛特在他的研究报告《移动物体的视觉暂留现象》中最先提出。人眼观察景物时，成像于视网膜上，并由视神经传入人脑，感觉到物体的像。由于视觉的建立和消失都需要一定的过程，所以景物迅速移走后，景物影像不会立即消失，而要延续 0.1～0.4s 的时间，人眼的这种性质被称为视觉暂留现象。

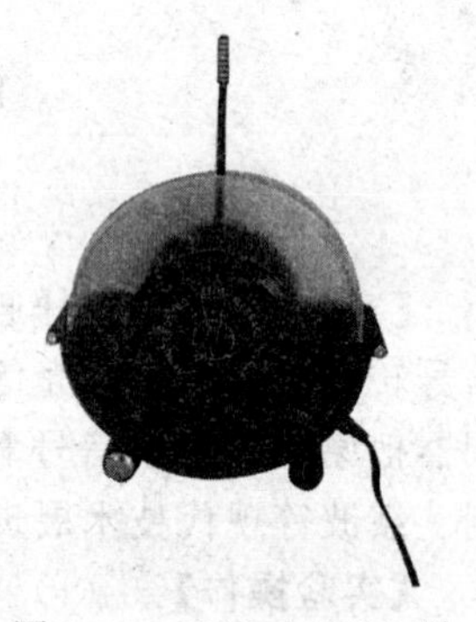

图 9-14 HLD-MHS-I 型梦幻时钟演示仪

本实验是基于人的视觉暂留现象的，通过分时刷新 8 个发光二极管来显示输出文字或图案等信息。输出信号的频率由内部控制元件实现。摆针进行摇动时，当摇动的频率增高，由于人的视觉暂留原理，会在发光二极管摇动区域产生一个视觉平面，在视觉平面内的二极管通过不同频率的刷新，会在摇动区域内产生图像，从而达到在该视觉平面上传达信息的作用。

【实验操作】 (1) 打开电源，指针开始摆动，二极管发光。

(2) 摆动频率逐渐增加，可以看到清楚的时间信息。

【注意事项】 若存在坏的管子，则看不到预期的时间信息。

【思考题】 (1) 开始摆动的时候，为什么频率较低时看不到清楚的时间信息。

(2) 生活中利用视觉暂留效应的例子还有哪些？

实验七 互补色图像

【实验目的】 了解双眼视觉差效应，演示互补色成像的原理。

【实验装置】 HLD-HBT-Ⅱ型互补色图像演示仪如图 9-15 所示。

【实验原理】 互补色眼镜，又称色差式3D眼镜，是一种新型的产品，用于辅助3D影像欣赏。本实验通过互补色眼镜可以欣赏到立体的互补色图像。

图 9-15 HLD-HBTⅡ型互补色图像演示仪

人眼之所以能看到立体的景物，主要原因是双眼相距一定距离，左右眼看到的两幅图像基本相同但又稍有差异，经大脑综合后就形成一幅立体图像。互补色图像采用色分法会将两个不同视角上拍摄的影像分别以红绿两种不同的颜色印制在同一幅画中。在这样的情况下，我们直接利用肉眼去观看图像就会出现模糊的重影图像。戴上互补色眼镜后，左眼所戴的红色眼镜只能通过红光，看到红色图像；右眼所带的绿色眼镜只能通过绿光，看到绿色图像。这就迫使左右眼只能观看各自的图像，综合在一起就变成一幅生动立体的图像。

【实验操作】 (1) 用肉眼观察互补色图板能看到一幅模糊重影的图画。景物不清晰，也没有任何立体效果。

(2) 戴上红绿眼镜，即可看到清晰、美丽的立体景物影像。

【注意事项】 (1) 红绿眼镜框边为纸质，用的时候要特别小心，注意不要损坏变形或镜片掉落。

(2) 注意不要用手触摸镜片表面，否则会影响到观察效果。

【思考题】 (1) 根据互补色原理，我们能否用一些软件制作合成一些简单的互补色图板呢？

(2) 立体眼镜红绿的可以，红蓝的也可以吗？

实验八 偏振光现象组合演示仪

【实验目的】 演示偏振光的特性及干涉现象。

【实验装置】 HLD-PL-Ⅲ型偏振光现象组合演示仪如图 9-16 所示。

图 9-16 HLD-PL-Ⅲ型偏振光现象组合演示仪

【实验原理】 光是一种电磁波，使人产生感光作用的是电场强度 $\boldsymbol{E}$，故电场强度 $\boldsymbol{E}$ 称为光矢量。在垂直于光波传播方向的平面内，光矢量可能有不同的振动方向，通常把光矢量保持一定振动方向上的状态称为偏振态。偏振器件中用来产生偏振光的称为起偏器，用来检验线偏振光的称为检偏器。当部分偏振光通过起偏器后变成线偏振光，线偏振光通过小孔光阑后发生衍射现象，使衍射光变成相干光，发生偏振光干涉。当线偏振光通过偏振片后，其出射光强与入射光强的大小满足 $I=I_0\cos^2\theta$，即马吕斯定律。

【实验操作】 (1) 检验入射光是否为线偏振光，将激光器、起偏器 P_1、检偏器 P_2 及白屏在光具座上沿一条直线依次安装好，先让光通过起偏器，然后用检偏器检验透射光是否为偏振光。具体操作为，转动起偏器则透射光强度随之变化，在白屏上出现明暗交替的光，当使两偏振片 P_1 和 P_2 正交时，白屏上为消光。

(2) 使两偏振片 P_1 和 P_2 正交，改变它们的偏振化方向之间的夹角，观察转动角度和光强之间的关系，加深对马吕斯定律的理解。

(3) 使线偏振光通过小孔光阑，观测衍射图样的变化。

【注意事项】 所有的镜片、光学表面等应保持清洁、干燥，严禁用手或他物触碰，以免污损。

【思考题】 光的偏振性使人们对光的传播（反射、折射、吸收和散射）的规律有了新的认识，偏振光在国防、科研和生产中有着广泛的应用，试讨论偏振光的一种应用。

实验九 3D 影像系统

【实验目的】 通过用 3D 影像系统，观看立体感、真实感强的立体影像，了解 DVD、主机盒、3D 眼镜在此过程中所起的作用。

【实验装置】 HLD-3D-Ⅱ型 3D 影像系统如图 9-17 所示。

图 9-17 HLD-3D-Ⅱ型 3D 影像系统

【实验原理】 两个不同角度拍摄的像（左像和右像）同时或在视觉暂留时间内作用于视觉，就可以产生立体像。本实验分别编入左眼图像信号和右眼图像信号，形成一种时分式立体电视图像信号，以一定速度轮换地传送左右眼图像，显像端在荧光屏上轮流显示左右两眼的图像。观看者需戴上一副液晶眼镜。眼镜用一个发送端同步的开关控制，在左眼图像出现时，左眼的液晶透光，右眼的液晶不透光。相反，在右眼图像出现时，只有右眼液晶透光。如此周而复始，以快于人类视觉暂留的速度进行交替显示，从而产生立体错觉了。

【实验操作】 (1) 开启 3D 影像系统，显示器播放 3D 影片。

(2) 观察者戴上一副液晶眼镜，观看显示器中播放的视频图像，会产生立体效果。

【注意事项】 戴上液晶眼镜后，须按压液晶眼镜右上角的白色小按钮后才能起作用，应立即按下以保证观察到的立体效果。

【思考题】 戴液晶眼镜观看的立体电视与戴偏振片眼镜观看的立体电影有何异同?

实验十 幻影合成

【实验目的】 了解几何光学原理。

【实验装置】 HLD-HYH-Ⅰ型幻影合成演示仪如图 9-18 所示。

【实验原理】 利用凹面镜成像原理，当把影像放到凹面镜二倍焦距处，在空中呈现出等大、逼真的立体像，所成影像具备较高的清晰度、立体感和真实感，使其“看得见、摸不着”。

【实验操作】 (1) 打开电源。

（2）在视野内即可看到空中悬浮旋转的杯子。

【思考题】 幻影合成技术的实际应用有哪些？

实验十一 激光扫描成像

【实验目的】 通过演示激光扫描成像的现象，了解激光成像的原理。

【实验装置】 HLD-JSC-Ⅱ型激光扫描成像演示实验仪如图 9-19 所示。

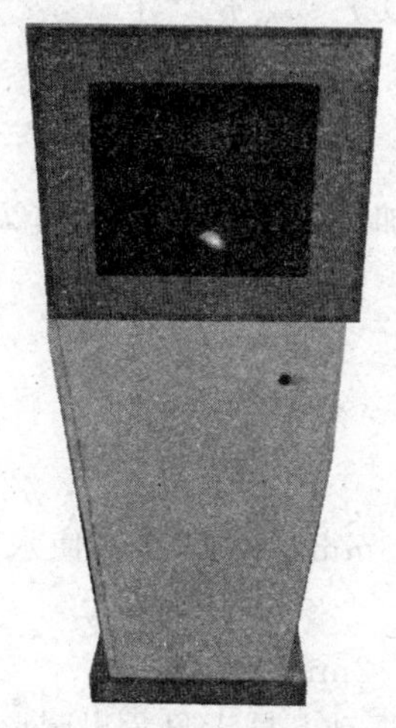

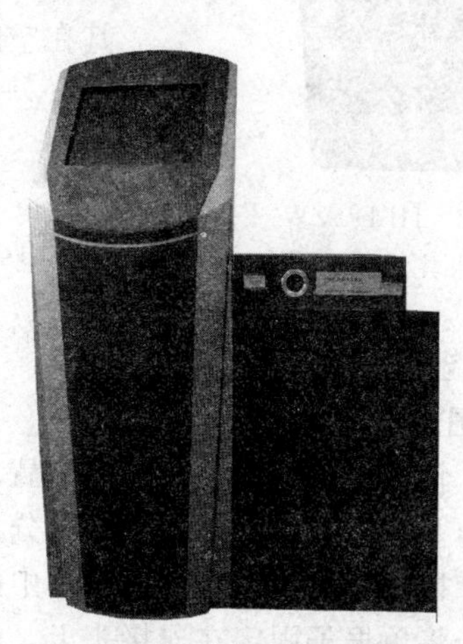

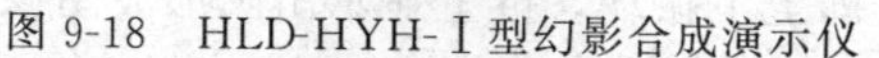

图 9-18 HLD-HYH-Ⅰ型幻影合成演示仪

图 9-19 HLD-JSC-Ⅱ型激光扫描成像演示实验仪

【实验原理】 激光器发出的激光束通过分色反射镜使光束偏转 90°，经过物镜会聚在物镜的焦点上，样品中的荧光物质在激光下发射沿各个方向的荧光，一部分荧光经过物镜、长通色反射镜、聚焦透镜，汇聚在聚焦物镜的焦点处，再通过焦点的针孔，由接收器接收。

【实验操作】 （1）打开电源，使 Securidy Key Swith 按钮处于打开状态。

（2）在触摸屏电脑上打开 ishowch 软件，在菜单栏中选中片段编辑选项，再在打开的界面中选片段列表中的选项，即可看到成像，也可自己设计图形。

【注意事项】 触摸屏电脑在点击时要轻点并停留几秒钟，不要过分用力快速点击。

【思考题】 试讨论激光扫描成像技术的一种实际应用。

第四节 振动和波动演示实验

实验一 水波演示

【实验目的】 利用水波的投影显示波的形成、传播、干涉及衍射现象。

【实验装置】 HLD-SZW-Ⅱ型水驻波演示仪如图 9-20 所示。

【实验原理】 插入水中的振子振动时带动它周围的水振动，这种振动形式在水中传播的现象，形成水波。当振子为单振子时，产生圆形波，当振子为平面阵子时，即产生平面水波。

波在传播过程中，遇到与波长差不多的障碍物或缝隙时，波会绕过障碍物继续向前传播的现象为波的衍射。

振动频率、振动的方向相同，振动的相位差恒定的两列波相遇，在相遇区有的地方振动始终加强，有的地方振动始终减弱，为波的干涉。

图 9-20 HLD-SZW-Ⅰ型水驻波演示仪

本实验中，两列波的波源来自同一个振子的振动产生的，因此满足波的干涉条件。

这两列波的方程可写为

$$y_1=A\cos\left[2\pi\left(\frac{t}{T}-\frac{r_1}{\lambda}\right)+\phi\right]$$

$$y_2=A\cos\left[2\pi\left(\frac{t}{T}-\frac{r_2}{\lambda}\right)+\phi\right]$$

其在空间相遇时的波程差为

$\delta=r_2-r_1$

$\delta=r_2-r_1=\pm k\lambda$ 时干涉始终加强；$\delta=r_2-r_1=\pm(2k+1)\frac{\lambda}{2}$时干涉始终减弱，形成干涉图样。

【实验操作】

1. 圆形波

(1) 将频闪光源盒上升限定位置，在水槽中注入 4～8mm 深的清水，使水充分湿润水槽四周边壁及试验用附件的振头部分。

(2) 接好电源线，将振动附件中的振子插入水中约 1～2mm。

(3) 将单振子固定在连接头上，打开电源振杆即上下振动，屏上显示出圆形波图像。

2. 平面波

(1) 关闭电源。

(2) 将单振子卸下，换上平面振子并固定好。

(3) 调整振子使振子平面与水平面平行，相交处要充分湿润，振子振动即可产生平面波。

3. 干涉现象

(1) 关闭电源。

(2) 将平面振子卸下，换上双振子并固定好。

(3) 调整振子使振子与水平面垂直并插入水中约 1～2mm，相交处要充分湿润。

(4) 适当调节振动旋钮，使振动频率与频闪频率一致，水波在屏幕上为静止图像，即可观察水波干涉现象。

4. 衍射现象

(1) 将两块直角挡板按一字形摆放在距离振子中心约 20cm 处。

(2) 调整两块挡板缝隙使之接近水波长，可见到波的衍射现象。

【注意事项】 (1) 水槽加水不可太满，以免水溢出后损坏内部电路。

(2) 实验结束后要将水槽中的水倒净，并把仪器放在干燥通风处。

【思考题】 (1) 为什么当振动频率与频闪频率一致时，水波在屏幕上为静止图像？

(2) 当振动频率大于频闪频率时，当振动频率小于频闪频率时，水波在屏幕上分别呈何种状态？

实验二 摆动组合

一、 耦合摆球

【实验目的】 通过演示耦合摆球了解共振条件及机械能守恒现象。

【实验装置】 HLD-BDZI-Ⅱ型耦合摆球如图 9-21 所示。

【实验原理】 物体在周期性外力——策动力作用下的振动，称为受迫振动。当策动力的频率与物体的固有频率相等时，物体的振幅最大，振动最厉害，这种现象叫共振。在同一根悬杆上悬挂不同弦长的同种摆球，当某一个摆球摆动时，只有另一长度与其相当的摆球的固有频率与摆动的摆球的摆动频率相等，它们之间才可以发生共振和能量转换，而长度不等的摆球的固有频率不等，期间不会产生共振现象。

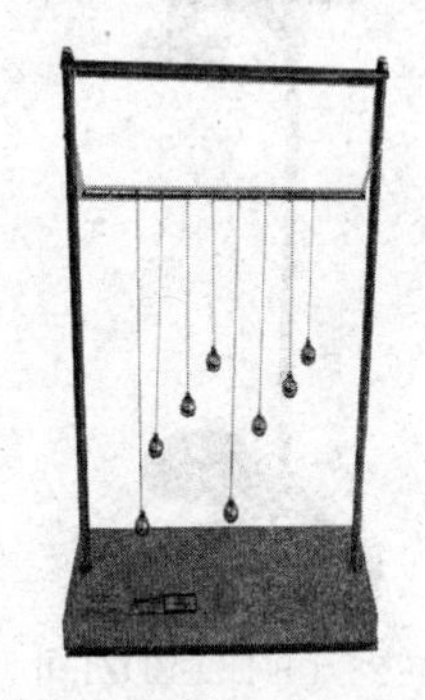
图 9-21 HLD-BDZI-Ⅱ型耦合摆球

【实验操作】 (1) 首先使摆球装置处于静止状态。

(2) 给其中任一摆球以摆动初始速度。

(3) 观察其他摆球，会发现摆线长度与摆动的摆球的摆长相接近的摆球会与其一起摆动，其余的则不会摆动或只是轻微摆动。

【注意事项】 给耦合摆球以初速度时，不要过大，避免带动其他摆球。

【思考题】 如果悬杆改为固定杆，摆球间还能发生共振现象吗？

二、锯条式共振摆

【实验目的】 通过演示条形共振摆的摆动了解共振条件及现象。

【实验装置】 HLD-BDZI-Ⅱ型锯条式共振摆如图 9-22 所示。

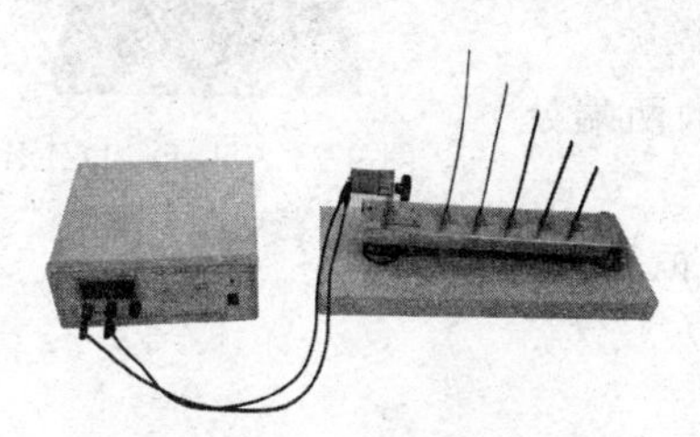
图 9-22 HLD-BDZI-Ⅱ型锯条式共振摆

【实验原理】 条形物体的共振频率与单摆的情况相同，即与其长度的平方根成反比。在一块木板上插有长短不一的锯条式钢片，在板的下方有一个频率可调的振动弹簧，当弹簧以小频率振动时，其固有频率与之相近的长条的钢片就会发生共振；当弹簧以大频率振动时，其固有频率与之相近的短条的钢片发生共振。

【实验操作】 (1) 使锯条式钢片组合处于静止状态。

(2) 打开振动弹簧开关，调节弹簧振动频率。

(3) 弹簧以小频率振动时，观察哪些钢片会发生共振。

(4) 弹簧以大频率振动时，观察哪些钢片会发生共振。

【注意事项】 给耦合摆球以初速度时，不要过大，避免带动其他摆球。

【思考题】 如果不同材料的条形钢片之间会发生共振现象吗？

三、三线摆

【实验目的】 通过演示三线摆的摆动了解三线摆在扭动时其势能与转动动能间相互转化现象。

【实验装置】 HLD-BDZI-Ⅱ型三线摆如图 9-23 所示。

【实验原理】 三线摆由三根位置对称的细线悬挂一个平面圆盘构成，包括支架、底座、水平仪等。三线摆在扭动时其势能与转动动能间相互转化，从而形成同期性摆动。摆的周期 T 与摆长 H、上圆盘半径 r、下圆盘有效半径 R、重力加速度 g 间的关系为

$$T=\sqrt{\frac{2\pi^2 HR}{gr}}$$

【实验操作】 (1) 调节三线摆悬线长度，利用水平仪使下圆盘水平。

图 9-23 HLD-BDZI-Ⅱ型三线摆

（2）待圆盘稳定后，轻轻转动上圆盘 5°左右，使下圆盘平稳扭动。

（3）观察整个装置扭动过程中其势能与转动动能间相互转化。

【注意事项】 扭动圆盘时一定要轻扭，不要超过 5°，不要过大。

【思考题】 为什么扭动下圆盘时不能超过 5°？

四、 麦克斯韦滚摆

【实验目的】 通过演示麦克斯韦滚摆的摆动，了解滚摆滚动时其势能与转动动能间相互转化现象。

【实验装置】 HLD-BDZI-II 型麦克斯韦滚摆如图 9-24 所示。

【实验原理】 麦克斯韦滚摆由一个边缘厚重、中心穿有细轴的滚轮和细线、支架组成。当给滚摆一个初始的滚动速度，滚摆的重力势能和转动动能间不断进行相互转化，使滚摆能自动周而复始地上下摆动。

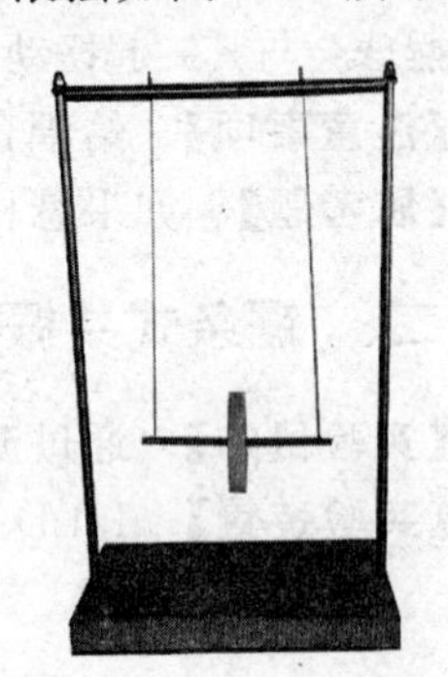
图 9-24 HLD-BDZI-II 型麦克斯韦滚摆

【实验操作】 （1）用手在竖直平面内卷动滚摆，使其上升到适当位置后放手。

（2）滚摆能自动周而复始地上下摆动，观察滚摆的平动、转动动能之和与重力势能之间的相互转化。

【注意事项】 用手在竖直平面内卷动时，保持轴的两端处于同一水平高度。

【思考题】 麦克斯韦滚摆在摆动的过程中机械能守恒吗？

实验三 看得见的声波

【实验目的】 借助视觉暂留原理演示弦振动的波形。

【实验装置】 HLD-KJB-Ⅱ看得见的声波如图 9-25 所示。

【实验原理】 由于人眼对摄入的图像信息在视觉上会保留 0.1s，所以人们在观察一些不连续的、间隔很短的物体图像时，会形成一个连续的视觉印象。本实验中，被拉动的琴弦通常摆动很快，不容易被人眼所看到，声音的频率在几十到几千赫兹，在这样的频率下人眼的观察是来不及反应的。但在琴弦后面安装一个滚筒，滚筒上有黑白相间的反光横条，当滚筒转动时，反光横条在掠过琴弦的一瞬间，把振动的琴弦的白底黑线的图像暂时保留下来，我们就可以利用视觉暂留原理看见弦振动的波。

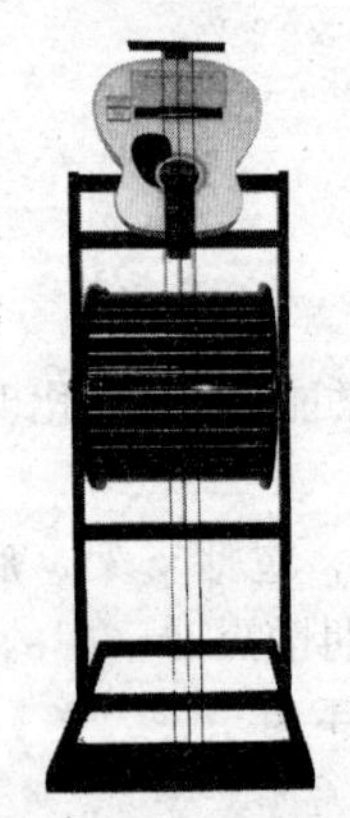
图 9-25 HLD-KJB-Ⅱ看得见的声波的实验

【实验操作】 （1）快速转动琴后面的滚筒，然后拨动琴弦。

（2）面对滚筒观察琴弦，可以看见白底黑线的琴弦振动的图像。

【注意事项】 拨动琴弦时不要用力太大，以免损坏仪器。

【思考题】 转轮的速度会影响看到的声波的形状吗？

实验四 多普勒演示仪

【实验目的】 测量超声接收器运动速度与接收频率之间的关系，验证多普勒效应。

【实验装置】 HLD-DPL-Ⅲ型多普勒仪如图 9-26 所示。

图 9-26 HLD-DPL-III 型多普勒仪

【实验原理】 当波源和接收器之间有相对运动时，接收器接收到的波的频率与波源发出的频率不同的现象称为多普勒效应。

根据声波的多普勒效应公式，当声源与接收器之间有相对运动时，接收器接收到的频率为 γ。

(1) 若声源保持不动，运动物体上的接收器沿声源与接收器连线方向以速度 v_R 运动，则可得接收器接收到的频率应为

$$\gamma=\frac{\mu+v_R}{\mu}$$

(2) 当声源以 v_s 向着接收器运动时

$$\gamma=\frac{\mu}{\mu-v_s}$$

(3) 当接收器和声源都运动时

$$\gamma=\frac{\mu+v_R}{\mu-v_s}$$

式中，μ 为波速；v_R，v_s 分别为观察者和波源相对介质运动时的速度，当两者相向运动时，两者的速度取正值；反之取负值。

本实验中，装在一根旋转横杆上的蜂鸣器，通电后发出“呜”的音响。当它随旋转横杆一起旋转并向观察者靠拢时，可听到音调变高，表明接收到的信号频率比波源的频率高，而一旦旋转横杆上的蜂鸣器转到背离观察者的方向时，可听到蜂鸣器的音调变得沉闷起来，这表示接收到的频率比原来低。

【实验操作】 (1) 打开横杆一端电池盒下面电源开关，可以听到连续的蜂鸣声。

(2) 再打开旋转横杆的电机开关使横杆旋转起来。

(3) 观察者的耳朵与旋转横杆处于同一平面上，这样随着横杆的转动就可以听到周期性的高低音变化现象。

【注意事项】 打开旋转横杆的电机开关前要检查横杆转动是否会扫到人或其他物品，以免造成损坏。

【思考题】 如果观察者的耳朵与旋转横杆不在同一平面会有怎样的效果？

实验五 鱼洗

【实验目的】 借助视觉暂留原理演示弦振动的波形。

【实验装置】 HLD-YXW-Ⅰ型鱼洗如图 9-27 所示。

【实验原理】 物体在周期性外力——策动力作用下的振动，叫受迫振动。当策动力的频率与物体的固有频率相等时，物体的振幅最大，振动最厉害，这种现象叫共振。

鱼洗是一个由青铜铸造的、具有一对铜耳的盆，大小和一般脸盆差不多，盆里底上刻有鱼的图案。本实验所用鱼洗盆侧面环盆一周有 4 个波节、4 个波腹的驻波的频率与铜耳自激振动的频率相接近。当双手来回摩擦铜耳时，形成铜盆的受迫振动，这种振动在水面上传播，并与盆壁反射回来的反射波叠加形成二维驻波。当双手搓动铜耳的频率较接近铜盆的固有频率时，盆就嗡嗡地振动起来，波腹处剧烈的振动使水具有的动能克服水的表面张力和重力。在向上运动时，水被撕裂成水珠从水面飞出，形成向上喷射的水花。

【实验操作】 (1) 把鱼洗盆固定在演示台上，向鱼洗盆内注入半盆水。

图 9-27 HLD-YXW-Ⅰ型鱼洗

(2) 操作者将手用肥皂洗净并使手掌润湿。

(3) 将两手掌放在鱼洗盆的两个铜耳上，手掌在铜耳上来回搓动。当听到鱼洗盆嗡嗡振动起来时，便有水花从水面上喷射出来。

(4) 实验时，一边观看水花的喷射，一边观看水面上振动的波纹分布。

【注意事项】 演示必须用肥皂洗手。

【思考题】 为什么鱼洗盆里有四个共振点？这与盆的大小及盆的材质有关吗？

实验六 驻波共振

【实验目的】 直观演示线驻波、环驻波、线共振和体共振现象。使学生理解并思考产生共振现象的条件及驻波共振的特点。

【实验装置】 HLD-ZMG-Ⅰ型驻波共振仪装置如图 9-28 所示。

【实验原理】 当一列波沿某一条弦线传播时，与反方向的同频率、有固定相位差的另一列波相遇并产生干涉，形成驻波。驻波的横波波长与波源的频率、弦线的张力、弦的线密度等有关。本实验中，改变任意一个都可以改变横波的波长。当周期性的策动力的频率与物体的固有频率相近时，就会出现共振现象。共振频率与其线度有关，线度越大、共振频率越低，线度越小、共振频率越高。

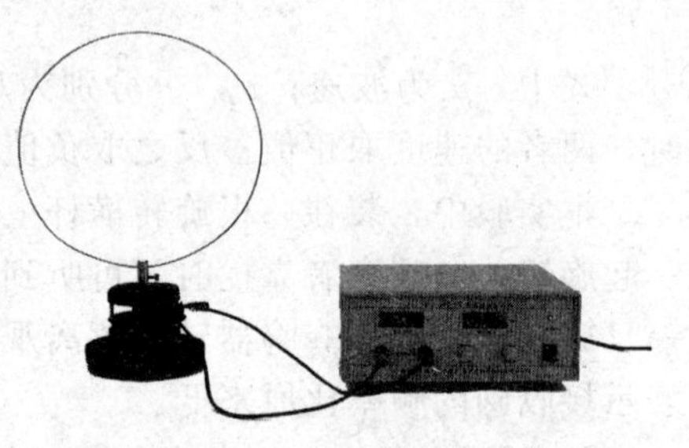
图 9-28 HLD-ZMG-Ⅰ型驻波共振仪

【实验操作】 (1) 将弦线一端固定，另一端连接在信号源的振动端上，逐步改变信号源的频率，观察弦振动和驻波的情况。

(2) 将弦线换成钢丝圆环，固定在信号源的振动端上，逐步改变信号源的频率，观察环振动和驻波的情况。

(3) 将不同的金属条和金属平板分别固定在信号源的振动端上，观察物体线共振和体共振现象。

【注意事项】 振动源的信号幅度不要调得太大，以免损坏信号源。

【思考题】 物体的共振频率与其线度有什么关系？

第五节 电磁学演示实验

实验一 尖端放电演示组合

一、避雷针

【实验目的】 演示避雷针的工作原理。

【实验装置】 HLD-JDY-Ⅰ型避雷针演示器及直流高压电源如图 9-29 所示。

【实验原理】 带电导体是等势体，其外表面是等势面，曲率半径小的地方电荷密度大。导体尖端的曲率半径很小，因而电荷密度很大，所以尖端区域有很强的电场，当电场强到可以使空气击穿时，就产生了尖端放电。通过尖端放电导体上的电荷不再过多累积，而是不断流失到周围空间。若在建筑物上安装这种尖端导体，则在雷雨季节就可以通过电晕放电方式使建筑物上过多累积的电荷释放出去，使建筑物和云层间的静电高压降下来，从而避免了瞬间的强烈放电现象（雷击），保护了建筑物。装在建筑物顶上防止雷击的导体尖端就是避雷针。

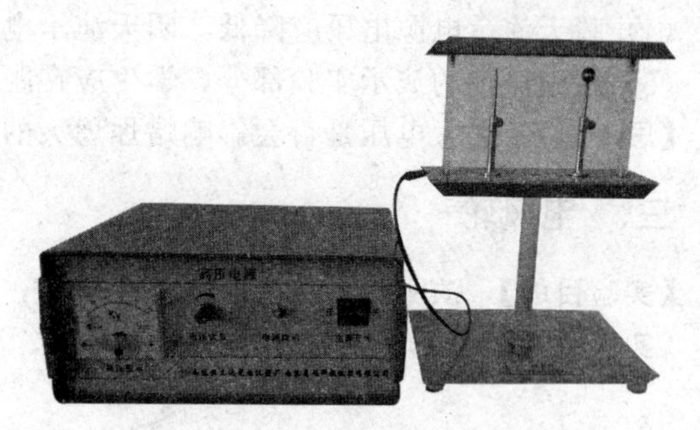
图 9-29 HLD-JDY-Ⅰ型避雷针演示器及直流高压电源

【实验操作】 (1) 把直流高压电源的正极与避雷针演示实验装置的一极板连接。

(2) 打开直流高压电源并逐步缓慢地提高电压，在演示装置的避雷针尖端就会产生尖端放电现象。

(3) 缓慢降低电压，关闭电源并进行人工放电。

【注意事项】 (1) 静电电源的电压不宜调得过高。

(2) 关闭电源后，应取下电源任一极接头与另一极接头相碰触进行人工放电。

(3) 在高压性的演示实验部分，学生应在距离演示仪器 1m 以外观看实验人员演示。

【思考题】 避雷针有何应用？此外，通过该演示你还受到哪些启示？

二、电风吹烛

【实验目的】 演示尖端放电形成的电风吹灭蜡烛的现象。

【实验装置】 HLD-JDY-Ⅰ型电风演示仪、蜡烛、直流高压电源如图 9-30 所示。

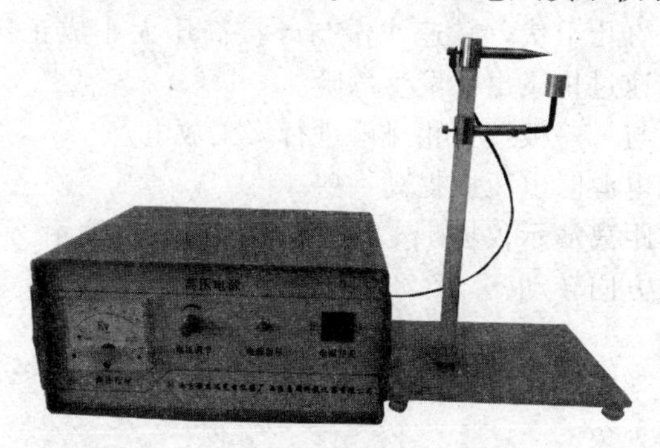
图 9-30 HLD-JDY-Ⅰ型电风演示仪及配套装备

【实验原理】 由于导体尖端处电荷密度最大，所以尖端附近场强最强。在强电场的作用下，使尖端附近的空气中残存的离子发生加速运动，这些被加速的离子与空气分子相碰撞时，使空气分子电离，从而产生大量新的离子。与尖端上电荷异号的离子受到吸收而趋向尖端，与尖端上电荷中和；而与尖端上所带电荷同号的离子受到排斥而飞向远方形成“电风”，把靠近的蜡烛火焰吹向一边，甚至吹灭。

【实验操作】 (1) 把蜡烛放在演示仪的蜡烛台上，点燃蜡烛。

(2) 将放电尖端对准火焰，高压电源的一极接在放电尖端的另一边，缓慢开启高压电源，注意观察火焰。

(3) 缓慢降低电压，关闭电源并进行人工放电。

【注意事项】 (1) 火焰能否吹灭，与外接高压的大小有关，可视“电风”情况，逐渐加大高压直至吹灭蜡烛火焰。

(2) 演示时注意放好蜡烛与尖端的相对位置。

(3) 关闭电源后，应取下电源任一极接头与另一极接头相碰触进行人工放电。

(4) 晴天演示电源电压应降低，阴天演示电源电压应提高一些。

(5) 在高压性的演示实验部分，学生应在距离演示仪器 1m 以外观看实验人员演示。

【思考题】 加大电压是否会影响蜡烛熄灭的速度?

三、 电风轮

【实验目的】 演示尖端放电使电风轮转动，观察尖端放电现象。

【实验装置】 HLD-JDY-Ⅰ型富兰克林轮、直流高压电源如图 9-31 所示。

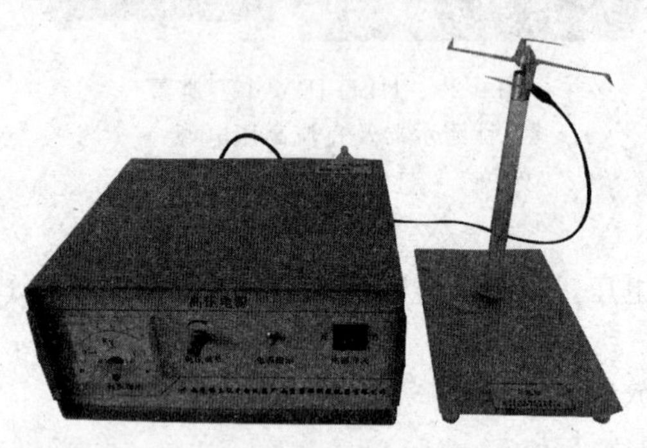

图 9-31 HLD-JDY-I 型富兰克林轮及直流高压电源

【实验原理】 导体表面曲率越小，电荷分布越少；反之越多。而表面附近的电场与表面电荷成正比，所以表面曲率越大，表面附近电场越强。当电场到达一定量值时，附近空气中残留的离子在这个电场作用下，将发生激烈的运动，并与空气的分子碰撞产生大量的离子。那些和导体上电荷异号的离子，因为受导体电荷吸引而移向尖端，与导体上电荷中和；而和导体上电荷同号的离子，则因受导体电荷排斥而飞开，就像尖端上的电荷被“喷射”出来一样。

【实验操作】 (1) 将电风轮放在有机玻璃柱的顶端，把高压电源正极接在电风轮柱的金属部分上。

(2) 接通高压电源，缓慢增加电压，则放电轮的尖端发生放电，使轮子受到反冲，沿着弯曲的针尖反方向转动起来。

(3) 缓慢降低电压，关闭电源并进行人工放电。

【注意事项】 (1) 转轮旋转的启动电压约几千伏，转速快慢与外接高压大小成正比，因此应注意不要将电压调得过高，以免风轮转速过快飞出，发生危险。

(2) 关闭电源后，应取下电源任一极接头与另一极接头相碰触进行人工放电。

(3) 晴天演示电源电压应降低，阴天演示电源时电压应提高一些。

(4) 在高压性的演示实验部分，学生应在距离演示仪器 1m 以外观看实验人员演示。

【思考题】 电风轮为何沿着弯曲的针尖反方向转动?

四、 静电滚筒

【实验目的】 演示静电电风使滚筒转动的现象。

【实验装置】 HLD-JDY-Ⅰ型静电滚筒、压电源如图 9-32 所示。

【实验原理】 两排放电针的尖端分别将空气击穿，产生离子风。当离子风吹到绝缘滚筒上后，与放电针带有同种电荷的滚筒的一侧受静电排斥力的作用，将远离该排放电针并受另一排放电针的吸引，向另一边靠拢，使滚筒旋转起来。

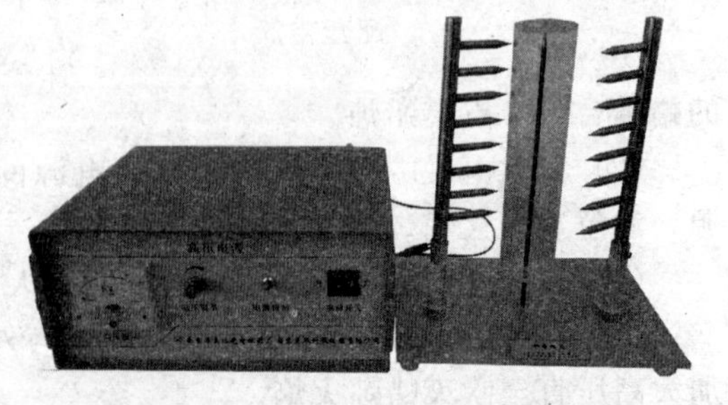

图 9-32 HLD-JDY-Ⅰ型静电滚筒及电源

【实验操作】 (1) 将两排尖端放电针的电极分别接高压静电电源的正负极。

（2）打开高压电源，缓慢增加电压，放电针的尖端分别将空气击穿，产生离子风，使滚筒旋转起来。

（3）缓慢降低电压，关闭电源并进行人工放电。

【注意事项】 （1）关闭电源后，应取下电源任一极接头与另一极接头相碰触人工进行放电。

（2）晴天演示电源电压应降低，阴天演示电源电压应提高一些。

（3）在高压性的演示实验部分，学生应在距离演示仪器 1m 以外观看实验人员演示。

【思考题】 静电滚筒如何实现滚动？在现实生活中有何应用？

五、 静电除尘

【实验目的】 演示静电除尘的物理现象，说明静电在生产实践中的应用。

【实验装置】 HLD-JDY-Ⅰ型静电除尘实验装置、直流高压电源如图 9-33 所示。

【实验原理】 当接通静电高压时，管内便存在强电场，它使空气电离而产生阴离子和阳离子。带负电的烟尘离子在上升途中受电场力的作用，向管中心的电极移动，并顺中心电极下落，这样就消除了烟尘的尘粒。

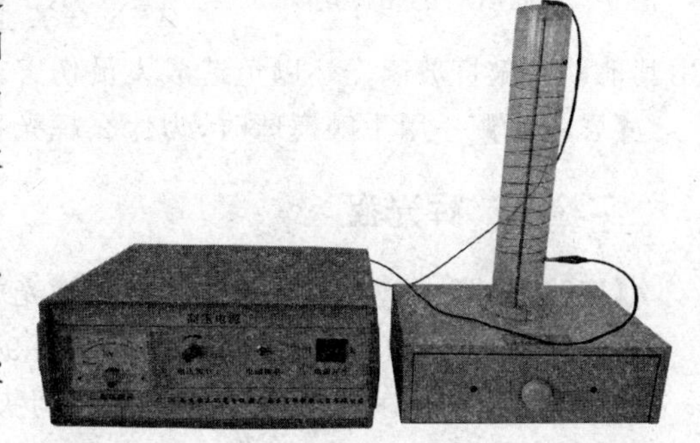

图 9-33 HLD-JDY-Ⅰ型静电除尘实验装置及电源

【实验操作】 （1）将静电高压电源的正负极接线分别接在除尘器的中心和外围电极上。

（2）将器皿内可燃物点燃，然后推入除尘器底部所在位置，可见浓烟自顶端逸出。

（3）开启高压电源，缓慢增加电压，马上可以看到烟雾立刻消失。

（4）缓慢降低电压，关闭电源并进行人工放电，熄灭蚊香。

【注意事项】 （1）实验结束后，一定要记住熄灭燃烧物。

（2）操作过程中，不要接触实验设备，以免触电。

（3）关闭电源后，应取下电源任一极接头与另一极接头相碰触进行人工放电。

（4）晴天演示电源电压应降低，阴天演示电源电压应提高一些。

（5）在高压性的演示实验部分，学生应在距离演示仪器 1m 以外观看实验人员演示。

【思考题】 （1）烟尘粒子为什么带负电？

（2）尖端放电实验组合的原理有哪些异同？

实验二 辉光球

【实验目的】 演示静电场中的辉光放电现象，探究稀薄气体在高频强电场中产生辉光放电现象的原理。

【实验装置】 HLD-HG-Ⅰ辉光球如图 9-34 所示。

【实验原理】 辉光球发光是稀薄气体在高频高压电场中的放电现象。其密闭球壳采用高强度的透明玻璃制成，球体中心为一个黑色电极，底座内安装有振荡电路板。将辉光球通电时，振荡电路产生高频高压电场，由于球内稀薄气体受到高频高压电场的电离作用，球体内部会出现一些辐射状的辉光，光芒四射，产生神秘色彩。其微观机理为：球体内存在着很强的电场，球体外围的电子在强电场的作用下被电离，这些游离态的电子在强电场中受到电场

图 9-34 HLD-HG-I 辉光球

力的作用加速，当其积累了足够的能量之后，如果与其他原子碰撞，会使原子处于激发态。激发态原子将自发向低能级跃迁并发出光子，这就是人们所观察到的辉光。

【实验操作】：（1）将辉光球底座上的电压旋钮调节到最小。

（2）打开电源，缓慢调整电压旋钮，给辉光球加压，使得辉光球内气体电离激发发光。

（3）用指尖轻触辉光球，可以观察到辉光在指尖的周围变得更为明亮，并且产生的弧线会顺着手的触摸移动而游动扭曲，随手指移动起舞。

【注意事项】 （1）在高压性的演示实验部分，学生应在距离演示仪器 1m 以外观看实验人员演示。

（2）在实验过程中，学生不要擅自用手触摸辉光球仪器或用其他硬物敲打玻璃壳，以免造成人员伤害或仪器损坏。

【思考题】 用手触摸球时，为什么辉光在手指尖附近变得明亮？

实验三 辉光盘

【实验目的】 演示平板晶体中高压辉光放电现象。

【实验装置】 HLD-HG-Ⅱ辉光盘如图 9-35 所示。

【实验原理】 辉光盘两层玻璃盘中间夹层密封了许多玻璃珠，玻璃珠间充有稀薄惰性气体。在辉光盘不同区域充有不同的稀薄惰性气体，使其在辉光放电过程中发出不同颜色的光，从而形成红、蓝、绿彩色的放电辉光。辉光盘的中心装有一高压电极。通电后，中心电极电压高达数千伏，气体中的正负离子在高频高压电场作用下产生快速定向移动，这些离子在运动中与其他气体分子碰撞产生新的离子，使离子数迅速增多。由于电场很强并且气体稀薄，离子可获得足够的动能去“打碎”其他的中性分子，形成新离子。离子、电子和分子间撞击时，常会引起原子中电子能级跃迁并激发与能级相对应的一些辐射状的辉光，绚丽多彩，光芒四射，尤其在黑暗中观察十分美丽抢眼。

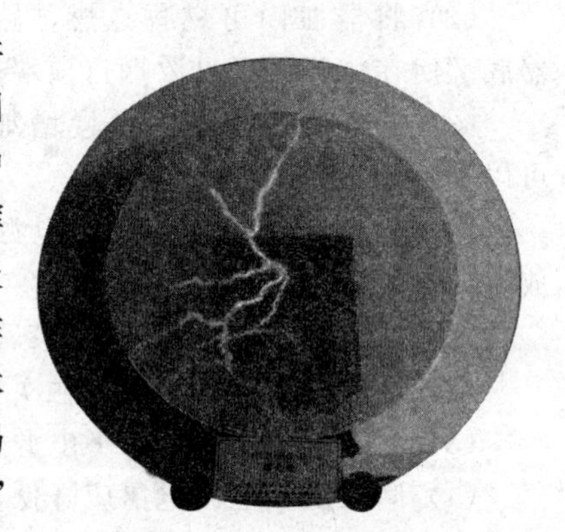
图 9-35 HLD-HG-Ⅱ辉光盘

【实验操作】 （1）插上 220V 电源。

（2）打开辉光盘的电源开关，观察辉光放电现象和放电轨迹。

（3）用手轻触辉光盘表面，观察辉光随手指移动在不断地变化。

【注意事项】 （1）在高压性的演示实验部分，学生应在距离演示仪器 1m 以外观看实验人员演示。

（2）在实验过程中，学生不要擅自用手触摸辉光盘仪器或用其他硬物敲打玻璃盘，以免造成人员伤害或仪器损坏，辉光盘不可悬空吊挂。

【思考题】 为什么辉光盘不同区域发射的辉光颜色不同？

实验四 磁混沌摆

【实验目的】 验证在三个磁铁的作用下小球的摆动按照混沌轨迹摆动的原理。

【实验装置】 HLD-DZZ-Ⅰ型磁混沌摆演示仪如图 9-36 所示。

【实验原理】 在小球下面的圆底台上有三个平衡点，这符合混沌产生的条件，即解的不唯一性。当小球初始被投放时刻，小球在三个磁铁的吸引下开始运动，小球的运动轨迹符合混沌方程。最终，小球将随机停留在其中某一个磁铁的位置附近而得到稳定解。

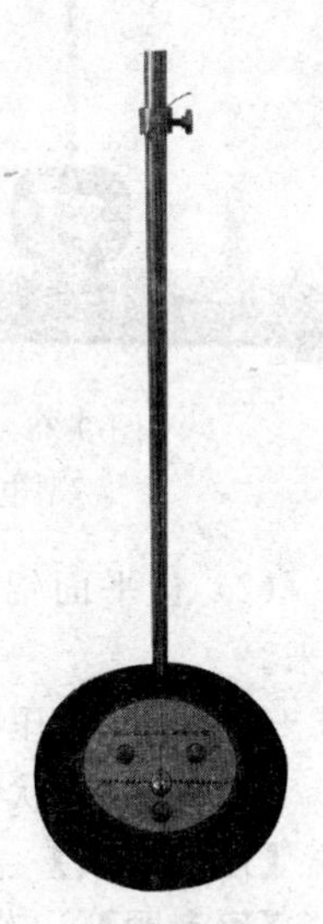

图 9-36 HLD-DZZ-I 型磁混沌摆演示仪

【实验操作】 (1) 适当调整好桌面水平程度，调整好小球的高度，使得小球恰好可以停留在三个磁铁中的任意一个磁铁的位置。

(2) 拉动小球偏离三个磁铁，放开小球，观察小球运动的混沌轨迹。

【注意事项】 调整小球的高度使得小球刚好可以停留在三个磁铁中的任意一个磁铁的位置，如果加微外力，小球将偏离磁铁位置，因此，拉动的距离不可太近也不可太远。

【思考题】 初始条件对混沌轨迹的影响如何？

实验五 法拉第-楞次定律

【实验目的】 通过演示说明闭合导体中的磁通量发生变化时产生感生电流，感生电流产生磁场，产生的磁场对原磁场起到阻碍作用的现象。

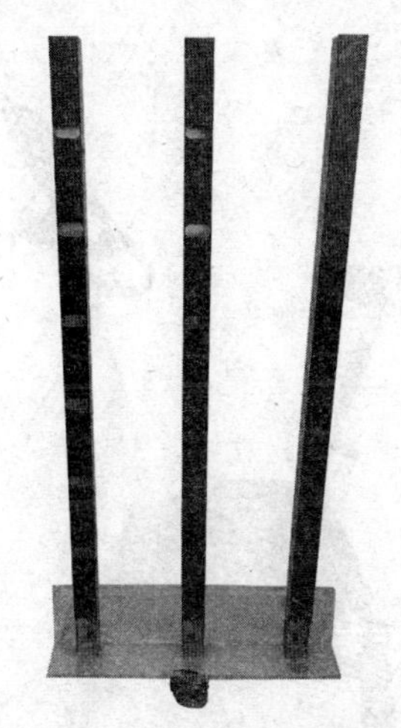

图 9-37 HLD-FLC-Ⅱ型法拉第-楞次定律演示仪

【实验装置】 HLD-FLC-Ⅱ型法拉第—楞次定律演示仪如图 9-37 所示。

【实验原理】 法拉第电磁感应定律：回路上感应电动势的大小与通过回路的磁通量的变化率成正比，而感应电动势在回路中产生感应电流的方向由楞次定律判定。

$$\varepsilon=-\frac{d\Phi_m}{dt}$$

楞次定律：感应电流的磁场总要阻碍引起感应电流的磁通量的变化。

【实验操作】 (1) 观察柱形磁铁竖直穿过普通铝管下落时的速度，缓慢。

(2) 观察柱形磁铁从竖直但有窄缝的铝管中下落时的速度，迅速。

【注意事项】 适当调节磁铁位置，以防止在铝管中卡住。

【思考题】 为什么磁铁在不同的铝管中下落的速度不同？

实验六 电磁阻尼摆

【实验目的】 利用电磁阻尼摆验证涡流及电磁阻尼现象。

【实验装置】 HLD-DZZ-I 型电磁阻尼摆如图 9-38 所示。

【实验原理】 处在交变电磁场中的铝片，将在铝片内产生涡旋状的感生电流，把这种电流称为涡电流。根据安培定律，当金属摆进入磁场时，磁场对环状电流的上、下两段的作用

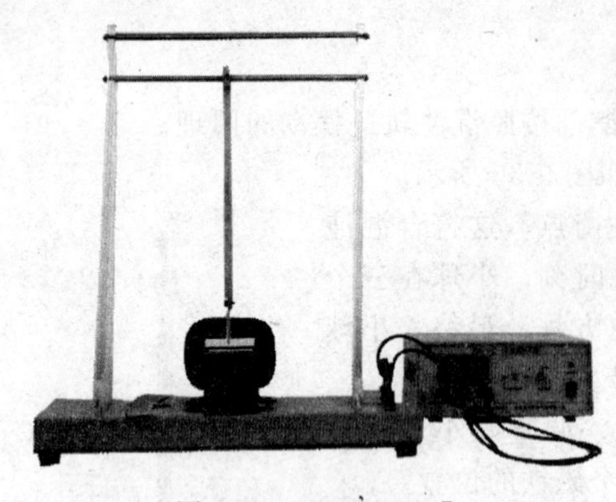

图 9-38 HLD-DZZ-Ⅰ型电磁阻尼摆

力之和为零；对环状电流的左、右两段的作用力的合力起阻碍金属摆片摆进的作用。当铝片摆出磁场时，磁场对环状电流的左、右两段的作用力的合力则起阻碍铝片摆出的作用。因此，铝片摆总是受到一个阻尼力的作用，就像在某种黏滞介质中摆动一样，很快地停止下来。换成梳状铝片后使得涡流大为减小，从而对铝片的阻尼作用变得不明显，铝片在两磁极间要摆动较长时间才会停止下来。

【实验操作】 (1) 先断开稳压电源开关，把稳压电源输出的正负极连接到电磁阻尼摆的接线柱。

(2) 让平面铝片在两极间作自由摆动，可观察到电磁阻尼摆经过相当长的时间才停下来。

(3) 打开稳压电源的开关，当阻尼摆在两极间前后摆动时，阻尼摆会迅速停止下来。

(4) 换成梳状铝片重复操做以上实验。

【注意事项】 要注意在摆动过程中调整摆平面与磁极间的间距，不要和磁铁有直接的接触。

【思考题】 若阻尼摆改成非金属材质，会有什么情况发生？

实验七 脚踏发电机

【实验目的】 通过演示验证用脚踏发电机将机械能转化为电能。

【实验装置】 HLD-JTF-Ⅱ型脚踏发电机如图 9-39 所示。

【实验原理】 显示器工作时需要消耗电能，用脚踏发电机能把机械能转化为电能。通过适当的转换电路可以把脚踏发电机产生的电能变成合适显示器工作的电能，从而使显示器工作。当人在脚踏发电机上高速骑行时，就可以得到足够的电能使显示器工作，通过摄像头就能在显示器上看到自己工作的状态。

图 9-39 HLD-JTF-Ⅱ型脚踏发电机

【实验操作】 (1) 将液晶显示器的电源线与发电机的输出电源线连接。

(2) 将液晶显示器的视频线与摄像头连接，并将显示器的模式选为视频模式。

(3) 用力骑行脚踏车，则显示器通电工作。

(4) 调整摄像头至合适位置，使骑行者的头像显示在液晶显示器中。

【注意事项】 (1) 注意骑行速度，速度过快容易烧毁电机。

(2) 实验进行过程中要匀速骑行，不要调节显示器上按钮。

【思考题】 请叙述脚踏发电机的原理。

实验八 电磁波的发射与接收

【实验目的】 利用该演示仪演示电磁波的基本特性及其发射、接收原理，使学生加深对交变电磁场的认识，以及对电磁波的发射与接收过程的理解。

【实验装置】 HLD-DCB-Ⅰ型电磁波的发射与接收仪如图 9-40 所示。

【实验原理】 电流随时间作周期性变化的现象叫电磁振荡。能产生电磁振荡的电路叫振荡电路，LC 电路是等幅的电磁振荡。随着时间变化的电场和磁场相互激发，将电磁振荡向空间传播出去，便形成电磁波；当接收器上的天线靠拢发射器的天线时，接收器天线可感应接收发射器发出的电磁波信号。特别是当接收天线与信号频率能达到谐振时，接收到的信号最强。

图 9-40 HLD-DCB-I 型电磁波的发射与接收仪

【实验操作】 将接收器天线调到 300mm，接收器的天线平行于发射机的天线，距离 3m 左右，如发射机选择开关放在 1kHz、断续、音乐等位置时，能听到接收器中喇叭的声音。改变接收器天线的长度，听到的声音效果有所改变。

【注意事项】 使用此仪器时，要先打开电源开关；后打开高压开关；关闭时，先关闭高压开关，后关闭电源开关。

【思考题】 为什么接收效果与接收器天线的长度有关？

实验九 手模电池

【实验目的】 通过实验直观演示手模电池现象。使学生加深对化学能原电池原理的理解。

【实验装置】 HLD-SWD-Ⅰ型手模电池装置如图 9-41 所示。

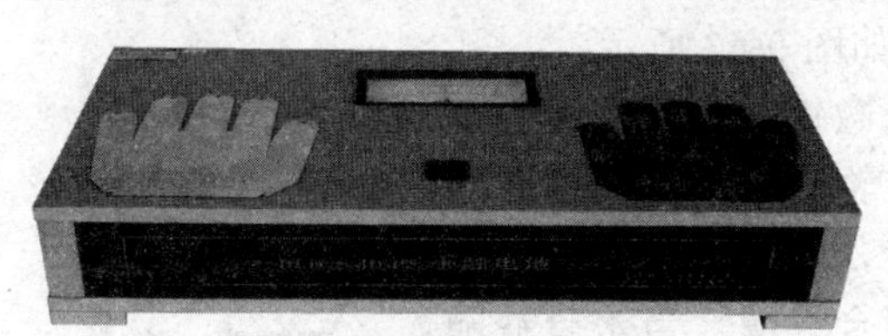
图 9-41 HLD-SWD-Ⅰ型手模电池

【实验原理】 在原电池中是两个不同金属构成的电极浸入电解质中，因其化学活性不同，因此在电解质溶液中的较活泼金属会发生氧化反应，使电子流出成为负极，而较不活泼的金属或能导电的非金属会发生还原反应，使电子流入成为正极。当人的手按在铜、铝两个手模上时，因手汗中含有电解质，这就与铜、铝两个电极之间形成了一个原电池。因铜的化学活性比铝差，所以铜电极成为正极，铝电极成为负极，在此两电极间接一个灵敏电流表，就可以观察到手模电池产生的电流。

【实验操作】 把双手分别按在金属手模上，观察电流计指针的偏转情况。改变两电极的方向，再观察电流表指针的偏转方向。

【注意事项】 进行此实验时手上的皮肤不能过于干燥，最好能有一些手汗。

【思考题】 若把一根导线接到金属手模上，能否看到电流表指针偏转？

实验十 温差发电

【实验目的】 体会赛贝克效应的实际应用。

【实验装置】 HLD-WCF-Ⅱ型温差发电演示仪如图 9 42 所示。

【实验原理】 一块导体或者半导体的两端如果温度不同就会产生温差电动势，称为赛贝克效应，塞贝克效应的实质在于两种金属接触时会产生接触电势差（电压），该电势差是由两种金属中的电子逸出功不同及两种金属中电子浓度不同造成的。利用这个原理发电就叫温

图 9-42 HLD-WCF-Ⅱ型温差发电演示仪

差发电。以半导体温差发电模块制造的半导体只要有温差存在即能发电。温差半导体发电具有无噪声、无污染、寿命长、性能稳定等特点，可在－40℃的寒冷环境中迅速启动，因此在实际中得到越来越广泛的应用。

【实验操作】（1）将温差发电加热电源和演示实验装置用导线连接好，打开电源并设置好温差发电装置。

（2）同时在温差半导体上部放一杯冰水（或冷水）。

（3）将温差电输出端引出两根电线与左边的电灯泡模型或风扇模型相连。

（4）观察灯泡的明灭和风扇模型的转动。

【注意事项】 温差发电装置不要长时间通电加热，以免温度过高损坏半导体发电装置。

【思考题】 温差发电与火力发电或水力发电相比有何优势？

第六节 近代物理等演示实验

实验一 能量转换轮

【实验目的】 通过观察能量转换轮的运动规律，分析和理解电能转化成磁能、磁能转化成机械能、磁能转化成电能、电能转化成光能这一系列的变化过程，从而认识电场与磁场间的相互作用并加深能量转化与守恒定律的认识。

【实验装置】 HLD-NLZ-Ⅰ型能量转换轮如图 9-43 所示。

【实验原理】 打开开关，给装置右侧的电磁铁通电，此时电能经电磁铁转换成磁能，产生交变磁场。由于转轮边缘镶嵌的永久磁铁与电磁铁产生的磁场互相作用带动转轮旋转，磁能就转换成了机械能。在装置左侧有一个接有发光二极管的闭合线圈，当永磁铁随转轮旋转时，闭合线圈会切割其产生的磁场，从而在左侧的闭合线圈中产生感应电流，能量又被转换成电能。当转轮旋转速度较快时，闭合线圈产生的感应电流会驱动二极管发光，此时磁能转变为光能。根据能量转换与守恒定律，自然界的各种能量之间可以相互转化、但总能量保持不变。本实验也遵循这一定律。

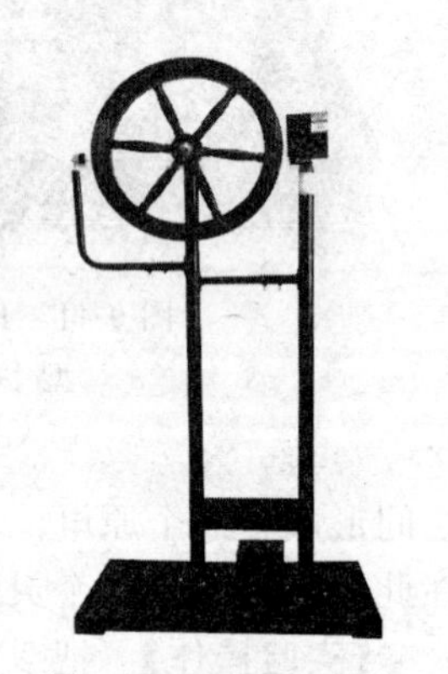

图 9-43 HLD-NLZ-I型能量转换轮

【实验操作】（1）打开底座上的开关，使圆盘右侧的电磁场通电产生变化的磁场。

（2）轻轻转动大圆盘（外圈镶有永磁铁），使其转动起来，两磁场由于相互作用，大圆盘越转越快。

（3）观察圆盘左侧线圈中发光二极管的发光情况。

（4）实验结束，关闭电源。

【注意事项】 停止转轮时，如果转动很快不要用手阻碍，注意不要弄伤手。

【思考题】（1）为什么实验开始时要用手轻轻转动转轮？是不是顺时针或逆时针转动都可以？

（2）为什么转轮开始转动后会越转越快？

实验二 人造火焰

【实验目的】 通过演示人造火焰现象了解光的漫反射。

【实验装置】 HLD-RZH-Ⅱ人造火焰如图 9-44 所示。

【实验原理】 人造火焰主要利用光的漫反射原理。平行光照射到粗糙的表面上，物体表面会把光向四面八方反射，造成反射光线无规则，这种现象叫光的漫反射。实验中反射光的颜色是由光源颜色决定，火焰的亮度是由反射点和视窗的距离决定。

图 9-44 HLD-RZH-Ⅱ人造火焰

打开电源后黄光会照射到灯上方布条上发生漫反射，当装置下部的吹风机吹动布条时，因漫反射和箱体接触的部分呈现黄色，而布条上部呈现红色，这样抖动的布条看起来像火焰一样。

【实验操作】 (1) 接通电源。

(2) 观察箱内布条，类似火焰般跳动。

【注意事项】 如果未呈现红黄色火焰，只是布条飘动，则检查灯泡是否损坏，若不亮更换即可。

【思考题】 为什么火焰的颜色外焰颜色更红，而下部内焰是黄色?

实验三 磁悬浮列车

【实验目的】 通过利用超导体对永磁体的排斥和吸引作用，演示磁悬浮列车运行的过程，理解和掌握磁悬浮原理。

【实验装置】 HLD-CXF-Ⅱ型磁悬浮列车如图 9-45 所示。

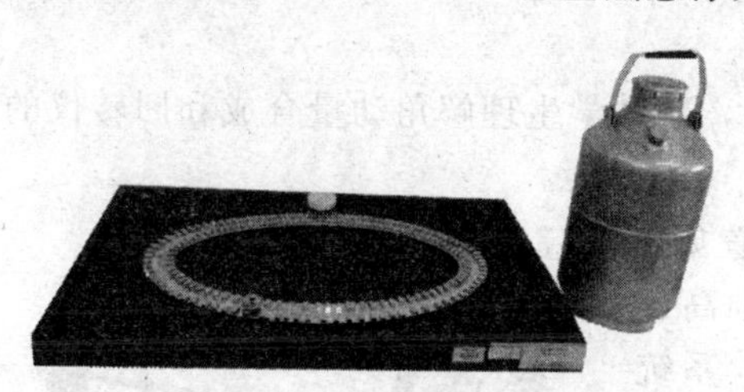

图 9-45 HLD-CXF-Ⅱ型磁悬浮列车

【实验原理】 当将一个永磁体移近超导体表面时，因为磁力线不能进入超导体内，所以在超导体表面形成很大的磁通密度梯度，感应出高临界电流，从而对永磁体产生排斥。排斥力随着相对距离的减小而逐渐增大，它可以克服超导体的重力，使其悬浮在永磁体上方的一定高度上。当超导体远离永磁体移动时，在超导体中产生一负的磁通密度，感应出反向的临界电流，对永磁体产生吸力，可以克服超导体的重力，使其倒挂在永磁体下方的某一位置上。

【实验操作】 (1) 将超导体样品放入液氮中浸泡约 3～5min。

(2) 然后用竹夹子将其夹出放在磁体的中央。

(3) 沿轨道水平方向轻推导体，则看到样品将沿磁轨道做周期性水平运动。

【注意事项】 (1) 样品放入液氮中，要注意安全，以免冻伤；必须充分冷却，直至液氮中无气泡为止。

(2) 样品一定用竹夹子夹住，千万不要掉在地上，以免样品摔碎。

(3) 沿水平方向轻推样品，速度不能太大，否则样品将沿直线冲出轨道。

(4) 超导块最好保存在干燥箱内，防止受潮脱落，进而影响性能。

【思考题】 磁悬浮列车技术的原理是什么?

实验四　空间弯曲

【实验目的】 通过演示帮助学生了解牛顿万有引力和爱因斯坦时空弯曲理论。

【实验装置】 HLD-KJW-Ⅱ型实验装置如图 9-46 所示。

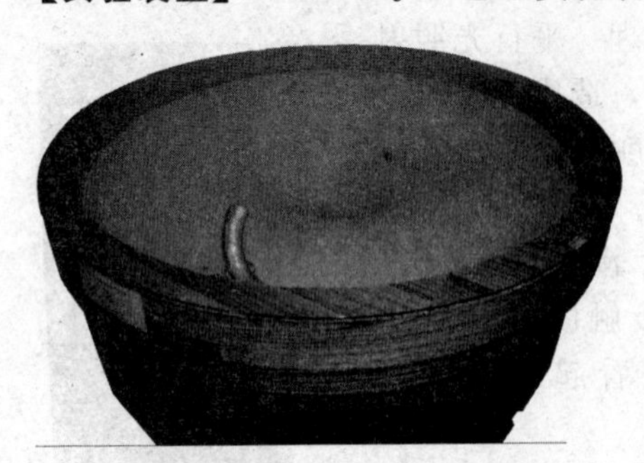

图 9-46　HLD-KJW-Ⅱ型实验装置

【实验原理】 本实验用一个中心有凹洞的旋转模型来模拟我们要演示的大质量天体周围的空间。在此空间中，钢球在远离凹洞的地方滚过时，所走的路线是直线。但若有一个质量很大的天体出现（用一个大的凹洞来模拟），在大天体附近的空间时空就会发生弯曲，钢球从此凹洞附近经过时，所走的路线不再是直线。若该天体密度足够大，就变成黑洞，光线（用滚球来模拟）经过时被巨大的引力吸引会进入黑洞而无法逃逸。

【实验操作】 （1）将钢球自钢管处自由落下，球沿凹洞滚落最终消失在洞中。

（2）更换较大的钢球重复上述实验。

【注意事项】 （1）实验者不要压碎玻璃，同时钢管轻拿轻放。

（2）不要被钢球砸伤，及时收集滚落的钢球。

（3）不要将杂物扔入实验仪器。

【思考题】 黑洞是如何被发现的？

实验五　车轮进动

【实验目的】 通过实验直观演示车轮进动现象，帮助学生理解角动量合成和回转仪的回转效应原理。

【实验装置】 HLD-CLJ-Ⅰ型车轮式回转仪装置如图 9-47 所示。

【实验原理】 当车轮式回转仪的轮子绕自转轴高速旋转时，具有一定角动量。若支点不在系统重心，系统将受到重力矩的作用，由角动量定理可知，车轮自转轴将绕竖直轴发生进动，角速度的方向由角动量的方向、力矩的方向共同决定：进动的方向总是使角动量的方向向力矩的方向靠拢。

图 9-47　HLD-CLJ-Ⅰ型车轮式回转仪装置

【实验操作】 （1）适当调节配重使系统处于不平衡状态（否则进动无法实现）。

（2）左手扶住横杆，右手驱动车轮，使之绕自转轴高速转动。

（3）放手后，即可观察到进动现象。

（4）若绕自转轴的角速度方向改变，可以看到进动角速度的方向也随之改变。进动的方向总是使角动量的方向向力矩的方向靠拢。

【注意事项】 驱动车轮时，应使车轮达到一定的转速，否则可能因为系统本身的摩擦力使现象不明显。

【思考题】 进动现象是否与车轮旋转方向有关？

实验六 倒转的车轮

【实验目的】 利用该演示仪直观演示通过演示车轮的倒转现象。使学生了解视觉暂留现象和频闪仪的应用原理。

【实验装置】 HLD-ZL-Ⅰ型倒转车轮演示仪如图 9-48 所示。

【实验原理】 人眼有一个视觉暂留现象，即当一个物体的图像消失后仍能在人的视觉中保留约 1/16s 的视觉印象。这就使短暂消失的图像在人眼中能继续保持连续。频闪光源（频闪仪）的用途是可以产生周期性的闪光。如果在一个黑暗的环境中用频闪仪照射条件下观察一个旋转的车轮，若车轮幅切换的频率与频闪仪闪光的频率一致时，则每一次闪光时一根新的轮辐恰好处于上一个轮辐所在位置，由于各次轮辐的外形相同，因此我们看见的断续的轮辐图像就变成了静止的连续的图像。若车轮幅切换的频率与频闪仪闪光的频率稍有差异，则我们看见的车轮就有可能以缓慢的速率正转或倒转。

图 9-48 HLD-ZL-Ⅰ型倒转车轮演示仪

【实验操作】 打开电源使车轮模型旋转，同时用频闪仪对着车轮照射，适当调整频闪仪的频率，即可观察到车轮静止或倒转的现象。

【注意事项】 频闪仪不能长时间工作，否则闪光管极易损坏，故实验时间应尽可能短，一般不能超过 20s。

【思考题】 什么情况下看到的车轮是倒转的？

实验七 真空物理现象

【实验目的】 利用该演示仪直观演示真空中的真空铃、风轮、水的沸点降低等现象。

【实验装置】 HLD-ZK-Ⅰ型真空演示仪如图 9-49 所示。

【实验原理】 声音的传播靠空气作为媒质，风的形成也是由于空气的流动，水在 1 个标准大气压（1.01×10^{5} Pa）下的沸点是 100℃，若气压降低则水的沸点也降低，原来不足 100℃的水在低气压下也可以沸腾。在本演示实验中，用一个真空抽气盘把电铃罩在里面，当抽真空时，抽气盘中没有了空气，电铃的声响就听不到了。风轮在有空气的情况下被另一个风扇吹转起来，但抽真空以后，因没有了流动的空气，风轮也不动了。此外，放在真空抽气盘中的一杯不足 100℃的水，因抽真空的缘故也会沸腾起来。

图 9-49 HLD-ZK-Ⅰ型真空演示仪

【实验操作】 （1）把电铃、风轮和一个装开水的烧杯放入真空抽气盘中，再把真空泵和抽气盘用管子连接好。

（2）打开电铃和小风扇的电源开关，可以听见电铃声并且可观察到风轮被小风扇吹转起来。

(3) 打开真空泵电源，随着真空罩中气压的降低，很快电铃声听不见了，风轮也停转了，而且烧杯中的热水也沸腾起来。

【注意事项】 真空抽气盘的真空罩和真空泵之间的管子要连接好，不要漏气，实验结束后要把真空盘放气，并关闭电铃电源。

【思考题】 若不是完全真空，将会出现什么现象？

实验八 超声雾化器

【实验目的】 了解超声雾化产生的原理。

【实验装置】 HLD-CSW-Ⅱ型超声雾化器如图 9-50 所示。

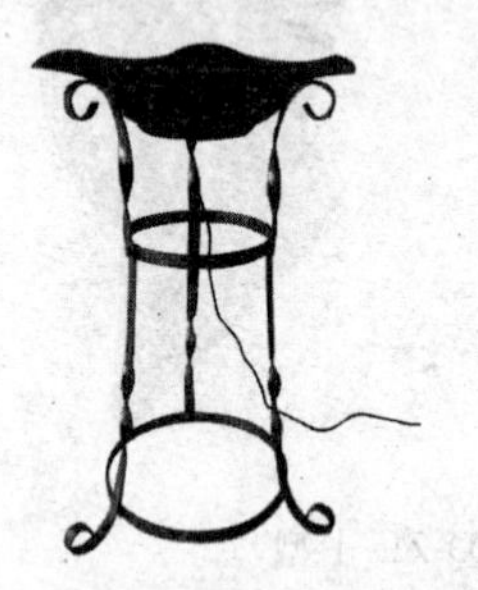

图 9-50 HLD-CSW-Ⅱ型超声雾化器

【实验原理】 本演示仪器采用电子振荡电器，引起陶瓷雾化片的高频谐振而产生的超声波，超声波在水中传播时产生空穴效应。雾化器利用发生在水和空气之间的空穴爆炸将空穴周围的水粉碎成 1～3μm 的微粒，于是水面产生水雾。通过超声波换能片将洁净的清水或含有美容保健药物的水溶液激发振荡，使之产生 110mm 颗粒大小的雾状气体。

【实验操作】 (1) 在水槽中注入适量的清水或其他的水溶液。

(2) 打开电源，稍过片刻即可观察到实验现象。

【注意事项】 注意周围环境亮度不要太亮或太暗以免影响观察。

【思考题】 家用加湿器与超声雾化器的工作原理是否相同？

实验九 卢瑟福散射实验

【实验目的】 加深对卢瑟福散射的理解。

【实验装置】 HLD-RFS-Ⅱ型卢瑟福散射实验演示仪如图 9-51 所示。

【实验原理】 卢瑟福散射实验是一个用 α 粒子轰击金箔来说明原子的有核结构的著名实验。在本演示实验中，我们可以用左右移动的发球器发出的小球来冲击模型中央的一个高耸的椎体物，用小球的运动轨迹来模拟 α 粒子轰击原子核的情况。

图 9-51 HLD-RFS-Ⅱ型卢瑟福散射实验演示仪

【实验操作】 (1) 左右移动发球器，分别让小球沿不同的路径冲过方盘。

(2) 观察当小球接近中心的椎体物时，原来直线运动的轨迹将发生转弯甚至折回，这就模拟了当年卢瑟福进行 α 粒子散射实验的情形。

【注意事项】 (1) 移动发球器必须平行移动，以使小球运动能保持沿方盘长度的方向。

(2) 实验现象的演示须与理论的讲授相结合。

【思考题】 本试验中用的是何种力模拟的 α 粒子与原子核之间的相互作用力？

实验十 记忆合金水车

【实验目的】 了解形状记忆合金的原理。

【实验装置】 HLD-JYJ-Ⅰ型记忆合金水车如图 9-52 所示。

【实验原理】 记忆合金是一种具有形状记忆功能的合金材料，它的微观结构有两种相对稳定的状态，在高温下这种合金可以被变成任何你想要的形状，在较低的温度下合金可以被拉伸，但若对它重新加热，它会“记”起它原来的形状而变回去。这种材料就称为记忆金属。在本演示装置中，“水车”上原来卷成一团的记忆合金在高于“跃变温度”的水中，会迅速产生相变而伸展开来，从而使转轮转动起来。

图 9-52 HLD-JYJ-Ⅰ型记忆合金水车

【实验操作】 (1) 往水槽中注入冷水。

(2) 把“水车”下半部分的合金浸入冷水中。

(3) 接通加热棒电源，为水槽中冷水加热。

(4) 合金受热后立刻伸展开，像浆划水一样使水车转动起来。

【注意事项】 合金接触到热水后会迅速展开，小心被溅出的热水烫伤。

【思考题】 记忆合金在现实生活中还有哪些应用？

部分练习题参考答案

第一章

1-1 A　1-2 D　1-3 D　1-4 D　1-5 C　1-6 B　1-7 D　1-8 A

1-9 D　1-10 A　1-11 B　1-12 D　1-13 D　1-14 B　1-15 D　1-16 D

1-17 A　1-18 C　1-19 B　1-20 B

1-21　$\frac{1}{4\pi\varepsilon_0}\frac{q}{\sqrt{x^2+R^2}}$，$\frac{1}{4\pi\varepsilon_0}\frac{qx}{\sqrt{(x^2+R^2)^3}}$　　1-22　$\frac{q}{6\varepsilon_0}$

1-23　$E_a=E_b$　　1-24　$\frac{q(5-\sqrt{5})}{20\pi\varepsilon_0 l}$

1-25　$\frac{q}{\varepsilon_0}$，$-\frac{q}{\varepsilon_0}$，0，0　　1-26　$\frac{\sigma}{4\varepsilon_0}$

1-27　0，$\frac{\sigma}{\varepsilon_0}$，0

1-28　$\frac{qd}{4\pi\varepsilon_0 R^2(2\pi R-d)}\approx\frac{qd}{8\pi^2\varepsilon_0 R^3}$，方向：从 O 点指向缺口中心

1-23　题答案图

1-29　(1) $\frac{b}{2\pi\varepsilon_0}\cdot\frac{qq'}{(a^2+b^2)^{3/2}}$，方向：垂直于电荷连线；

(2) $b=\pm\frac{\sqrt{2}}{2}a$ 时，q'所受电场力最大

1-30　$\frac{\sigma}{2\pi\varepsilon_0}\ln\frac{d+l}{d}$，方向：水平向右

1-31　(1) $\frac{\lambda_0}{4\pi\varepsilon_0}\ln\frac{a+l}{a}$，方向：$-x$ 方向；　　(2) $\frac{\lambda_0 l}{4\pi\varepsilon_0}$

1-32　$\frac{q\left(\sqrt{r^2+a^2}-a\right)}{2\varepsilon_0\sqrt{r^2+a^2}}$　　1-33　$\frac{Q}{2\pi\varepsilon_0 R^2\theta_0}\sin\frac{\theta_0}{2}$，方向：竖直向下

1-34　$\frac{\lambda_0}{8\varepsilon_0 R}$，方向水平向左

1-35　$\frac{\sigma x}{2\varepsilon_0}\left(\frac{1}{\sqrt{x^2+R_1^2}}-\frac{1}{\sqrt{x^2+R_2^2}}\right)$，方向：沿轴向向外

$\frac{\sigma}{2\varepsilon_0}\left(\sqrt{x^2+R_2^2}-\sqrt{x^2+R_1^2}\right)$

1-36 （1）$\frac{Q\lambda}{4\pi\varepsilon_0}\left(\frac{1}{a}-\frac{1}{a+b}\right)$； （2）$\frac{Q\lambda}{4\pi\varepsilon_0}\ln\frac{a+b}{a}$

1-37 $\frac{\lambda_1\lambda_2}{2\pi\varepsilon_0}\ln\frac{a+b}{a}$，方向：水平向右

1-38 （1）$\frac{q}{4\pi\varepsilon_0 R_1}+\frac{Q}{4\pi\varepsilon_0 R_2}$ $(r<R_1)$；$\frac{q}{4\pi\varepsilon_0 r}+\frac{Q}{4\pi\varepsilon_0 R_2}$ $(R_1\leqslant r<R_2)$；

$\frac{q+Q}{4\pi\varepsilon_0 r}$ $(R_2\leqslant r)$；

（2）$\frac{q_0 q}{4\pi\varepsilon_0}\left(\frac{1}{R_1}-\frac{1}{R_2}\right)$

1-39 0 $(0<r<R_1)$；$\frac{\rho}{3\varepsilon_0 r^2}(r^3-R_1{}^3)$ $(R_1<r<R_2)$；$\frac{\rho}{3\varepsilon_0 r^2}(R_2^3-R_1{}^3)$ $(r>R_2)$

1-40 $\frac{\sigma}{\pi\varepsilon_0}$，方向：水平向右

1-41 $0(r<R_1)$；$\frac{Q_1}{4\pi\varepsilon_0 r^2}$ $(R_1<r<R_2)$； $\frac{Q_1-Q_2}{4\pi\varepsilon_0 r^2}$ $(r>R_2)$

1-42 $\frac{\sigma\theta_0(R_2-R_1)}{4\pi\varepsilon_0}$ 1-43 $\frac{q}{4\pi\varepsilon_0 L}\ln\left(\frac{L+\sqrt{L^2+x^2}}{x}\right)$；$E_x=\frac{q}{4\pi\varepsilon_0 x\sqrt{L^2+x^2}}$，$E_y=0$

第二章

2-1 D 2-2 B 2-3 D 2-4 C 2-5 C 2-6 B 2-7 B 2-8 C

2-9 A 2-10 B 2-11 A 2-12 B 2-13 D

2-14 不均匀；均匀

2-15 $3F/8$ 2-16 $V_B>V_C>V_A$ 2-17 $\frac{U}{d}$，$\frac{d-t}{d}U$，$\frac{q\mathrm{d}}{(\mathrm{d}-t)U}$

2-18 V_2 2-19 $7.66\times10^{-2}F$

2-20 0 $(0<r<R_0)$；$\frac{Q}{4\pi\varepsilon_0\varepsilon_r r^2}$ $(R_0<r<R)$；$\frac{Q}{4\pi\varepsilon_0 r^2}$ $(R<r)$

2-21 （1）$4\pi\varepsilon_0 R$；（2）$\frac{Q^2}{8\pi\varepsilon_0 R}$；（3）$4\pi\varepsilon_0 R^2 Eg$

2-22 $\frac{2\pi\varepsilon_0\varepsilon_r L}{\ln\frac{R_2}{R_1}}$ 2-23 $\varepsilon_0 S/(d-t)$，金属片的安放位置对电容值无影响

2-24 （1）电缆线外层电介质的内表面先被击穿； （2）$\frac{RE_g}{2}\ln\frac{R_2{}^2}{R_1 R}$；（3）$\frac{4\pi\varepsilon_0\varepsilon_{\gamma 2}}{\ln\frac{R_2^2}{R_1 R}}$

第三章

3-1 D 3-2 B 3-3 A 3-4 D 3-5 D 3-6 D 3-7 A 3-8 B

3-9 D 3-10 B 3-11 C 3-12 D 3-13 D 3-14 B 3-15 C 3-16 B

3-17 C 3-18 C 3-19 B

3-20 $-3\mu_0 I$，$-\mu_0 I$，$2\mu_0 I$　3-21 4倍，1/2　3-22 匀速圆周运动，1.2cm

3-23 0　3-24 $\frac{\mu_0 I}{4\pi R}$，方向：垂直纸面向外

3-25 $\frac{\mu_0 ev}{4\pi r_0^2}$，$\frac{ev}{2\pi r_0}$，$\frac{1}{2}evr_0$　3-26 $a=\sin^{-1}\frac{eBD}{p}$

3-27 $\frac{\mu_0 I}{4}\left(\frac{1}{R_1}-\frac{1}{R_2}\right)$，方向：垂直纸面向里；$\frac{\mu_0 I}{4}\left(\frac{1}{R_1}+\frac{1}{R_2}\right)$，方向：垂直纸面向外

3-28 $\frac{\sqrt{2}\pi}{8}$　3-29 $\frac{1}{2}\mu_0\omega\sigma R$，方向：垂直纸面向里

3-30 $\frac{\mu_0 NI}{2(R_2-R_1)}\ln\frac{R_2}{R_1}$，方向：垂直纸面向里　3-31 $\frac{\mu_0 I_1 I_2 ab}{2\pi d(d+a)}$，方向：水平向左

3-32 $\frac{\mu_0\omega\lambda}{4\pi}\ln\frac{a+l}{a}$，方向：垂直纸面向外　3-33 $\frac{\mu_0 I_1 I_2}{\pi}\ln\frac{b}{a}$，方向：垂直于$I_2$斜向上

3-34 5.7×10^{-7}m，5.6×10^{9}/s　3-35 $\frac{1}{4}\omega qR^2$，方向：垂直纸面向外

3-36 $\frac{4\mu_0 I}{\pi a}\tan\frac{\pi}{8}$，方向：垂直纸面向外

第四章

4-1 D　4-2 A　4-3 B　4-4 D　4-5 C　4-6 D　4-7 D　4-8 C
4-9 C　4-10 C　4-11 A　4-12 A　4-13 C　4-14 D

4-15 0.4 H　4-16 μnI，$\frac{1}{2}\mu n^2 I^2$　4-17 $U_a<U_b$

4-18 (1) $\frac{\mu_0 Iv}{2\pi}\ln\frac{d+a}{d}$，$\varepsilon$方向为$O\rightarrow M$；　(2) $\varepsilon=0$

4-19 $\frac{N\mu_0 Ivla}{2\pi d(d+a)}$，方向：顺时针　4-20 $\frac{\mu_0 I\omega}{2\pi}\left(L-b\ln\frac{b+L}{b}\right)$；$A$点电势高

4-21 $-\frac{1}{2}\omega BL^2$　4-22 $\frac{\mu_0 Iv}{2\pi}\ln\frac{a+b}{a}$；感应电动势方向为$C\rightarrow D$，$D$端电势高

4-23 $\frac{\mu_0 N^2 h}{2\pi}\ln\frac{b}{a}$

4-24 (1) $\frac{\mu_0 l}{2\pi}\ln\frac{d+a}{d}$；(2) $\frac{\mu_0 lI_0\omega\sin\omega t}{2\pi}\ln\frac{d+a}{d}$

第五章

5-1 C　5-2 A　5-3 D　5-4 B　5-5 D　5-6 B　5-7 C　5-8 C
5-9 C　5-10 D　5-11 $\frac{9\lambda}{2n\theta}$

5-12 143nm　5-13 2×10^{-7}m，1×10^{-7}m　5-14 $4I_0$

5-15 6×10^{-3}m　5-16 $\frac{2\pi(n_2-n_1)e}{\lambda}$　5-17 5.046×10^{-4}m

5-18 5×10^{-7}m　5-19 500nm　5-20 3×10^{-4}m

5-21 7.2×10^{-6}m　5-22 $\frac{9\lambda}{4}(\frac{\theta-\theta'}{\theta\theta'})$　5-23 8.25×10^{-5}m

5-24　6.01×10^{-7}m　　5-25　1.56

第六章

6-1 B　6-2 B　6-3 B　6-4 A　6-5 C　6-6 B　6-7 D　6-8 A
6-9 C　6-10D
6-11　3个　　6-12　450nm　　6-13　2，2
6-14　6，明　　6-15　一，三　　6-16　3mm
6-17　2×10^{-6}m　　6-18　0.36mm　　6-19　越大，越大
6-20　0.61m　　6-21　0.4m　　6-22　46.4m
6-23　（1）1.2×10^{-2}m；（2）1.2×10^{-2}m　6-24　（1）k=2；（2）1.2×10^{-5}m
6-25　（1）6×10^{3}nm；
（2）1.5×10^{-6}m；（3）考虑到缺级现象，在屏上有 $k=0,\pm1,\pm2,\pm3,\pm5,\pm6,\pm7,\pm9$ 的主极大条纹出现

第七章

7-1 B　7-2 A　7-3 B　7-4 C　7-5D

7-6　$i+r=90°$　　7-7　自然光，线偏振光，部分偏振光　　7-8　$\frac{9}{32}I_0$

7-9　$\frac{\cos\alpha_1^2}{\cos\alpha_2^2}$　　7-10　$\sqrt{3}$　　7-11　1∶3

7-12　（1）40.4°；（2）49.6°　　7-13　$\frac{\pi}{4}$

7-14　（1）53.1°；（2）36.9°　　7-15　78.9%

第八章

8-1 A　8-2 B　8-3 D　8-4 A　8-5 C　8-6 E　8-7 A

8-8　2　　8-9　$\frac{A}{h}$，$\frac{h}{e}(v_1-v_0)$　　8-10　3.7×10^{-33}g

8-11　电子吸收光子，光子和电子的弹性碰撞　8-12　5∶1　　8-13　0.01nm

8-14　8.58×10^{-13}m　　8-15　$\frac{h}{\sqrt{2em_eU_{12}}}$

8-16　$\frac{d^2\psi_1(x)}{dx^2}+\frac{2mE}{\hbar^2}\psi_1(x)=0$；

$\frac{d^2\psi_2(x)}{dx^2}+\frac{2m(E-U)}{\hbar^2}\psi_2(x)=0$；$\psi_1(-\frac{a}{2})=\psi_2(-\frac{a}{2})$，$\psi_1(\frac{a}{2})=\psi_2(\frac{a}{2})$

8-17　粒子在 t 时刻出现于空间某处的概率密度；单值、有限、连续；$\int|\Phi(\boldsymbol{r},t)|^2dV=1$

8-18　1.50　eV　　8-19　1.76×10^{-32}m　　8-20　5.3×10^{-26}m/s

8-21　$\frac{1}{2a}$　　8-22　$\frac{d^2\Phi}{dx^2}+\frac{2m}{\hbar^2}(E-U)\Phi=0$，一维定态薛定谔方程

8-23　9.1%　　8-24　$\frac{1}{\sqrt{\pi}}$　　8-25　0

8-26 $\sqrt{\frac{30}{a^5}}$　　8-27 482.8nm　　8-28 (1) 能；(2) 2.0eV；(3) 2.0V

8-29 2.5V，4.0×10^{14} Hz　　8-30 0.0043nm，$\theta\approx63.4°$　　8-31 $\frac{a}{2}$

8-32 $|\Phi(x)|^2=\frac{2}{a}\sin^2(\frac{3\pi x}{a})$，$\frac{a}{6}$，$\frac{a}{2}$，$\frac{5a}{6}$

8-33 5.62×10^7 m/s，0.58m/s

参 考 文 献

[1] 张三慧. 大学基础物理学. 第 2 版. 北京：清华大学出版社，2010.
[2] 余虹. 大学物理学. 第 3 版. 北京：科学出版社，2015.
[3] 程守洙，江之永. 普通物理学. 第 6 版. 北京：高等教育出版社，2006.
[4] 上海交通大学物理教研室. 大学物理学. 第 4 版. 上海：上海交通大学出版社，2011.
[5] 母继荣等. 如何学习大学物理. 大连：大连理工大学出版社，2011.
[6] 马文蔚. 物理学教程. 第 2 版. 北京：高等教育出版社，2006.
[7] 陈信义. 大学物理教程. 第 2 版. 北京：清华大学出版社，2008.
[8] 吴百诗. 大学物理. 北京：科学出版社，2006.
[9] 邓铁如等. 西尔斯当代大学物理. 北京：机械工业出版社，2009.
[10] 夏兆阳，王雪梅. 大学物理教程习题分析与解答. 北京：高等教育出版社，2011.